装饰装修施工技术

许炳权　主编

中国建材工业出版社

图书在版编目（CIP）数据

装饰装修施工技术/许炳权主编. —北京：中国建材
工业出版社，2003．2（2020.8 重印）

ISBN 978-7-80159-290-3

Ⅰ．装… Ⅱ．许… Ⅲ．建筑装饰－工程施工－施
工技术 Ⅳ．TU767

中国版本图书馆 CIP 数据核字（2003）第 002463 号

内 容 提 要

本书主要论述了建筑物各部位的装饰装修施工方法、装饰装修施工的基本原
理、施工中的技巧、施工注意事项以及工程中常见的质量问题及其防治，同时还介
绍了如何在施工中更完美的将设计意图艺术地表现出来，如何使用新型装饰材料进
行施工等。

本书适合从事建筑装饰设计、装饰施工、材料营销等技术人员阅读，同时可作
为高等院校装饰专业的教材，以及装饰装修工程管理人员的培训教材。

装饰装修施工技术

许炳权 主编

出版发行：中国建材工业出版社

地　　址：北京市海淀区三里河路 1 号
邮　　编：100044
经　　销：全国各地新华书店
印　　刷：北京鑫正大印刷有限公司
开　　本：787 mm×1092 mm　1/16
印　　张：21
字　　数：457 千字
版　　次：2003 年 3 月第 1 版
印　　次：2020 年 8 月第 7 次
定　　价：69.00 元

本社网址：www.jccbs.com

本书如出现印装质量问题，由我社发行部负责调换。联系电话：（010）88386906

前　言

　　建筑装饰装修行业作为一个新兴的独立行业，正在迅猛地发展。据统计，截至2000年底，装饰装修行业的产值占建筑工程行业总产值的比重已从3%提高到48%，从业人员由最初的几万人发展到600多万人，年产值已达2 000亿元，其中家庭装修年产值已达980亿元。从事装饰装修的企业有20万家。预计"十五"期间，建筑装饰装修的年产值将从2 000亿元达到3 000亿元。从业人员将达到1 000万人。"十五"期间对装饰装修技术要求要达到能承担"五星级宾馆"装修的水平；装饰装修材料国产化将达到80%，"绿色环保建材"将占领65%的市场销售额。

　　面对建筑装饰装修行业的迅猛发展，人才的培养是关键，目前现有的技术力量，远远不能适应新形势的需要。据统计，目前从事装饰装修行业的技术人员不足1万人（其中80%为美术、建筑学转行），全国设有装饰装修专业的学校（大学、中专、高职）有300多所，大学毕业生年均不足几千人，这和行业发展规模极不相称。人才培养严重不足和滞后，特别是加入世贸组织后竞争形势的严峻，要求我们必须多层次多渠道迅速地培养各级装饰装修专业人才（从技术工人到高级技术人员）。

　　为贯彻党中央、国务院和教育部"关于深化教育改革，全面推进素质教育"的决定，满足培养建筑装饰装修行业对人才的需要，我们组成有教学经验和多年从事装修工程的技术人员参加的编写组，编写了高等教育建筑装饰装修专业系列教材。它们是《装饰装修材料》、《装饰装修施工组织设计》、《装饰装修工程项目管理》、《装饰装修工程概预算》、《装饰装修构造》、《装饰装修施工技术》。这套系列教材可以满足大专、高职等各类学校装饰装修专业及高级岗位培训的教学用书。同时，也可以作为有关技术人员的首选参考书。

　　本教材编写的特点是：

　　1. 严格按照国家规定的教学大纲、学时分配要求；吸取实际工程中的经验与先进的技术。

　　2. 着眼点放在学生对基础知识的掌握和能力的培养上，让学生能在日后的实际工作中去发挥、去扩展。

　　3. 不追求新、奇、特；一些不够成熟的内容，未经工程考验的内容暂不编入，或只作简单的介绍。

4．按教学中循序渐进、由浅入深的原则进行教材内容的组织与编写，把关键的核心内容交给学生，使学生能举一反三。

5．注意今后建材发展的方向，将最新的建材信息和国家对"环保工程"的要求进行介绍，让学生了解今后建筑装饰装修行业的发展前景。

6．为了满足更多学生的使用，在内容上还考虑了电大、高职、夜大、函授等教育的教学和自学要求。

本书力求反映当代最新的材料及其应用技术，但是随着经济的不断发展和科学技术的不断进步，建筑装饰装修材料的发展日新月异，为提高读者对新材料的掌握能力，本书注重了基础理论和基本知识的介绍，使读者能在以后的实际工作中遇到新的材料后能够根据基本知识来分析研究材料的性能与应用。

本书的主要编写人员有许炳权（第一章）、孔俊婷（第二章）、魏广龙（第三章）、李秋成（第四章）、赵晓峰（第五章）、张慧（第六章）、刁建新（第七章）。

本书编写时间仓促，疏漏和不当之处敬请各界同仁指正。

高等教育建筑装饰装修专业
系列教材编写组
2002 年 6 月

目　录

第一章 绪 论

第一节 建筑装饰装修行业发展概况

近年来，我国建筑装饰装修业的兴起以及建筑装饰装修材料的进步，使我国建筑业的现代化水平和建筑施工技术水平已向国际水平靠近了一大步。随着国民经济的发展，人们除了衣、食、用方面的消费外，改善工作条件和生活环境成为另一消费重点，在一些经济发达地区，建筑装饰装修的投入更为可观，其消费心理的形成，除了经济发展这一原因之外，还在于改革开放对人们的价值观念产生了深刻的影响，建筑装饰装修受到人们普遍的关心和重视。由于我国国土辽阔、人口众多、市场潜力极大，因此，我国的建筑装饰装修业和装饰装修材料的发展方兴未艾，还有大量的工作要我们去做。原国家建材局提出的口号是："三星级饭店的装饰装修材料立足于国内"。可见，我们与"四星"、"五星"还有不小的差距。另外，还应看到，装饰装修材料的发展，与社会主义经济发展水平之间存在着一定的相互适应和相互依托的关系。

建筑装饰装修工程包含着美学因素，即美学功能，这种功能是抽象的和理念性的，难以量化表示，它将依托建筑装饰装修材料的发展而发展。建筑师或装饰装修工程设计师的设计是按照被设计对象的功能、环境、条件，以及委托人的愿望来构思的，或浓艳、或淡妆、或恬静、或炽烈、或高雅、或豪放；每一件装饰装修材料在体现总体风格中都扮演着一定的角色，从而构成一个互相依托、相互和谐的整体设计。建筑装饰装修材料的不断发展与进步给建筑师及装饰装修工程设计者提供了充分的发展、创作空间，使他们有充分的选择来表达和实现他们的艺术构思。任何建筑师都力图发挥他们的创造性，紧跟时代前进的步伐，因而永远不会停留在一个水平上、重复运用同样的表现形式。所以，无论是从横向还是纵深的角度来看，建筑师们对装饰装修材料的选择可以说是"精益求精"。装饰装修材料自身的美，并不一定能构成装饰装修效果的美，"美存在于协调之中"，只有各个部分的装饰装修材料相互依托相互协调，才能构成一个和谐的美。所以，建筑装饰装修工程是集装饰装修材料生产、施工技术技巧、美学艺术于一体的综合性工程。同时，装饰装修施工技术除了自身的技术提高与发展以外，还要依靠装饰装修材料的革新与发展。

一、建筑装饰装修材料与技术的发展成就

(一)装饰装修行业初具规模、形成了品种门类比较齐全的工业体系

20世纪80年代以前，我国建筑装饰装修材料基础比较差，品种单一、档次较低。

80年代以后，我国从国外引进了1 000多项建筑装饰装修材料的生产技术和设备，这些生产线的建成和投产，使我国建筑装饰装修材料的生产水平向国际先进水平靠近了一步。部分生产线已达到相当的规模，数量上已基本满足我国当前装饰装修工程的需要。塑料壁纸形成4亿平方米的年生产能力；塑料地板形成1.6亿平方米的年生产能力；化纤地毯形成6 000万平方米的年生产能力；塑料管道形成14万吨的年生产能力；塑料门窗形成10万吨的年生产能力；墙地砖形成3.2亿平方米的年生产能力；涂料形成80万吨的年生产能力，基本形成了门类、品种比较齐全的工业体系。

20多年来，建筑装饰装修行业年均增长33%，特别是进入20世纪90年代以来，行业年均增长速度达到了48%，发展速度远远高于国民经济增长水平，行业总产值从1978年的50亿元左右，发展到2000年的3300亿元左右；装饰装修工程产值占建筑业总产值的比重，已经从80年代初的3%提高到了目前的48%左右；从业人员从80年代初的几万人，发展到2003年的960万人，建筑装饰装修企业有36万家。改革开放前十年，装饰装修工程还仅限于高级宾馆饭店和商厦，而如今已经普及到普通老百姓的家中。据不完全统计，2000年全国家庭装饰装修工程产值已达到1656亿元，占整个行业的48%，从业人员有380万人。建筑装饰装修行业的发展，不仅为装点城市、美化人民生活环境做出了贡献，而且为扩大社会需求、拉动消费、增加就业提供了空间，同时有力地带动了建材、轻工、纺织、化工、林业等相关行业的发展，成为国民经济新的增长点。

（二）建筑装饰装修材料档次有了显著的提高

20世纪80年代初，我国建成的高级宾馆、饭店和体育场馆等建筑所用的各种中高档建筑装饰装修材料大都依靠进口，每年耗费巨额外汇。经过20多年的努力，这种状况有了很大的改观。

我们不但打破了各种高档建筑装饰装修材料从国外进口的局面，还可部分出口，比如：我国广东玉兰墙纸厂生产的兰香牌墙纸、泰兴壁纸厂生产的郁金香牌壁纸、杭州装饰装修材料总厂生产的西湖牌塑料壁纸等产品部分出口东南亚、独联体、美国、加拿大等国家和地区。吉林市新型建材厂生产的涂料出口独联体、扎伊尔、马达加斯加等国。常州建材总厂生产的"丽宝第"牌塑料卷材地板出口独联体。张家港市联谊塑料有限公司生产的PVC强耐磨地板年出口美国、加拿大50万片。广东中山市石歧玻璃厂、广东化州玻璃建材厂、山东德州振华玻璃厂等生产的玻璃锦砖和空心玻璃砖远销港澳、新加坡、美国等地区和国家。我国装饰装修石材近年来年出口增长率在50%以上，远销日本、美国、新加坡、澳大利亚、加拿大、德国等国家和地区。广东中山市丹丽陶瓷洁具有限公司生产的高档陶瓷洁具出口欧美，进入世界洁具生产行列。上海民用建筑灯具厂生产的成套系列灯具部分出口美国、加拿大、埃及等国家。上海华东木器宾馆家具厂生产的总统客房、标准客房、餐厅、咖啡厅等15大类家具部分出口日本等国。以上实例说明我国建筑装饰装修材料已进入了一个新的历史发展时期。

（三）建筑装饰装修技术水平有了显著的进步

20世纪80年代初，中国的建筑装饰装修技术水平较低。当时，只能承包小型的装饰装修工程，比较高级的宾馆、饭店大部分被外商、港商承包。现在我们已经有能力承包三星级以上宾馆、饭店的装饰装修工程，如北京的前门饭店、广州的白云宾馆，上海的城市酒店、虹桥宾馆等的兴建、扩建、改建都是由国内公司承包的。另外广东、深圳、北京、浙江、黑龙江、辽宁、江西等省市的装饰装修公司已开始步入国际市场，承包国外工程。我国浙江宁波、东阳、江西余江、广东汕头、深圳等地装饰装修工程公司打入西欧装饰装修市场，承包了在海外的中国饭店、餐馆的装饰装修工程，将中国的宫苑、楼阁、园艺、彩灯、家具荟萃一堂，这些工程以其特有的东方艺术魅力让洋人为之倾倒。辽宁省装饰装修工程公司为前苏联的"玛淄雅号"轮船装修取得了赞誉和非凡的效果。黑龙江艺术装饰工程公司为俄罗斯远东最大城市哈巴罗夫斯克装饰装修的哈尔滨餐厅，受到了前苏联艺术界的好评。莫斯科中央电视台还为此做了报道。我国协助古巴扩建的哈瓦那"太平洋大酒店"，成为古巴最大最好的中国餐馆，受到了热烈的欢迎。

（四）建筑装饰装修队伍迅速壮大

据中国建筑装饰装修协会不完全统计，20 世纪 80 年代从业人员仅有几万人，到 2003 年底，全国建筑装饰装修工程企业约 36 万家，从业人员达到 960 多万人，这个建筑装饰装修大军，为改变我国城乡的建筑装饰装修的落后面貌，促进我国建筑装饰装修技术的进步，做出了积极的贡献。

（五）建筑装饰装修行业的产值和增长速度逐年提高

1. 20 世纪 90 年代（1991～2000）我国建筑装饰装修工程产值累计达 12688 亿元，年均 1268 亿元，行业年均的发展速度为 45％，其中家庭装饰装修工程产值累计达 573 亿元，年均 57.3 亿元，家庭装饰装修年均发展速度 34％。

2. 2000 年的装饰装修工程产值达 3 328 亿元，行业发展速度已达 30％，其中家庭装饰装修工程产值 1 656 亿元，年增长速度达 34％，占全国装饰装修工程总产值的 49％。

3. 在"九五"期间，装饰装修行业发展迅猛，成为集产品、技术、艺术、劳务和工程服务于一体的综合性行业。已被纳入国家重点发展行业。"九五"期间，我国建筑装饰装修工程累计产值为 10 488 亿元，年均产值为 2 097 亿元，行业年均速度 33％，其中家庭装饰装修工程累计产值为 4991 亿元，年均产值 998 亿元，年均发展速度为 41％。

以上发展状况详见表 1－1、表 1－2、表 1－3 和表 1－4。

20 世纪 90 年代我国建筑装饰装修行业发展状况（1991～2000） 表 1－1

年	全国装饰装修从业人数（万人）	全国有资质等级装饰装修企业（家）	全国装饰装修工程产值（亿元）	行业发展速度（％）
1991	170	1 700	150	87
1992	200	2 000	250	57

年	全国装饰装修从业人数 （万人）	全国有资质等级装饰装修企业 （家）	全国装饰装修工程产值 （亿元）	行业发展速度 （%）
1993	250	3 000	400	60
1994	300	6 500	600	50
1995	400	10 000	800	33
1996	450	15 000	1 100	38
1997	500	20 000	1 500	36
1998	550	25 000	2 000	33
1999	580	28 000	2 560	28
2000	620	31 000	3 328	30
累　计			12 688	
年均发展速度				45

20世纪90年代我国家庭装饰装修业发展状况（1991～2000） 表 1-2

年	家庭装饰装修工程产值 （亿元）	行业发展速度 （%）	家庭装饰装修工程产值占全国装饰装修工程产值 （%）
1991	60	50	40
1992	80	33	32
1993	120	50	30
1994	180	50	30
1995	300	66	35
1996	450	50	40
1997	700	56	46
1998	950	36	47
1999	1 235	30	48
2000	1 656	34	59
累计	5 731		
年均发展速度		45.5	

"九五"期间我国建筑装饰装修行业发展状况（1996～2000） 表 1-3

年	全国装饰装修从业人数 （万人）	装饰装修工程产值 （亿元）	行业年增长速度 （%）	备　注
1996	450	1 100	38	
1997	500	1 500	36	
1998	550	2 000	33	
1999	580	2 560	28	
2000	620	3 328	30	
累　计		10 488		
年均速度			33	
年均产值		2 097		

"九五"期间全国家庭装饰装修发展状况（1996～2000）   表 1-4

年	家庭工程产值 （亿元）	年增长速度 （％）	备注
1996	450	50	
1997	700	56	
1998	950	36	
1999	1 235	30	
2000	1 656	34	
累　计	4 991		
年均产值	998		
年均速度		41	

4．我国建筑装饰装修行业 20 多年来（1978～2000）经历了四个大的阶段，基本上是和国家的经济发展相依存。详见表 1-5。

中国建筑装饰装修行业四个发展阶段（1978～2000）   表 1-5

发展阶段	年	年均装饰装修工程产值（亿元）	年均行业发展速度（％）
大起	1978～1988	150	25
大落	1989～1991	70	4
恢复	1992～1995	512	50
发展	1996～2000	2 097	41

（六）九·五期间建筑装饰装修企业不断发展

20 多年来，我国建筑装饰装修企业的发展，也经历了从小到大，从分散到集中，从无组织到取得资质等级，从低水平到高水平的发展过程。我国建筑装饰装修企业，到 2000 年底，已达到 30 万家，比上年的 20 万家增长 50％，递增 10 万家。其中，有资质等级的 3.5 万家，占全国建筑装饰装修企业的 17.5％。我国一级资质建筑装饰装修工程施工企业为 280 家，甲级资质建筑装饰装修工程设计单位为 147 家，比上年的 99 家增长了 38％；同时具有一级建筑装饰装修工程施工和甲级建筑装饰装修工程设计资质的企业为 102 家，比上年的 59 家增长 56％；一级资质建筑幕墙工程施工企业为 65 家，比上年的 48 家增长 35％。现暂无一级建筑装饰装修企业的地区仅有新疆维吾尔自治区和西藏自治区。全国二、三、四级建筑装饰装修企业，分别为 7 400 家、14 000 家和13 000家，比 1999 年的 6 000 家、10 000 家和4 000家分别增长 16％、20％

和 50％。

到 1998 年底，我国共有中外合资、合作建筑业企业 1 388 家，多来自香港，其中，合资占 86％，建筑装饰装修企业占 80％；建设部发证的 49 家境外企业，建筑装饰装修企业为 15 家，占 32％；建设部审批的 87 家一级资质中外合资、合作建筑业企业，建筑装饰装修企业为 63 家，占了 72％，其中，一级资质建筑装饰装修工程施工企业为 57 家，一级资质建筑幕墙工程施工企业为 6 家。

到 1998 年底，全国共有 8 117 家企业通过了 ISO 9000 国际质量体系认证。其中，ISO 9001 的 32 家，ISO9002 的 9 家；同时获得英国 UKAS 的 6 家，德国 TUV 的 5 家，国际认可论坛多边承认协议集团 IAF/MLA 的 3 家；一级资质建筑装饰装修工程施工企业为 32 家，二级 2 家，一级资质建筑幕墙工程施工企业为 7 家。

1999 年 7 月 16 日至 18 日，中国建筑装饰协会在建设部的支持下，在北京中国人民革命军事博物馆举办"改革开放二十年建筑装饰行业成就展暨优秀建筑装饰工程作品展"。经权威机构评审，70 家装饰企业的 147 件作品分获一、二、三等奖 27 件、65 件和 55 件。获一等奖的作品集中代表了我国建筑装饰行业的最高水平，90％以上为我国建筑装饰企业独立设计、施工，管理已接近国际先进水平，如人民大会堂香港厅、澳门厅、贵州厅、万人厅、全国人大常委会会议厅、全国政协四季厅、上海国际网球中心、昆明云南烟草大厦、深圳五洲大酒店、大连国际会展中心、珠海市怡景湾大酒店、昆明光辉国际大酒店、桂林两江国际机场幕墙、上海智慧广场幕墙、武汉建银大厦、上海东方明珠幕墙、福州长乐国际机场等。这标志着我国现代建筑装饰装修行业经过 20 多年的发展，有了质的飞跃，已达到或部分达到当今国际水平，这些建筑装饰装修企业将是中国建筑装饰行业的中坚、脊梁和名牌企业。

二、建筑装饰装修行业目前存在的主要问题

建筑装饰装修行业的迅速发展，为改变我国建筑装饰装修的落后面貌，推进我国建筑装饰装修技术的进步做出了积极的贡献。但是应该看到，在迅速发展的浪潮中，建筑装饰装修行业也存在着令人担忧的一些问题。

装饰装修施工无设计，施工中不按标准、规程作业，导致装饰装修质量差。一些施工单位不严格按设计、施工标准、操作规程作业，甚至无资质施工，越级施工，造成装饰装修质量低劣，人身伤害、财物损失事件时有发生，有的地区还相当严重。

装饰装修施工危及建筑的安全。装饰装修施工中随意改变或破坏建筑的结构体，拆改原有设备，改变室内分隔，增加楼层等做法，破坏了原建筑的结构体系，超过了原设计承载能力，将危及建筑物的安全及人民生命财产的安全。

建筑装饰装修不符合防火规范。建筑装饰装修大量使用可燃性装饰装修材料，布局不满足疏散要求。电气及有关设备的安装不符合安全用电规程，存在着火灾隐患，有的已造成了严重的损失。

建筑装饰装修技术力量薄弱。建筑装饰装修市场的高速发展，使得建筑装饰装修技术人才的培养和成长相对滞后，尤其高级人才更显匮乏。反映在装饰装修工程上，出现了许多工程质量事故，粗制滥造，忽视安全，艺术性不高等问题。

建筑装饰装修行业管理薄弱、市场较乱。一些不具备设计、施工和质量无保证能力的企业随意承揽装饰装修工程，有的项目被层层转包，或以包代管。一些大装饰装修公司热衷于宾馆、商场等中高档项目，而不承揽那些分散的、产值低的住宅装饰装修项目，为一些无照经营、无技术保证的承包商提供了一定的市场，致使建筑装饰装修工程质量无法保证。住宅等装饰装修项目分散，量小面广，管理部门无法有效地进行管理与监督，住宅装饰装修市场严重失控。

第二节　建筑装饰装修材料与装饰装修技术的发展前景

一、建筑装饰装修材料市场巨大潜力的评估

(一)　住宅装饰装修热正在兴起

进入新世纪，我国国民经济有了很大发展，居民收入明显提高，人们希望自己的家中多几分舒适、温馨和安宁，因此，住宅装饰装修热正在我国悄然兴起，装修档次在不断提高。如：一套三居室住宅一般装饰装修费用，深圳由 3 万元升为 6 万元左右，广州由 1~2 万元升为 6 万元，上海、北京上升为 8~10 万元。

以每年住宅竣工 300 万套计算，如果按 200 万平方米进行再装饰装修，以全国平均水平 1 万元计，则达 200 亿元以上。现在城镇居民 7 000 万户，按 10% 的住户进行再装饰装修，计有 700 亿元的装饰装修工程产值。

此外，广大的农村住宅也需部分装饰装修，这将是很大的装饰装修市场，年装饰装修工程产值最少在 50 亿元以上。

(二)　中高级宾馆、饭店的装饰装修进入更新改造期

20 世纪 80 年代以来，为适应旅游业的发展，建造了 2 400 多家旅游饭店，计有 40 万套客房。若以 5 年更新 10 年改造计，每年将有 8 万套客房需要更新，4 万套客房需要改造，资金投入约为 90~100 亿元。

(三)　公共建筑、商业网点装饰装修市场潜力大

1. 我国每年竣工公共建筑面积为 5 000 万平方米，若 10% 需要装饰装修，年装饰装修工程产值约 50 亿元。
2. 我国现有商业网点 170 万个。每年改造 10 成，约有上百亿元的产值量。
3. 三资企业、开发区、度假区等的装饰装修工程产值约 30 亿元。
4. 装饰装修更新周期短，形成长期稳定的市场。

(四)　城市环境装饰正逐步兴起

近年来，我国开始重视建筑物的形式、风格和色调，改变了过去立面雷同、色调单一、缺少时代气息的简单装修模式。山东威海市新的建筑形式和风格多样，丰富多彩。

这里的建筑分别采用涂料、面砖、玻璃马赛克等材料进行外墙的装饰装修，把整个威海市装扮得多姿多彩。北京市、天津市将市内沿街的所有建筑和围墙的外墙面重新装饰装修，扩大绿地、增加广场、改造河道、美化环境，整个城市面貌焕然一新。大连的城市环境与美化已成为全国的典范，其他城市纷纷效仿大连、威海等城市的做法进行城市环境改造，因此，我国的城市环境装饰装修将成为装饰装修业的又一巨大市场。

所以说，我国装饰装修市场潜力很大，建筑装饰装修业正适逢良机，步入发展的黄金时期。

二、建筑装饰装修材料已经走上绿色环保道路

涂料：将注重发展无毒、耐擦洗、装饰装修性能好的内墙涂料；耐久性好，保色性好的外墙涂料；防火、防水、防毒、隔热等功能性涂料，"绿色环保建材"将成为市场主流。

壁纸、壁布：主要增加花色品种，提高档次，提高装饰装修功能，发展防霉、透气、阻燃等功能性壁纸；图案方面由追求素雅、大方、明快的格调，向简单的几何图形和抽象的图形方向发展；色彩方面将注重淡雅色彩，比如乳白色、米黄色、粉红色等色彩。

塑料门窗：推广应用面将进一步扩大，并开始发展双色、多色、复合型门窗。

塑料地板：增加花色品种，提高档次和装饰装修效果，同时注重发展防静电、耐磨、阻燃等功能地板。

塑料管道：注重发展上下水管道、煤气管、热水管、电缆穿管等。

玻璃：向隔热、隔音、装饰装修等多功能发展，重点发展热反射玻璃、吸热玻璃、中空玻璃。

地毯：增加花色品种，提高档次和装饰装修效果，同时注重发展防静电、防污染、阻燃、防霉等功能地毯。

墙、地砖：增加花色品种，提高档次和装饰装修效果，同时注重发展仿大理石、花岗石瓷砖，大规格（400 mm×400 mm、500 mm×500 mm）、多形状（圆形、十字形、长方形、条形、三角形、五角形）的墙、地砖。

卫生洁具：向冲刷功能好、噪声低、用水少、占地少、造型美观、新颖大方、使用方便，特别要向彩色制品发展。

建筑胶粘剂：主要发展适合建筑业各种要求的专用胶粘剂，如墙板、木地板、墙地砖等专用胶粘剂。

三、建筑装饰装修技术进入高星级水平

"十五"期间，我国的建筑装饰装修技术水平将上一个新台阶。装饰装修设计和施工逐渐摆脱了旧的、单一的模式，设计质量、施工技术将达到"五星"级水平，同时继续发挥我国民族技艺，注重吸收西方高雅、明快、抽象、流畅的技巧，向着高档化、多元化方向发展，建筑装饰装修安装技术逐步以粘接技术为主，施工水平步入了高星级宾馆饭店之道，为发展我国的建筑装饰装修风格和特色，为国际建筑文化的发展做出新的贡献。

四、今后应采取的几项措施

面对全国装饰装修热的大好形势，面对装饰装修热所带来的种种问题，只有认真研究加以解决，才能更好地引导本行业健康快速地向前发展。

（一）加强建筑装饰装修行业的管理

面对建筑装饰装修行业当前存在的问题，首要的工作是加强建筑装饰装修行业的行业管理。理顺体制，解决好部分城市建筑装饰装修市场中的无照经营，无证和无技术施工的混乱问题；对装饰装修施工队伍要进行清理、登记，坚决取缔无证、无照、无技术的"三无"装饰装修施工队；建立技术鉴定和监督部门；杜绝假冒伪劣、不合格的装饰装修材料及其制品流入市场；杜绝装饰装修施工中胡干蛮干、偷工减料、粗制滥造、违章事故的发生。加强行业培训，解决好发展和提高的问题。

（二）努力提高建筑装饰装修设计水平

首先对传统的设计要进行改革，要转变传统的建筑装饰装修设计观念，在考虑建筑内部空间功能合理的同时，应注意考虑环境效益、艺术效果和时间效益。特别注意那些标准比较低的住宅，很难满足以后较长时间里人们对居住条件变化的不断需求，要以不变应万变，为居住者创造自行装饰装修和后期改造的条件，如开发大空间住宅体系等。

建筑装饰装修设计中，如何处理弘扬我国优秀传统文化和现代装饰装修相结合；如何处理大环境和小环境的关系，特别是在街区店铺的装饰装修设计中，如何改变"各扫门前雪"的杂乱无章、缺乏统一协调、整体美观的问题。

在居室装饰装修中，要研究适合不同层次消费者的需要，从装饰装修设计入手，因地制宜地推出不同层次的样板间，供住户选择，以引导人们正确合理消费。

（三）组建专门性的装饰装修公司

为提高装饰装修质量，减轻居住者的负担，对新建住宅二次装修分离的做法进行改革。即对土建施工只做到装饰装修基层，待住房落实到用户手中后，住户根据自己的要求，再做二次装饰装修进行压缩，提倡商品房按用户需要由用户选定的图样进行一次性装饰装修。甚至达到设备到位，用户提"皮箱"入住。这就要求组建各种各样专门性的装饰装修公司，承担装饰咨询、设计、施工业务，并不断提高设计、施工水平。

（四）大力培养建筑装饰装修技术人才

为了提高建筑装饰装修行业队伍的素质，必须从培养人才入手。可开办各种形式的培训班和不同层次的学校及相关专业，培养不同层次的专业技术人才，以提高装饰装修行业队伍的技术素质。

（五）使装饰装修材料不断更新换代

我们的企业应重视新型装饰装修材料的开发和研究，研制一些轻质、高强、耐火、无毒、美观、经济的装饰装修材料，满足装饰装修市场的发展需要。今后要大力发展绿色环保型新材料。

总之，在今后装饰装修市场大发展的形势下，更要加强全面管理，使建筑装饰装修材料绿色化，装饰装修设计、装饰装修施工技术上一个新台阶。

第二章　建筑装饰装修工程施工技术概论

第一节　建筑装饰装修工程的作用、分类与基本要求

一、建筑装饰装修工程的作用

建筑装饰装修的作用概括起来有以下三点：

(一) 保护结构、提高结构耐久性

建筑物的墙体、楼板、屋顶均是建筑物的承重部分，除承担结构荷载，具有一定的安全性、适用性以外，还要考虑遮挡风雨、保温隔热、防止噪音、防火、防渗漏、防风沙、防止室内潮湿等诸多因素。而这些要求，有的可以靠结构材料来满足，如普通黏土砖具有抗压能力强、大气稳定性好等特点，因而用作外墙时可以做成只勾缝、不抹面的清水砖墙；而用于内墙时，因其颜色暗淡、反射性能差、吸收热量多，不能抵御盐碱的腐蚀，因而必须在其表面进行装饰装修处理。再如加气混凝土，其特点是容重轻、自身强度低、耐机械碰撞性能弱，而且孔隙率大，耐大气的稳定性也有所不足，因而做围护墙时必须做外饰面。又如钢筋混凝土，为防止由于热胀冷缩变形而导致材料的拉裂，也必须做饰面处理。此外，饰面还可以弥补与改善结构功能不足，提高结构的耐久性。

(二) 满足室内、外环境的艺术要求

建筑物的墙体、楼面、地面、顶棚均是建筑物装饰装修与美化的主要部分。装饰装修与美化是建筑空间艺术处理的重要手段，无论室内、室外，其效果一般由三个方面来体现，即质感、线型和色彩。

1. 质感

质感是材料质地给人们的感觉。总体来讲，粗糙的混凝土或砖的表面，显得较为厚重、粗犷、平滑；细腻的玻璃和铝合金表面，显得较为轻巧、活泼。质感与建筑材料、施工方法以及建筑物的体型、立面风格有关。涂料装饰装修显得平滑而有光泽；刷石、粘石装饰装修虽有石材的感觉，但显得不够厚重而虚假；面砖类装饰装修容易产生整齐、划一的效果，给人以新的气息；天然石材则显得厚重、粗犷，给人以稳定的感觉。此外，同样的材料由于施工方法的不同产生的效果也不一样，如同样是花岗石贴面，表面做成蘑菇石和剁斧石所获得的质感也不尽相同，再如混凝土的正打工艺和反打工艺同

样可以获得不同的质感。

2. 线型

线型主要是指立面装饰装修的分格缝与凹凸线条构成的装饰装修效果。抹灰、刷石、粘石、天然石材、加气混凝土等均应分格或分块，以防止开裂，它们可以产生不同的立面效果。分格缝的大小应与材料相配合，一般缝宽取 10～30 mm 为宜，分块大小不同，其装饰装修效果也不同。

3. 色彩

色彩是构成建筑物外观、乃致影响周围环境的重要因素。一般以白色或浅色为主的立面色调，常给人以明快、清新的感觉；以深色为主的立面，则显得端庄、稳重；红、褐色等暖色趋于热烈；蓝、绿色等冷色使人感到平静。由于人们生活环境、气候条件以及传统习惯等因素不同，对色彩的感觉和评价也不一样。以民居为例，北方地区多采用深色调为主，南方地区多采用浅色调为主。在材料选择上也与立面色彩持久与否有关。面砖、陶瓷锦砖、琉璃制品等高温焙烧材料，颜色经久不变；而水泥砂浆色彩单一，效果差；另外像油质涂料和胶漆，材质好、有光泽、不易脱色。一幢建筑物的颜色不宜过多，且应注意色彩的明暗对比，不仅要注意当前的色彩，也要照顾到日后的效果。

(三) 改善室内工作条件，提高建筑物的绿色环保功能

为了保证人们良好的生活条件与工作环境，墙面、地面、楼面、顶棚均应该是清洁的、明亮的，而这些大多通过室内装饰装修手段来实现。

1. 室内装饰装修有光线反射的效果，特别是可以使远离窗口的墙面、地面不致太暗，从而提高室内亮度。

2. 室内装饰装修有提高热工性能的作用。若主体结构热工性能满足不了规定标准时，可以通过抹灰、贴面等手段来补足，增加保温、隔热效果。

3. 室内装饰装修可以改善室内的卫生条件。当室内湿度偏高时，可以吸收空气中的水蒸气含量，避免凝结水的出现；当室内干燥时，又可释放出一定量的水蒸气，使房间保持正常的湿度和舒适的物理环境。

4. 室内装饰装修可以改善声学性能。如反射声波、吸声、隔声等，从而提高室内音质效果。一般涂塑壁纸平均吸声指数可达 0.05，平均 20 mm 厚的双面抹灰，可提高隔声量 1.5～5.5 dB。

5. 室内装饰装修应选择不燃或难燃材料，提高防火性能。

二、建筑装饰装修工程的分类与等级

(一) 按装饰装修部位分类

1. 外墙装饰装修
包括涂饰、贴面、挂贴饰面、镶嵌饰面、玻璃幕墙等。

2. 内墙装饰装修
包括涂饰、贴面、镶嵌、裱糊、玻璃墙镶贴、织物镶贴等。

3．顶棚装饰装修

包括顶棚涂饰、各种吊顶装饰装修等。

4．地面装饰装修

包括石材铺砌、墙地砖铺砌、塑料地板、发光地板、防静电地板等。

5．特殊部位装饰装修

包括特种门窗的安装（塑、铝、彩板组角门窗）、室内外柱、窗帘盒、暖气罩、筒子板、各种线角等。

（二）按装饰装修的材料分类

目前市场上可用做建筑装饰装修的材料非常多，从普通的各种灰浆材料，到日新月异、层出不穷的各种新型建筑装饰装修材料，种类数不胜数，其中比较常见的有：

1．各种灰浆材料

如水泥砂浆、混合砂浆、白灰砂浆、石膏砂浆、石灰浆等。这类材料分别可用于内墙面、外墙面、楼地面、顶棚等部位的装饰装修。

2．各种涂料

如各种溶剂型涂料、乳液型涂料、水溶性涂料、无机高分子系涂料。各种不同的涂料分别可用于外墙面、内墙面、顶棚及地面的涂饰。

3．水泥石渣材料

即以各种颜色、质感的石渣作骨料，以水泥作胶凝剂的装饰装修材料，如水刷石、干粘石、剁斧石、水磨石等。这类材料中，除水磨石主要用于楼地面做法外，其他材料则主要用于外墙面的装饰装修。

4．各种天然或人造石材

如天然大理石、天然花岗石、青石板、人造大理石、人造花岗石、预制水磨石、釉面砖、外墙面砖、陶瓷锦砖（俗称"马赛克"）、玻璃马赛克等。石材又可分为较小规格的块材以及较大规格的板材。根据石材的质地、特性，可分别用于外墙面、内墙面、楼地面等部位的装饰装修。

5．各种卷材

如纸面纸基壁纸、塑料壁纸、玻璃纤维贴墙布、无纺贴墙布、织锦缎等，主要用于内墙面的装饰装修，有时也会用于顶棚的装饰装修。另外还有一类主要用于楼地面装饰装修的卷材，如塑料地板革、塑料地板砖、纯毛地毯、化纤地毯、橡胶绒地毯等。

6．各种饰面板材

这里所指的饰面板材，是指除天然或人造石材之外各种材料制成的装饰装修用板材。如各种木质胶合板、铝合金板、钢板、铜板、搪瓷板、镀锌板、铝塑板、塑料板、镀塑板、纸面石膏板、水泥石棉板、矿棉板、玻璃以及各种复合贴面板材等等。这类饰面板材类型有很多，可分别用于外墙面、内墙面以及吊顶棚的装饰装修，有些还可以作为活动地板的面层材料。

（三）按装饰装修的构造做法分类

1．清水类做法

这类做法包括清水砖墙（柱）和清水混凝土墙（柱）。其构造方法是，在砖砌体砌筑或混凝土浇筑成型后，在其表面仅做水泥砂浆勾缝或涂透明色浆，以保持砖砌体或混凝土结构的材料所特有的装饰装修效果。

清水类做法历史悠久，装饰装修效果独特，且材料成本低廉，在外墙面及内墙面（多为局部采用）的装饰装修中，仍不失为一种很好的方法。

2．涂料做法

涂料类做法的构造方法，是在对基层进行处理达到一定的坚固平整程度之后，涂刷上各种建筑涂料。建筑涂料具有装饰装修、保护结构和改善条件的功能。涂料类做法几乎适用于室内外各种部位的装饰装修，其主要特点是省工省料，施工简便，便于采用施工机械，因而工效较高，便于维修更新；缺点是其有效使用年限相比其他装饰装修做法来说比较短。由于涂料类做法的经济性较好，因此具有良好的应用前景。

3．块材铺贴式做法

块材铺贴式做法的构造方法是，采用各种天然石材或人造石材，利用水泥砂浆等胶结材料粘贴于基层之上。基层处理的方法一般仍采用10～15 mm厚的水泥砂浆打底找平，其上再用5～8 mm厚的水泥砂浆粘贴面层块材。面层块材的种类非常多，可根据内外墙面、楼地面等不同部位的特定要求进行选择。

块材铺贴式做法的主要特点是，耐久性比较好，施工方便，装饰装修质量和效果好，用于室内时较易保持清洁；缺点是造价较高，且工效不高，仍为手工操作。

4．整体式做法

整体式做法的构造方法是，采用各种灰浆材料或水泥石渣材料，以湿作业的方式，分2～3层制作完成。分层制作的目的是保证质量要求，为此，各层的材料成纷、比例以及材料厚度均不相同。

以20～25 mm厚的三层做法为例：第一层为10～12 mm厚的打底层，其作用是使装饰装修层与基体（墙、楼板等）黏结牢固并初步找平；第二层为6～8 mm厚的找平层，其作用主要是进一步找平，并减少打底层砂浆干缩导致面层开裂的可能性；第三层为4～5 mm厚的罩面层，其主要的作用就是要达到基本的使用要求和美观的要求。打底层的材料以水泥砂浆（用于室内潮湿部位及室外）和混合砂浆、石灰砂浆（用于室内）为主，罩面层及找平层的材料根据所处部位的具体装饰装修要求而定。

整体式做法是一种传统的墙面、楼地面、顶棚等装饰装修的方法，其主要特点是，材料来源广泛，施工方法简单方便，成本低廉；缺点是饰面的耐久性差，易开裂，易变色，工效比较低，基本上都是手工操作。

5．骨架铺装式做法

对于较大规格的各种天然或人造石材饰面材料来说，简单地以水泥砂浆粘贴是无法保证其装饰装修的坚固程度的。还有非石材类的各种材料制成的装饰装修用板材，也不能靠水泥砂浆作为粘贴层的材料。对于以上这些装饰装修材料，其构造方法是，先以木材（木方子）或金属型材在基体上形成骨架（俗称"立筋"、"龙骨"等），然后将上述各类板材以钉、卡、压、挂、胶粘、铺放等方法，辈装固定在骨架基层上，以达到装饰装修的效果。像墙面装饰装修中的木墙裙、金属饰板墙（柱）面、玻璃镶贴墙面、干挂石材墙面、隔墙（指立筋式隔墙）等，还有像楼地面装饰装修中架空木地面、龙骨实铺木地面、架空活动地面以及顶棚装饰装修中的吊顶棚等做法，均属于这一类。

骨架铺装式做法的主要特点是，避免了其他常见装饰装修做法中的湿法作业，制作安装简便，耐久性能好，装饰装修效果好，但一般说来造价也都较高。

6. 卷材粘贴式做法

卷材粘贴式做法的构造方法是，首先进行基层处理。基层的种类有水泥砂浆或混合砂浆抹面，纸面石膏板或石棉水泥板等预制板材，钢筋混凝土基体等。对基层处理的要求是，要有一定的强度，表面平整光洁，不疏松掉粉等。基层处理好以后，在经过处理的平整基层上直接粘贴各种卷材装饰装修材料，如各种壁纸、墙布，以及塑料地毯、橡胶地毯和其他各类地毯等。

卷材粘贴式做法的特点是，装饰装修性比较好，造价比较经济，施工简便。这类做法仅限于室内的装饰装修处理。

(四) 按装饰装修等级分类

建筑装饰装修等级是根据建筑物的类型、建筑等级、性质来划分的，建筑物等级越高，建筑装饰装修等级也越高，按国家有关规定，建筑装饰装修等级可分为三级，其适用范围见表 2-1。同时可根据建筑物各部位所允许使用的材料和做法，对不同类型建筑的装饰装修标准加以区分，装饰装修标准可参考表 2-2。根据建筑物的类型、所处规划位置以及造价控制等方面的要求，确定建筑的装饰装修等级。建筑装饰装修工程的造价一般要占到整个工程总造价的三分之一到二分之一。这是我们必须慎重进行建筑装饰装修做法选择的重要原因之一。另外，建筑装饰装修等级和标准的确定也应区别对待，不宜一概而论。同类型的建筑物，当其所处规划位置不同时，比如是在沿城市主要干道的两侧，还是在一般的小区街坊，就可能在装饰装修的标准上有所区别；同一栋建筑中，不同用途的房间，也应采用不同标准的做法进行处理。

建筑装饰装修等级　　　　　　　　　　　　　　　表 2-1

建筑装饰装修等级	建 筑 物 类 型
一级装饰装修	高级宾馆、别墅、纪念性建筑、大型博览建筑、观演建筑、体育建筑、一级行政机关办公楼、市级商场
二级装饰装修	科研建筑、高教建筑、普通博览建筑、普通观演建筑、普通交通建筑、普通体育建筑、广播通讯建筑、医疗建筑、商业建筑、旅馆建筑、局级以上行政办公楼
三级装饰装修	中小学和托幼建筑、生活服务建筑、普通行政办公楼、普通居住建筑

装饰装修等级	房间名称	部位	内装饰装修标准及材料	外装饰装修标准及材料	备 注
一	全部房间	墙面	塑料墙纸（布）、织物墙面、大理石、装饰板、木墙裙、各种面砖、内墙涂料	花岗石（用得较少）、面砖、无机涂料、金属墙板、玻璃幕墙、大理石（用得较多，但如前述，不太合理）	1. 材料根据国际或企业标准按优等品验收 2. 高级标准施工
		楼、楼面	软木橡胶地板、各种塑料地板、大理石、彩色磨石、地毯、木制地板		
		顶棚	金属装饰板、塑料装饰板、金属墙纸、塑料墙纸、装饰吸音板、玻璃顶棚、灯具顶棚	室外雨篷下，悬挂部分的楼板下，可参照内装修顶棚处理	
		门窗	夹板门、推拉门、带木镶边板或大理石镶边、窗帘盒	各种颜色玻璃铝合金门窗、特制木门窗、钢窗、光电感应门、遮阳板、卷帘门窗	
		其他措施	各种金属、竹木花格，自动扶梯、有机玻璃栏板、各种花饰、灯具、空调、防火设备、暖气罩、高档卫生设备	局部屋檐、屋顶，可用各种瓦件、各种金属装饰物（可少用）	
二	门厅走道楼梯普通房间	地面楼面	彩色水磨石、地毯、各种塑料地板、卷材地毯、碎拼大理石地面		1. 功能上有特殊要求者除外 2. 材料根据国际或企业标准按局部优等品，一般为一级品验收 3. 按部分为高级，一般为中级标准施工
		墙面	各种内墙涂料、装饰抹灰、窗帘盒、暖气罩	主要立面可用面砖，局部可用大理石（问题同前），无机涂料	
		顶棚	混合砂浆、石灰罩面、板材顶棚（钙塑板、胶合板）、吸音板		
		门窗		普通钢、木门窗，主要入口可用铝合金	
	厕所盥洗	地面	普通水磨石、马赛克、1.4～1.7米高度内的瓷砖墙裙		
		墙面	水泥砂浆		
		天棚	混合砂浆、石灰膏罩面		
		门窗	普通钢木门窗		
三	一般房间	地面	水泥砂浆地面、局部水磨石		1. 材料根据国际或企业标准按局部为一级品，一般为合格品验收
		顶棚	混合砂浆、石灰膏罩面	同室内	
		墙面	混合砂浆色浆粉刷，可赛银或乳胶漆，局部油漆墙裙，柱子不做特殊装饰	局部可用面砖，大部分用水刷石或干粘石，无机涂料，色浆粉刷、清水砖	
		其他	文体用房，托幼小班可用木地板、窗饰橱，除托幼外不设暖气罩、不准用钢饰件，不用白水泥、大理石、铝合金门窗，不贴墙纸	禁用大理石、金属外墙装饰面板	
三	门厅楼梯走道		除门厅可局部吊顶外，其他同一般房间，楼梯用金属栏杆，木扶手或抹灰栏板		2. 按部分为中级，一般为普通标准施工
	厕所盥洗		水泥砂浆地面 水泥砂浆墙裙		

三、建筑装饰装修工程的基本要求

建筑装饰装修工程的基本要求一般应包括以下四点内容，即耐久性、安全牢固性、经济性和防火性。

（一）耐久性

外墙装饰装修的耐久性包含两个方面的含义，一方面是使用上的耐久性，指抵御使用上的损伤、性能减退等；另一方面是装饰装修质量的耐久性。它包括黏结牢固和材质特性等。

影响外墙装饰装修耐久性的主要因素有：

（1）大气污染与材质的抵抗力；

（2）机械外力磨损、撞击与材质强度、安装黏结牢固程度；

（3）色彩变异与材质色彩的保持度；

（4）风雨干湿、冻融循环与材质的适应性。

外墙装饰装修的耐久性要由各项衡量标准来确定，其中装饰装修材料的性能指标和装饰装修施工的技术标准是关键的两个环节。一种新材料的问世，必须有科学的技术性能指标和使用要求才能得以推广。

1．大气污染与材质的抵抗力

空气的污染介质有酸、碱、盐和灰尘微粒，这些介质在外墙装饰装修上产生沉积、黏附和化学反应，从而导致墙面的污染，其机理是：

（1）沉积性污染

空气中微粒附着在凹凸不平的墙面上形成积灰，影响色泽和外观。

（2）黏附性污染

空气中的微粒与墙面接近到一定程度，靠吸引力而黏附在墙面上。黏附性污染与墙面装饰装修材料的软硬、光洁度有关。较柔软的表面容易黏附微粒，表面光泽的材料黏附性较差。另外，空气中的微粒一般都带电荷，某些高分子装饰装修材料经摩擦产生静电积累作用而吸附微粒，产生静电污染。静电污染一般可以通过对装饰装修材料的改性处理而消除。通常用的聚合物涂料产生的静电值比聚乙烯板少得多，故静电吸尘对聚合物涂料而言就不是主要污染源。

（3）化学反应污染

大气中的酸碱成分与装饰装修材料的中和反应，交通工具排出的废气如二氧化碳、二氧化硫和大气中的臭氧等对装饰装修材料产生化学侵蚀，导致材料表面变色、变性、剥蚀风化、粉化等损失，降低了原有的装饰装修效果。

（4）菌性污染

菌性污染主要是发霉，多发生在潮湿、阴暗部位。在霉雨季节，由于雨多、日照少，容易造成细菌繁衍而影响表面的装饰装修效果，严重者产生腐烂、粉化、剥落等现象。为防止霉变的发生，装饰装修材料应加入适当的防腐剂来克服菌性污染。

2．自然气候变化与材质的适应性

自然界中的阳光、水分、温度、湿度、风雨侵蚀和冻融交替等均对外墙装饰装修产生不同程度的危害。

（1）温、湿度的变化

温度高低、湿度大小会带来材料的胀缩变形而产生内应力，当内应力超过材料结构自身内力时就产生裂纹，这就是面层的"龟裂"现象。此外，由于湿度产生的胀缩变形造成装饰装修面层和基层的错位，进而出现空鼓、脱落、剥离等现象。

（2）冻融作用

外墙装饰装修是墙体接受冻融的第一线，表面容易受冻与解冻。因而装饰装修材料比主体材料的冻融程度与冻融循环次数都多。当材料表面浸入一些水分或材料本身具有较高含水率，一般在－15℃时就可产生冻结。当冻融膨胀率达到10％时，就可以造成材料内部的破坏。所以，含水率的大小、低温程度、循环次数的多少，均直接影响材料的冻融破坏。作为外墙装饰装修的面层材料，能承受冻融循环试验达到25次以上时，才能满足耐久性的要求。

据观察分析，水泥砂浆抹面压光不如粗抹毛面耐冻，这是因为压光表面水分渗入后呈封闭结构空间，而粗毛面为开放性结构空间，冻胀后可以自由膨胀，破坏性较小。其冻融循环次数可达25次以上，故外墙采用水泥砂浆抹面时，不宜压光，若在粗面上刷涂料更具有保护作用。

3．机械损伤与材质强度的选择

人的活动、大自然的运动产生的外部力量，往往也会对外墙装饰装修起破坏作用，如撞击、摩擦、振动、地震或风力所产生的位移、不均匀沉降、温度应力的变化等。上述的外界因素会使外墙装饰装修出现龟裂、剥落等现象。为防止这些问题的发生，必须做好面层与基层的连接及自身材质的选择，在易撞击的部位选用高强度材料或做好防护设施。

4．色变与材质色彩保持度

阳光中的紫外线、热辐射，空气中的各种有害气体作用于外墙装饰装修的一些建筑材料时，会使材料的某些成分起化学反应和发生分子结构的变化，造成表面变色，失去光泽。其中较为突出的材料有水泥砂浆、天然石料、颜料等，选用上述材料时，应注意采取相应措施，减少色变的出现。

（1）水泥制品的"泛黄"与"析白"现象

水泥制品的"泛黄"与"析白"是水泥在水化过程中的反应。白水泥在水化过程中产生含有铁铝酸钙与氢氧化钙的生成物，这种生成物在大气的作用下会逐渐外移至制品表面，呈现黄色，俗称"泛黄"；普通水泥在水化过程中产生氢氧化钙，逐渐析出表面，经碳化后呈白色，俗称"析白"。"泛黄"或"析白"均可以使水泥制品表面形成"花脸"。究其原因，主要是水灰比使用不当和养护期温度不均匀。试验表明，在水泥制品脱模后立即用1∶10磷酸溶液擦洗3min，再用清水洗净或在聚合物水泥砂浆中掺入适量的六偏磷酸钙等分散剂，均有助于消除"泛黄""析白"现象。

（2）天然石料的色变

一般说来硅酸盐类石材有良好的大气稳定性，色泽变化小；碳酸盐类石材的大气稳定性差，色泽变化大。天然石材的颜色是由矿物质中的有色离子如铁、铜、镍、钴等重金属离子的存在而呈现的。这些重金属离子在水、空气中的有害物质的作用下，会产生色变而带来石材的变色。如铁离子在水分作用下会生成氧化铁与氢氧化铁，其色彩为黄色，能使石材变黄；又如铜离子和二氧化碳、水生成碱式碳酸铜，其色彩为绿色，使石材表面显得暗淡，失去光泽。所以碳酸盐类石材一般不宜用于耐久性要求较高和历史性、纪念性建筑物的装饰装修。

水刷石、干粘石、水磨石等装饰装修面层的色变，也是由于其中石渣的色变而产生的（当然也有由于掺入的颜料造成的）。绿色水刷石因其绿色石渣色素离子稳定性差，使用几年后就褪色，再加上表面积灰而失去装饰装修效果。色彩较稳定的石渣有松香石、白石子等。选用石料时要注意选择色泽稳定的品种。

天然石材的色变还与石材的材质和结构有关。花岗石等属硅酸盐类，其晶体结构紧密，在大气作用下色泽变化小；大理石、青石板等属碳酸盐类，晶体结构松散，在大气作用下色泽变化大，如空气中的二氧化硫遇水生成亚硫酸，与大理石的主要成分方解石相作用，形成强度低、易溶于水的石膏，从而使磨光的大理石表面变得粗糙、多孔、变色并失去光泽。

（3）颜料的色变

外墙装饰装修材料多为碱性材料，掺入装饰装修材料中的颜料必须耐碱，才能保持颜色的鲜艳与不褪色。如铁蓝不耐碱，掺入水泥后会立即失色；此外，颜料在光照下（特别是短波光）容易产生光合化学反应，使颜色变暗。如锌钡白、铬黄在阳光作用下分别生成金属锌和亚铬酸铝而变暗。大气中有害气体的化学作用也干扰色泽的鲜艳，如铬黄遇空气中的硫化物而变得灰绿。从以上几点可以看出，用于外墙装饰装修的颜料必须是耐碱、耐光、抗化学侵蚀的颜料，这样才能保证色彩的稳定性和耐久性。

5. 老化现象及其避免

外墙装饰装修材料的老化现象是常见的，一些高分子饰面材料尤为突出。这些材料在使用过程中，由于光、热、臭氧及各种化学气体的影响，经过一段时期使用后，材料内部产生化学反应，使聚合物的结构发生降解或交联变化，这种现象称为老化现象。其表现是材料发黏、变软、变硬、变脆、出现斑点、失去光泽、颜色改变、物理和化学性能变异等。

避免装饰装修材料老化现象的发生可以通过两条途径来达到。其一是在外墙装饰装修材料的生产过程中掺入相应的添加剂，以增加抗污染、抗老化的性能；其二是在施工中喷涂防污染防老化的保护层。

（二）安全牢固性

牢固性包括外墙装饰装修的面层与基层连接方法的牢固和装饰装修材料本身应具有足够的强度及力学性能。

面层材料与基层的连接分为黏结和镶嵌两大类。

1. 黏结类

黏结类做法指用水泥砂浆、水泥浆、聚合物水泥砂浆、各种类型的黏结剂，将外墙装饰装修的面层与基层连接在一起。黏结材料的选择，必须根据面层与基层材料的特性，黏结材料的可黏性来确定。此外，基层表面的处理，黏结面积的大与小，提高黏结强度的措施以及养护的方法、养护时间的长短等，均为影响黏结牢固性的因素。只有选用恰当的黏结材料及按合理的施工程序进行操作，才能收到好的效果。

2．镶嵌类

镶嵌类做法是采用紧固件将面层材料与基层材料连接在一起（可直接固定或利用过渡件间接固定）。常见的有龙骨贴板类、螺栓挂板类等。镶嵌类连接方式的牢固性主要靠紧固件与基层的锚固强度以及被镶嵌板材的自身强度来保证。此外，紧固件的防锈蚀也是很关键的一环。只有恰当地选择紧固方法和保证紧固件的耐久使用，才能保证装饰装修材料的安全牢固。

在选择外墙装饰装修的施工方法时，应以安装方便、操作简单、省工省料为原则，这对减轻工人的劳动强度，提高施工效率是很关键的。传统的装饰装修做法有的简单，有的复杂，但都是根据装饰装修的面层材料决定的。当一种新的装饰装修材料出现时，连接方法也会随着改进，但都以施工方便为前提。如传统镶贴大理石，大多以挂贴方法为主，这种方法劳动强度大，灌注的水泥砂浆需进行养护，工期长，而且水泥砂浆对大理石表面有"析白"作用，造成大理石变色，影响装饰装修效果。近年来，一些科研单位研制了大理石的干挂法（去掉砂浆结合层），极大地提高了安装速度，保证了装饰装修质量。

（三）经济性

装饰装修工程的造价往往占土建工程总造价的 30%～50%，个别装饰装修要求较高的工程可达 60%～65%。外墙装饰装修是装饰装修工程的重要组成部分之一，除了通过简化施工、缩短工期取得经济效益外，装饰装修材料的选择是取得经济效益的关键。选择材料的原则是：

1．根据建筑物的使用要求和装饰装修等级，恰当地选择材料。

2．在不影响装饰装修质量的前提下，尽量用低档材料代替高档材料。

3．选择工效快、安装简便的材料。

4．选择耐久性好、耐老化、不易损伤、维修方便的材料，如：某些贴面砖的装饰装修，一旦面砖剥落维修较为困难。

（四）防火性

建筑装饰装修所用材料，目前多数防火性能较差，火灾中因烟气中毒而造成人员伤亡，因此在选材时，尽量选用难燃材料和无毒材料。

第二节　建筑装饰装修工程的材料选择原则与用材标准

一、装饰装修的材料分类

装饰装修材料是个范围十分广泛的概念，品种花色浩如烟海，大至铝合金幕墙、门窗、电梯，小至五金配件、陈设品、防盗报警器，还包括家具、壁挂、工艺品等。由于篇幅所限，本书只能就装饰装修工程中应用量大、面广的门类加以介绍。

装饰装修材料的品种数不胜数，但从材料的化学性质上却可分为无机装饰装修材料和有机装饰装修材料两大类。无机装饰装修材料又可分为金属材料和非金属材料两大类（如铝合金、大理石、玻璃等）。为使用方便，工程中常按建筑物的装饰装修部位来分类。

（一）外墙装饰装修材料：

1．天然石材（大理石、花岗岩）
2．人造石材（人造大理石、人造花岗岩）
3．大型陶瓷饰面板、外墙面砖、陶瓷锦砖
4．玻璃制品（玻璃马赛克、彩色吸热玻璃、热反射玻璃等）
5．白水泥、彩色水泥与装饰混凝土
6．铝合金幕墙、门窗、装饰板
7．外墙涂料（各种丙烯酸酯类等）

（二）内墙装饰装修材料：

1．内墙涂料
2．壁纸与墙布
3．织物类（挂毯、装饰布等）
4．大理石
5．玻璃制品
6．人造石材（人造大理石等）
7．微薄木贴面装饰板

（三）地面装饰装修材料：

1．地毯类（纯毛地毯、化纤地毯、混纺地毯等）
2．塑料地板
3．地面涂料
4．陶瓷地砖（包括陶瓷铺砖）
5．人造石材
6．天然石材
7．木地板

（四）吊顶装饰装修材料：

1．石膏板（浮雕装饰石膏板、纸面石膏板、嵌装式装饰石膏板）
2．壁纸装饰天花板
3．贴塑矿（岩）棉装饰板
4．矿棉装饰吸音板
5．膨胀珍珠岩装饰吸音板

6. 塑料吊顶板

7. 铝合金吊顶板

二、装饰装修材料的选择原则

（一）要符合国家有关装饰装修等级标准

建筑装饰装修材料有高、中、低档之分，建筑装饰装修等级也分为三级，不同的装饰装修等级应选用相适应的装饰材料。为此国家规定了不同装饰装修等级选材标准，见表2-2。

（二）要符合设计要求

建筑设计的出发点就是要造就环境，这个环境应当是自然环境与人造环境的融合。而各种材料的色彩、质感、触感、光泽等的正确运用，将在很大程度上影响到环境。当前，室内环境设计中的一个突出的特点，是强调材料的质感和光影效果的应用，同时也不忽视带有粗犷风格的地方材料的应用。从而表现了手工艺术和现代科学技术两种不同的审美趣味。现在，很多宾馆室内设计，就是在追求现代化的使用功能基础上，运用先进材料和技术，表现民族传统和地方特色。

（三）符合环境的要求

它包括室内及室外环境的要求，如不同地区的气候条件（温、湿度的变化、雨雪的侵袭、风沙的污染等），建筑物周围环境的污染状况，建筑物功能使用状况与要求，室内有毒有害物质的含量等都是选择装饰材料的重要考虑因素。

（四）符合室内使用功能的要求

如娱乐场所的隔声、吸声的设计要求，生物制药中的无菌、杀菌、防潮、易清洗、易消毒等要求。

（五）符合施工技术的要求

应选择施工操作简便、连接牢固、现场易加工的装饰材料，尽量避免采用过多的焊接和需要湿作业的装饰材料。

（六）符合防火规范的要求

尽量选择非燃烧体或难燃烧体材质，以提高防火安全，减少火灾隐患

（七）尽量选择经济合理，使用耐久的装饰材料

目前化学建材品种繁多，色彩绚丽，极大地满足了装饰装修的需要，美化了人们的生活。但是高分子合成材料的最大弱点是易"老化"，所以在选择装饰材料时，尽量选择不易"老化"或"老化"缓慢的品种。

第三节　建筑装饰装修工程的设计知识

一、建筑装饰装修工程设计的依据

对于公建，甲方应提供原有建筑工程施工图及装饰装修项目的有关全部批文，对于居民要预先了解原有建筑的主体结构的状况，向主管部门索要图纸及甲方提供的委托书。

甲、乙双方签字的洽谈纪录。

不同的建筑，在具体功能要求、使用对象、产业所有者及其精神功能要求方面是不一样的。这就要求我们在做建筑装饰装修时，要将各种因素综合起来考虑。一般应对下列问题有比较细致的了解。

1. 建筑的类型是商店还是医院，是旅馆还是住宅，是公用还是私用，是较为喧闹的还是较为宁静的，是对内的还是对外的等等。

2. 人群在该建筑中的分布，人流量是较大还是极小，是长时间停留还是瞬时通过，是短期居住还是长期居住等。

3. 委托人对于建筑的欣赏趣味，如喜欢东方风格还是西方风格，喜欢传统式样还是现代式样，喜欢乡土情趣还是追求时尚等等。

4. 委托方的具体使用要求，如餐厅是雅座还是便餐，住宅中的起居室是否有兼做临时留客的需要，是否要单独设学习、游戏、储物空间，舞厅中各部位的灯光，是整体照明还是局部照明，或者仅是提供背景光等等。

5. 对色彩的喜恶是喜欢淡雅的色彩还是浓艳强烈的色彩，是喜欢冷色调还是喜欢暖色调，或是喜欢中性色调等等。

6. 对装饰装修物的品种、造型和图案要求是写实的还是抽象的，是几何图案还是花卉等图案，是硬装饰装修还是软装饰装修，对织物质地要厚硬挺括还是要薄如蝉翼，柔若发丝等等。

7. 对于材料的习惯价值观念，如木地板高级还是塑料地板高级，钢制品高贵还是铝合金制品高贵，漆器高档还是电镀制品高档等。

8. 其他限制条件如周围建筑的形式、色彩、装饰装修水平等，以及总体规划方面所提出的限制性要求，地质条件的限制等等。

9. 总造价的情况，如委托方在资金上的承受能力，控制总造价的方法，最后承付的形式等等。

10. 调查提纲举例。

装饰装修工程一般情况下设计和施工是一个公司，为了全面细致地了解甲方要求，在洽商时，乙方可以提供调查提纲，与甲方洽商后，双方签字作为委托书附件，以备出现纠纷及验收时的依据。现以居民住宅为例：

（1）家庭状况。家庭人员构成，了解的内容包括人数、性别、年龄、相互关系等。

（2）综合背景。包括籍贯、宗教信仰、教育程度、职业、交际范围等等。

（3）性格嗜好。包括每个人及其群体的性格（这些决定了格调）、喜、恶和特长等。

（4）生活方式。包括其饮食起居，待人处世的态度和习惯等。

（5）建筑形态。独院还是公寓式住宅，其结构形式及格局等等。

（6）环境条件。主要景观方向及环境的特点（是宁静还是喧闹等），周围住户的装饰装修形式及其水平等。

（7）自然条件。风向、日照时间与角度，采光量、温度、湿度等等。

（8）空间特性。开窗、楼板、梁柱等的特性、位置和限制条件。

（9）材料要求。国产的还是进口的，有无特殊喜、恶，以及材料供应和材料费用的处理方式等等。

（10）付款能力。需视其身份地位和经济条件来恰当处理。

二、建筑装饰装修工程的设计类型

随着社会的发展，设计活动对于人类生活的影响越来越大，社会对于设计的关心也日益加深。因此，设计在现代社会生活中占据着重要的地位，且设计的领域在不断扩大。针对不同的对象，若按其目的考虑，设计可以作如下分类。

（一）为了生活环境的美化设计

包括对住宅、商店等建筑物进行设计，对室内进行设计，以及对造园、道路、城市规划进行环境设计。

（二）为了产品的工艺造型设计

工艺造型设计通常又称之为工业造型设计。其中包括对以机械化大批量生产的工业产品为对象的产品设计，和以陶瓷器皿、金工、漆器等传统的手工艺技术为中心的工艺设计，以及对生产过程等而进行的工艺设计。

（三）为了宣传展示的设计

一般来说，建筑装饰装修设计的工作可分为两大单元。一是环境创造，即建筑空间依照人的生活需要及工作活动的方便而给予合理化的安排。可分居住与公共活动环境。二是装饰装修的展现，即依照共性与特殊性的需要，满足并调和人类美化生活的意愿，增进生活的意境和情趣。

三、建筑装饰装修工程的设计内容

将最初仅具有避难所功能的建筑在各种自然条件和社会条件中不断发展为更便利、更舒适的建筑是人类的愿望。现代建筑装饰装修设计已不是过去称为室内装饰的那种装饰室内的技术，而必须把功能和美观结合起来去构成各种各样的空间,所以,建筑装饰装修设计具有相当复杂的难度。通常，要包括室外环境设计、室内设计、色彩设计、照明设计及家具设计和材料选用等。

（一）室外环境设计

室外环境设计，应包括建筑本身及建筑的外部空间。我们必须认识到，建筑外部的空间具有与建筑本身同样的重要性。就建筑本身的外部设计而言，我们需要考虑其与周围环境的协调问题，对人的心理潜意识的作用问题，及对人的活动的影响等问题。就其外部空间的设计而言，则应从建筑的收敛性和扩散性的角度，对其反逆空间、积极空间与消极空间给以合理的安排。从而使人为的有意识环境与周围的自然环境形成连续而有变化的、既实用又美观的整体环境。另外，对诸如舒适、安全、防风、避雨等与功能有关的问题也要给予考虑。最后，还要考虑天气等作用的影响。

（二）室内环境设计

室内环境设计，主要包括对空间构成和动线的研究。对空间构成的研究，是在人的生活和心理需求，以及其他功能要求的基础上，对于室内的实在空间、视感空间、虚拟空间、心理空间、流通空间、封闭空间等加以合理的筹划，确定空间的形态与序列，各个空间之间的分隔、联系、过渡的处理方法。对于动线的研究，是要根据人在室内空间中的活动，对于空间、家具、设备等进行合理的安排。从而使人在室内的移动轨迹符合距离最短、最单纯、不同时交错这三项基本要求。

（三）家具设计与选用

对于不同的室内空间，只有通过设置相应的家具方能完成该室内的功能，家具是人们工作、学习、生活的必须用具，也是人们生活中最直接的生活物品之一。人们在室内的活动，要依赖家具、生活用品及其他各种物品，要靠家具来收纳或展示。另外，由于家具所占空间较大，体量突出，它的视感、触感都会使人在心理方面产生明显的效应。因此，家具设计是现代室内设计、建筑装饰装修的一个重要方面。家具的时代特点、所表现的艺术情趣、反映的风俗习惯可以对整个室内环境效果产生极大的影响。

（四）色彩设计

即使是相同的空间，不同的色彩也可以给人以全然不同的感觉。色彩是决定室内空间效果的重要因素之一。

色彩设计不仅仅取决于房间的使用目的、以及各个部位（地板、顶棚等）的性质、功能的因素，它还要取决于房间使用者的性格和爱好。作为空间整体，既要色彩调和又需表现形象。然而，作为整个建筑物，则既要求保持统一性又要求富于变化。

进行色彩设计时，首先考虑其空间应采取何种统一色调，是明亮的色彩还是暗色，是冷色还是暖色，是具有活泼感的还是体现沉稳感的。然后，为表现这些感觉并谋求调和，则需考虑具体的配色（或同一色相、或类似色相；或明调子、或暗调子等等），并选择地毯、油漆等实际素材，以达到整体之调和。

（五）照明设计

在环境创造中，光不仅是为了满足人们视觉需要所必须的技术因素，同时也是一个重要的美学因素。一个良好的照明设计，不仅能满足人们的视觉需要，而且对人的精神感受可以提供积极的贡献。

在进行照明设计时，应在充分研究被照对象的特征、空间的大小与性质。同时，还要考虑使用目的、观看者的动机和情绪、视环境中所提供的信息内容与容量、环境气氛创造、光源本身的特性等因素。在此基础上，对照明的方式、照度的分配、照明用的光色以及灯具本身的样式造型等，做出合理的安排。

（六）材料设计与选用

材料选用包括依材性对材料的理性选择和依材质和谐法则对其效果的感性选择。

通常材料设计是实现造型设计与色彩设计的根本措施，同时也是表现光线效果和材质效果的重要基础。换句话说，材料选择的正确与否直接关系着装饰装修设计与制作的成败，对于生活功能和形式表现都将产生严重的影响。

过分受制于惯用材料的束缚，抑或过度迷失于流行材料的风尚，皆是不智之举。同样的，极端偏爱少数材料的特色，抑或极端滥爱所有材料的趣味，亦是盲目行为。建筑大师密斯曾经说："由材料通过机能到创造的冗长过程，只有一个单纯的目标——从极度杂乱之中去寻求秩序。"基于这种认识，才能摆脱材料的羁绊或解开材料的困惑，进而"用正确的方法去处理正确的材料"，才能以率真和美的方式去解决人类生活的需要。

因此材料的应用在一方面必须遵守必然的理性原则；在另一方面却必须凭借未必尽然的感性意识。简单地说，正确地把握材料特性去寻求有效的功能答案，往往是相当客观的，它应属于必然的理性原则。然而，灵巧的发挥材料特色以创造完美的形式表现，却往往必须匠心独运，它应属于未必尽然的感性问题。换句话说，仰赖对于材料的充分认识和足够经验，足以驾驭材料的物质效用，但欲将物质成分的材料发挥为精神表现的价值，则必须进一步凭借对于材料的敏锐感受性和丰富创造力。综合地说，设法将死的材料转变为活的创造，尽量将相对有限的材料转化为无限的艺术表现，才是真正善用材料之道。

第四节　建筑装饰装修工程的施工类别、特点和今后发展方向

一、建筑装饰装修工程施工的类别

（一）按建筑装饰装修工程的内容分类

建筑装饰装修工程的内容，按国家标准《装饰工程施工及验收规范》中的规定，包括如下工程内容：抹灰工程、刷浆工程、油漆工程、玻璃工程、裱糊工程、饰面工程、饰面板和花饰工程等八项内容。但是，现在的建筑装饰装修工程的内容或范围却要宽广得多，除了建筑的主体工程和部分设备的安装之外，其余的一切建筑工程项目都被包括在建筑装饰装修工程的范围之内。

（二）按建筑装饰装修施工的部位分类

建筑中一切与人的视觉和触觉有关的，能引起人们视觉愉悦和产生舒适感的部位都有装饰装修的必要。对室外而言，建筑的外墙面、入口、台阶、门窗（含橱窗）、檐口、

雨篷、屋顶、柱及各种小品、地面铺装等都需进行装饰装修。就室内而言，顶棚、内墙面、隔墙和各种隔断、梁、柱、门窗、地面、楼梯以及与这些部位有关的灯具和其他小型设备都在装饰装修施工的范围之内。并且，常常还要包括陈设品、家具、水卫工程、空调工程及建筑小品、装饰画、景观设置等等。

二、建筑装饰装修工程的特点

（一）装饰装修施工技术的内容与特性

建筑装饰装修施工技术应包括装饰装修材料的运用、装饰装修节点做法、装饰装修制品的安装、连接技巧以及装饰装修施工操作方法和工序。所有这些内容均与材料性能有关，一切节点做法与施工技巧都要由材料性能所决定。不同的材料有不同的与之相配套的施工技术与工艺，这是装饰装修工程中的核心。而节点做法的合理性、安装连接牢固性、拼接的技巧性、施工方法的简便是装饰装修质量、装饰装修艺术效果的保证。这就是建筑装饰装修工程施工技术与其他工程项目的区别。

（二）装饰装修工程做法的层次

建筑装饰装修工程就是在建筑主体内、外表面进行再加工、修饰，它很少承担结构受力的作用，所以它属于分层构造形式。

首先是主体表面进行粗整理，为装饰装修面层创造条件，称为基层处理。如对砖墙进行抹灰、金属表面除锈、混凝土表面找平清理等，或在建筑主体设结构层、垫层。

其二是结合层，它将面层与基层牢固地连接在一起。

其三是表面层，即装饰装修面层，它是装饰装修效果优劣的主要体现。

建筑装饰装修的分类通常以面层材料来划分，有的装饰装修面层本身再分成二层、三层做法，这种情况多属于施工技巧，是装饰装修材料的要求。

另外，在建筑装饰装修构造中还有一种架空做法，即装饰装修面层与主体表面有间隙，而不是直接贴附于主体表面。它是由主体设支撑系统形成结构层，装饰装修构造层本身又出现了结构层、垫层、结合层、面层，这种情况是由装饰装修造型和装饰装修材料的要求而决定的，这时建筑主体表面不需处理。

（三）装饰装修的基本连接手段

建筑装饰装修节点做法与施工是分不开的，装饰装修节点做法是利用各种装饰装修材料及其制品通过连接手段与主体所组成的装饰装修造型，它是说明装饰装修各层次各部位的搭接、连接方法。装饰装修施工是指装饰装修材料及其制品的安装方法、顺序、操作要领、注意问题、机具的作用以及劳动组织与经济核算，是说明装饰装修构造的实施过程与技巧。两者有着密切的关系，建筑装饰装修工程的构造施工的关键问题是连接手段和安装顺序及施工技巧，概括起来大致包括：滚、喷、弹、刷、刮、抹、印、刻、压、磨、镶、嵌、挂、搁、卡、粘、糠、钉、焊、铆、拴等23种基本方法。这些基本方法可以概括为四种类型，即现制方法、粘贴方法、装配方法和综合方法。有的材料及制品不能直接相连就需要加过渡件（中间件）来连接，黏结技术是最简便的连接手段。有的胶黏剂能够将两种不同性质的材料及制品黏结在一起而且很牢固，今后随着胶黏剂的发展，黏结技术可以成为建筑装饰装修工程中的主要连接手段，甚至可以代替所有连接手段，到那时施工技术将会彻底改观。

装饰装修材料基本上包括木材、金属、陶瓷、混凝土、塑料、玻璃等，它们之间的相互连接方法因材而异。

1. 木材与木材可采用榫接、钉接、黏结、螺钉连接、螺栓连接等方法。

2. 金属与金属可采用铆接、焊接、螺栓连接、自攻螺钉连接、拉铆连接、咬口连接、黏结等。

3. 混凝土与混凝土可采用浇注连接、黏结连接（特制胶黏剂）、埋件焊接等。

4. 塑料与塑料可以采用黏结、热压连接、螺栓连接、铆钉连接等。

5. 玻璃与玻璃一般采用黏结、卡接、螺栓连接。

若所用材料不同，连接方法也会有相应改变，可直接连接也可设过渡件连接，所设过渡件一定是和准备使用的材料相配套，如木砖、钢埋件等。

6. 木材与金属采用螺栓连接、黏结、螺钉连接。

7. 木材与塑料采用螺钉、普通钉连接或黏结。

8. 木材与混凝土可直接用胀管或在混凝土中预埋木砖（木塞）然后通过钢钉进行连接。

9. 木材与玻璃通过卡具、压条进行连接或黏结。

10. 金属与混凝土可采用直接插入、胀管、射钉的方法进行连接，也可采用黏结。

11. 金属与塑料可采用螺丝钉、螺栓、自攻螺钉、拴铆钉、黏结等方法进行连接。

12. 金属与玻璃采用黏结、卡接、压条等方法连接。

13. 混凝土与塑料可采用黏结、射钉、钢钉、胀管、一般钉（先卧入木塞）等方法进行连接。

14. 混凝土与玻璃采用黏结或过渡件卡接。

15. 塑料与玻璃采用黏结、卡接等方法进行连接。

上述做法为一般常见连接手段，个别情况还有特殊的连接手段。在装饰装修设计与施工中抓住这些连接手段和方法，基本上就可以解决装饰装修构造中的各种制作和施工问题。

（四）装饰装修施工工艺

施工工艺是由装饰装修材料、安装连接方法、施工技术来确定的。

1. 装饰装修的基层处理

这是装饰装修工程的准备阶段，是为装饰装修面层创造安装条件的，根据主体材料的不同和装饰装修层的要求，采取不同的基层处理方法。

（1）砖墙的基层处理如：抹面、找平、清扫等。

（2）混凝土墙柱基层的处理：抹面、找平、刮腻子、清除修补斑点和凹凸不平等。

（3）金属基层处理：打磨、除锈、刮腻子修补、找平等。

（4）轻质墙基层处理：洇水、刷界面处理剂、打底灰等。

2．装饰装修的施工组织

排好施工顺序，严格按工艺程序操作，避免返工，劳动组织应合理。装饰装修施工中以技术为主，普通工少于技工，这是和其他工程在劳动组织中的不同之处，工人的黏、贴、紧固、锯切操作技术以及拼贴技巧都要求很高，技工与普通工比例为1~3:1最为合理。

3．建筑装饰装修施工工艺

（1）工艺流程的确定：按照装饰部位选用恰当材料，确定连接、操作方法以及施工规程来确定其某一项装饰工程的施工工艺流程。例如：贴陶瓷面砖的施工工艺流程是：

基层处理→选面砖预排→浸砖→铺贴面砖→擦洗表面→校正验收。

这一系列过程都有严格的操作规程，技术工人要经过培训学习，达到要求才能上岗工作。只有恰当的施工工艺，才有高质量的装修工程。

（2）施工操作要点：

①花纹图案的对接要精确，使外观达到不易察觉对接痕迹的效果。

②接缝的处理与掩饰：接缝处理要精密，防水、防翘、防错位，缝隙宽窄要匀称达到外观一致不影响装饰装修效果。某些接缝尽量留在不明显处（如转角、阴阳角）。材料界面转换要有收边配件，还可以用雨水管、密封条、花饰线条等手段进行遮盖，达到遮盖合理、自然、不勉强、不影响装饰装修艺术的效果。

③修补技术：对缺损、裂纹、色变等，要精心修补，做到修补后能尽量复原，这是一项较高的技术。

三、建筑装饰装修工程今后发展的方向

1．装饰装修量越来越大，装饰装修档次越来越高。由于国家经济实力的提高，和国内外工商交往活动的日趋活跃，这些对建筑的要求不断提高。

2．预制作业量加大，以采用装配式施工工艺为主。

3．湿作业量逐步减少，干作业量逐步增多。

4．装饰装修连接手段向牢固、安全、简单化发展，以推广黏结技术为主要目标。

5．新型装饰装修材料逐步在建筑装饰装修工程中推广应用。

第五节 建筑装饰装修工程的一般工作程序

一、主体工程与装饰装修工程的组合

在建筑工程施工中，主体结构和装饰装修施工有三种组合情况：

1．主体结构和装饰装修工程施工由一个公司承包统一投标、统一施工、统一计划安排。

2．主体结构和装饰装修工程施工由两个专业公司承包，各自分别投标、计划安排。施工中遇到结构留埋件，需要交叉施工时，双方相互配合，协调施工。

3．主体结构竣工后和建筑装饰装修改造、更新，完全由装饰工程公司独自承包施工。

本书仅按第三种情况介绍装饰装修工作程序。

二、一般工作程序

建筑装饰装修一般可以简单地划分为四个阶段，即计划阶段、设计阶段、施工阶段，验收修整阶段。

（一）计划阶段

计划阶段是整个建筑装饰装修过程的前期准备阶段。重新建设一个建筑环境劳心费时，且花销很大，这一环境一旦形成，则不容轻易改变。所以在前期准备工作阶段，一定要有周全、细致的调查研究和通盘筹划的考虑。只有这样，才有可能取得最佳的效果和最好的效益，且不致对环境产生不良的影响。

具体工作内容由投资单位或委托有关单位代为操作。它包括制定任务量、确定工程规模、投资额度、质量标准、装饰装修档次、施工期限、建筑主体结构勘测、办理审批手续，制定委托设计、施工全部文件等。

（二）设计阶段

当第一阶段的资料（包括即有条件和构想数据的综合分析，了解使用者的需求及预算等）收集整理后，便可开始空间及形式的设计工作。通常空间设计是解决实用功能和视觉功能，但事实上，两者是相互并行且密切结合的。设计草案只能说明做法的可能性和展示效果图，但到定案，则必须经过再三调整斟酌，才能得到一个较合理满意的方案，或从几个替选方案中选出一个最经济最实用的方案。然后才开始绘制正图，必要时绘制透视图或制作模型，以加强构想的表达，最后便是估价施工。

下面拟结合一些建筑装饰装修工程的实际工作情况，对建筑装饰装修设计阶段的一般过程，予以简要地介绍：

1. 获取工程信息

通过各种渠道，挖掘可能的工程任务，这实际上是任何一项装饰装修工程的开端。

2. 确定设计任务书

这一项工作一般由投资方制定，然后会同设计单位进一步完善，形成委托设计，就是确定任务书。在这方面，设计单位应做下述四项工作：

（1）了解建筑的基本情况。收集该建筑物（或某一建筑中特定空间）的平面图，立面图，剖面图和设计说明书。如上述资料无法收集时，则需采用测绘的方法予以补救。另外，在可能的条件下，应设法与原设计建筑师进行交谈，充分了解原有的设计意图。

（2）了解甲方的意图与要求。和甲方进行仔细的交谈，了解其对于各个空间具体的使用要求，及其要求进行装饰装修的意图和预期的效果。但是，要特别注意在与甲方的交谈中，我们所要获取的不是其要求我们做什么，而是其需要我们做什么。换句话来说，我们要从甲方那里得到的不是一些具体的规定，而应是一些心理方面的要求和限制。在这里，不顾甲方的需求而自行其是的做法和一味听从甲方要求的做法都是不妥的。正确的做法是将甲方潜在的心理需求通过设计师的创造性劳动来得以实现。

（3）明确工作范围及相应范围的投资额。由于目前国内关于土建工程与装饰装修工程的界限并不很明确，因此，这一点具有十分重要的意义。如门、窗，算土建工程还是算装饰装修工程？配合原来有否规定、现在有无变更的可能、工程量的大小、准备采用何种材料、前后工序交接的工作量计算方法、投资份额的大小及总费用等因素，进而确定有否可能及是否需要将其纳入工作的范围。

（4）明确材料供应情况。在这方面，首先要明确的是由甲方供应材料还是由乙方供应材料。如由甲方供应材料，在材料品种选用上有否限制，可否提供相应的材料样本。如由乙方供应材料，是对工料实行费用总包还是由乙方购材，甲方付款。在上述第二种情况下有无最高限额的控制。使用国产材料还是进口材料，如使用进口材料有无外汇，有无供货的渠道。关于这方面情况的了解和恰当处理，对乙方是极具意义的。

3. 做平面布置方案即根据不同的功能要求进行区域的划分及对人的活动加以组织。

4. 做空间处理方案首先要确定的是对原有的空间方案是保留还是改造。其次是确定有无设置灵活空间（限定可以变化的空间）的必要。最后是确定对诸如虚拟空间、视感空间、动态空间等的取舍和处理方式。

5. 绘制透视效果图，这一点往往因各种原因而被忽视。但是，绘制效果图是一个十分重要的工作环节，尤其对于投标而言更是如此。我们必须要了解这一点，甲方常常并不具有与设计师相同的空间概念、色彩概念，而在这方面的抽象思维能力就更差，他们往往必须借助于透视效果图，才可能对设计师所要表现的"东西"有所理解。

6. 编制方案设计说明书即对设计方案的概况、设计的意图、预期效果的说明。

7. 编制造价估算说明书。

8. 设计报审，包括送甲方单位及主管领导部门批准，以及报送城建部门审批。

9. 签定装饰装修工程合同。在这里要特别强调的是，在任何情况下都不应忽略对违约责任的规定。

10. 修改方案即按照甲方单位及其主管领导部门、城建部门的意见或要求，对原设计方案加以适当的修改或变更。

11. 审定方案即经由甲方代表认可并签字，以此作为将来验收与结算的一项依据。

12. 进行初步设计这一步的工作，简单地说，即是确定六大面（四面墙壁和顶棚、地面共六面）和四大具（即家具、洁具、灯具、餐具）。包括对诸如家具的风格，灯具的款式，饰面材料的质感，色彩的通盘协调等众多的实际问题的确定。

13. 制作材料样本即将所选用的材料，采集小样，加注品名、厂家。对灯具等无法采集小样的材料，应附照片，然后汇集成册，送甲方审定。

14. 施工图设计至少应有节点构造图。

15. 编制工程概预算说明书。

16. 技术交底，现场服务。

17. 施工过程中的设计变更。

18. 验收与结算。

以上所给出的建筑装饰装修设计的过程，仅供参考。对不同的工程会有一些出入，具体情况应具体分析。

（三）施工阶段

根据设计阶段所完成的设计图拟定施工说明书、预算及工作进度表和投标，中标后，开始装饰装修工程施工。

1. 施工准备包括：人工、材料、机械设备准备、现场临建准备、现场清理、办理临时水电及其他交接。

2. 进场前应索要原工程竣工文件，查验工程情况及存在问题并向甲方明确责任。

3. 施工中严格执行施工规范和进度计划，出现问题及时纠正和调整。

4. 如果和主体结构工程交叉施工应注意以下几点：

（1）室内装饰装修工程的施工，应待屋面防水工程完工后，并在不致被后继工程所沾污和损坏的条件下进行，必要时应进行保护。

（2）室内吊顶、隔断饰面板的安装及花饰等工程，应在室内楼（地）面湿作业完工后进行。

（3）抹灰、饰面、吊顶和隔断工程，应在隔墙、钢木门窗框、暗装管道、电线管和电器预埋件、预制钢筋混凝土楼板灌缝等完工后进行，以防污染和返工。

（4）铝合金、塑料门窗、涂色镀锌钢板门窗工程一般宜在湿作业后进行，如需在湿作业前进行，应切实加强门窗表面的保护，如贴保护胶条或遮蔽等。

（5）涂料、刷浆及吊顶、隔断的饰面板施工应在明装电线施工前以及管道设备工程试压后进行。地毯、塑料地板工程以及木地板的最后一道涂料施涂，应在裱糊工程完工后进行。

（6）裱糊工程应在顶棚、墙面、门窗及建筑设备的涂料工程完工后进行。

（四）验收修整阶段

装饰装修工程施工完成后，先由施工单位自检（也可邀请监理单位），然后，由施工单位出具竣工报告单，送达监理、施工主管部门，甲方（甲方通知消防、银行等有关单位）确定竣工验收日期，届时各部门进行联合验收，签发竣工验收文件。如有小修小改内容，必须提出修整期限，到时由相关部门专项审验，合格后发给工程竣工验收合格证。

复习题

1. 简述装饰装修工程的作用和分类。
2. 简述装饰装修工程的材料选择原则及标准。
3. 建筑装饰装修工程的设计类型和设计内容是什么？
4. 建筑装饰装修工程的一般工序。
5. 建筑装饰装修的未来发展如何？

第三章 外墙装饰装修施工技术

建筑外墙装饰包括：外墙面、檐口、勒脚、门窗、柱廊等部位。各部位的装饰形式、装饰色彩、装饰做法、装饰材料等，要根据外墙装饰的总体设计来确定。

第一节 外墙装饰装修的类型

一、概述

外墙装饰从最简单的清水墙勾缝、抹线角，到较复杂的贴面砖、挂板、玻璃幕墙等，建筑装饰类型繁多，而各种装饰装修做法和施工技术都是由材料所决定的。

（一）建筑装饰构造的三要素

建筑装饰构造的三要素是：材料和制品、连接手段及组合过程（工艺）。不同的材料制品，其连接手段也不同，建筑材料的特性决定其连接手段（粘、贴、钉、嵌、紧固等），而材料特性、连接手段又决定施工工艺。建筑装饰的构造做法，实质上就是建筑材料及制品通过各种连接手段进行的满足建筑功能要求的相互结合。

（二）建筑装饰构造的类别

一类是分层构造类，另一类是相互穿插组接类（如梁柱搭接、门窗安装等），还有一类是前两类的综合即分层与穿插结合的混合使用类。外墙装饰构造基本上属于分层构造类。它分为基层、中间层和面层。面层是装饰层或者和主体拉开自成体系另作骨架的层面。而基层、中间层是为面层装饰创造条件的。不同的材料，在面层、在基层和中间层的做法也不同。有时会出现面层与基层结合而省略中间层，还有的装饰面层本身又分为基层、中间层和面层。所以外墙装饰构造的分类是以其面层材料和做法来区分的。

（三）外墙装饰的构造做法的选择

1. 外墙装饰材料的品种、特性和技术要求。例如：石材、塑料、陶瓷等构造做法各有其适合自身特点的方法，陶瓷类以粘贴方法为主，而塑料制品除用化学粘结剂外，还可以用紧固件的方法连接。

2. 根据外墙基底或墙体材料的不同来选择。如砖墙和轻质墙体的抹灰构造就有差别。

3. 施工手段、施工季节也影响装饰做法的变化。如膨胀螺栓的出现，在混凝土墙体中就省去了大量的预埋件；而胶黏剂的开发利用，极大地简化了连接手段。此外，冬季和夏季施工使用的涂料要有所不同。

4. 注意经济效益。一方面装饰等级要适度，另一方面要选择那些材料价格低，施工简便，工期短，连接手段简捷的构造做法。

二、外墙装饰装修工程的分类

根据外墙装饰所用材料的特性、品种和装饰施工特点，外墙装饰做法大致可分为以下几种：

（一）抹灰类饰面

它包括一般抹灰、装饰性抹灰，如斩假石、假面砖、水磨石、水刷石等构造做法，所用材料有水泥砂浆、混合砂浆、聚合物水泥砂浆等。

一般性抹灰是装饰工程中最普通最基本的做法，往往是装饰工程的基层。装饰性抹灰有些是传统做法，不必详述，有些已被操作简单的新做法、干做法所替代，如雕刻性花纹或线条抹灰等，已被安装预制玻璃钢压制成仿雕刻花纹或装饰线、SPS 塑料装饰线的方法所替代，表面再涂上相应的涂料，这种做法花纹精细丰富，其装饰效果是抹灰做法难以达到的。

（二）涂料类饰面

它包括各类涂料的饰面做法。所用材料有各种溶剂型、乳液型、水溶型、无机涂料以及油质涂料等。

（三）贴面类饰面

它包括贴面砖、贴锦砖、贴大理石、贴花岗岩等做法。所用材料有陶瓷面砖、锦砖、天然石材、人造石材、人造板材、水磨石等制品。

（四）镶嵌板材类饰面

它包括金属和塑料装饰板、玻璃镶嵌等做法。所用材料有铝合金装饰板、塑料装饰板、其他金属装饰板、水泥花格、大型混凝土装饰板、镜面板等。

（五）幕墙饰面

它包括玻璃幕墙和各种金属幕墙做法。所用材料有钢骨架、不锈钢骨架、铝合金骨架、各种镀膜玻璃、中空玻璃、铝合金装饰板等。

第二节 外墙抹灰类装饰装修工程的施工技术

抹灰类装饰是外墙装饰中最常用、最基本的做法，一般性抹灰主要用于建筑装饰的基层，为外墙进一步装饰创造条件（目前都称作粗装修），只有装饰性抹面才属于外墙装饰，故本节只介绍装饰性抹灰施工技术。

一、外墙抹灰的一般要求

1. 抹灰一般分为高级抹灰和普通抹灰两种。具体操作时要根据装饰等级、使用性质进行选择。

2. 根据装饰特点、使用性质、抹灰等级，选择不同的抹灰砂浆。

3. 新拌和的砂浆必须具有良好的合易性和黏结力，以保证抹灰层的强度。

4. 砂浆必须搅拌均匀，一次搅拌量不宜过多，要随拌随抹。

5. 砂浆所用原材料，水泥、石灰、沙子等要按规定选择配合比。

6. 抹灰表面要平整，抹灰层每次厚度不应超过 15 mm。按操作规程施工，表面要符合施工验收规范。

二、材料与质量要求

1. 抹灰砂浆的种类有水泥砂浆、石灰砂浆、混合砂浆、聚合物砂浆、彩色水泥砂浆等，各种砂浆要严格按砂浆配合比配制作。

2. 水泥要有性能检测报告，合格后方可使用，不得使用过期水泥。

3. 抹灰用石灰必须是熟化成石灰膏，常温下石灰的熟化时间不得少于 15 d，不得含有未熟化的颗粒。

4. 沙子分为粗、中、细三级，抹灰多用中砂，以河沙为主，要求沙子坚硬、干净。

5. 抹灰砂浆的外掺剂有憎水剂、分散剂、减水剂、胶粘剂、颜料等，要根据抹灰的要求按比例适量加入，不得随意添加。

6. 砂浆的配合比要准确，以保证砂浆标号的准确性。

三、抹灰类工程装饰的基本做法

抹灰类装饰构造是属于分层构造形式，分为底层抹灰、中间层抹灰和面层抹灰。根据外墙装饰特点有时只有底层和面层。每层都以手工操作为主。

（一）抹灰类构造分层及其各层所用材料和作用

1. 底层：底层抹灰主要起与墙体表面黏结和找平作用。不同的墙体底层抹灰所用材料及配比也不相同，多选用 1:3～2.5 水泥砂浆或混合水泥砂浆。墙体表面必须洒水湿润。

2. 中间层：起找平层和面层的结合作用，它是保证装饰面层质量的关键层，常用 1:1 水泥砂浆或水泥素浆刮抹一薄层。

3. 面层：为装饰层，按设计要求施工，如拉毛、扒拉面、拉假面、水刷面、斩假面等。

（二）各层厚度的控制

各层抹灰厚度要严格控制，过厚会由于灰浆自重大而产生下垂，甚至与墙体脱开。为此，底层与中间层的抹灰厚度应控制在 10 mm 以内，面层一般厚度为 5 mm 左右。各层厚度还与装饰面层的种类有关，如假面砖做法，面层应适当厚一些，如果是一般抹灰就可以适当薄些。外墙抹灰厚度的参考值见表 3 - 1。

外墙抹灰厚度参考值   表 3 - 1

墙体材料	底 层		中 间 层		面 层		总厚度
	砂浆种类	厚度	砂浆种类	厚度	砂浆种类	厚度	
砖 墙	水泥砂浆 1:3	8	水泥砂浆 1:2~1.5	6~8	水泥砂浆 1:2.5	10	24~26
混凝土墙	混合砂浆 1:3	6	混合砂浆 1:0.3:3~2.5	4~6	水泥砂浆 1:2.5	10	20~22
加气混凝土墙	107 胶溶液（1:5）	6	水泥砂浆 1:2.5~1.5	6~8	水泥砂浆 1:2.5	10	22~24
空心砌块	107 胶溶液（1:5）	8	水泥砂浆 1:2.5~3	6~8	混合砂浆 1:0.3:3~2.5	8~10	22~26

注：107 胶:水 = 1:5，水泥:砂 = 1:3~2.5，水泥:石灰膏:砂 = 1:0.3:3~2.5，以上均为重量比。

（三）面层的分格与设缝。

大面积抹面层，往往由于水泥砂浆或混合砂浆的干缩变形而出现裂缝，多是呈不规则裂纹。另外，由于手工操作压抹不均匀，材料调配不精确，以及气候条件的影响等，抹灰面层易产生表面不平整、颜色不均匀等缺陷。为了施工方便，克服和分散大面积干裂与应力变形。通常将抹面分成小块来进行。这种分格与设缝，既是构造上的要求，也有利于日后维修，且可使建筑立面获得良好尺度感而显得美观。在进行分块时，首先要注意其尺度比例应合理匀称，大小与建筑空间成正比，并注意有方向性的分格，应和门窗洞、线角相匹配。分格缝多为凹缝，其断面为 10 mm×10 mm、20 mm×10 mm 等，不同的饰面层均有各自的分格要求，要按设计进行施工。

四、装饰性抹灰施工技术

装饰性抹灰和一般抹灰施工技术只是在面层做法上有所不同，其特点是艺术效果鲜明、民族色彩强烈。它包括水磨石、水刷石、干黏石、仿石、假面砖、拉灰条、喷砂、喷涂、滚涂、弹涂等各种做法。也就是在面层上精加工，采用不同的涂抹方法，使面层取得既经济又美观的装饰效果。由于水磨石、水刷石、干黏石以及抹底层灰的施工已经很普及，大家都较熟悉，故本书不再详述，仅将几种较为特殊的装饰性抹灰施工技术分别介绍如下。

（一）剁斧石（或斩假石）

1. 工艺流程
抹底层及中层砂浆→弹线、贴分格条→抹面层水泥石粒浆→斩剁面层。

2. 操作方法
（1）抹底层：基层处理、找规矩等均同一般外墙抹灰做法。抹底层灰前用素水泥浆刷一道后马上采用 1:2 或 1:2.5 水泥砂浆抹底层，表面划毛。砖墙基层需抹中间层，采用 1:2 水泥砂浆，表面划毛，24 h 后浇水养护。
（2）弹线、贴分格条：按设计要求弹出分格线、粘贴经水浸透的木分格条。

（3）抹面层：面层石粒浆的配比常用 1:1.25 或者 1:1.5，稠度为 5～6 cm。常用的石粒为 2 mm 的白色米粒，石内掺粒痊在 0.3 mm 左右的白云石屑。抹面层前，先根据底层的干燥程度浇水湿润，刷素水泥浆一道，然后用铁抹子将水泥石粒浆抹平，厚度一般为 13 mm；再用木抹子打磨拍实，上、下顺势溜直（不要压光，但需拍出浆来）。不得有砂眼、空隙，并且每分格区内水泥石粒浆必须一次抹完。

石粒浆抹完后，即用软毛刷蘸水顺剁纹方向将表面水泥浮浆轻轻刷掉，露出石粒至均匀为止。不得蘸水过多，用力过重，以免把石粒刷松动。石料浆抹完后不得曝晒或冰冻雨淋，24 h 后浇水养护。

（4）斩剁面层：在正常温度（15～30 ℃）下，面层抹好 2～3 d 后，即可试剁。以墙面石粒不掉，有剁痕，声响清脆为准。

为了美观，一般在分格缝、阴阳角周边留出 15～20 mm 边框线不剁。

斩剁的顺序一般为先上后下，由左到右；先剁转角和四周边缘，后剁中间墙面。转角和四周剁水平纹，中间剁垂直纹；先轻剁一遍浅纹，再剁一遍深纹，两遍剁纹不重叠。剁纹的深度一般在 1/3 石粒的粒径为宜。

在剁墙角、柱边时，宜用锐利的小斧轻剁，以防止掉边缺角；剁墙面花饰时，剁纹应随花纹走势剁，花饰周围的平面上则应剁垂直纹。斩剁完后，墙面应用水冲刷干净，在分格缝处则按设计要求在缝内做凹缝及上色。斩假石不剁斧纹，而改用锤子砸出麻面，操作方法与剁斧石基本相同。

（二）拉假石

拉假石的做法除面层外，其余均同剁斧石。

1．拉假石面层操作方法

（1）面层水泥石屑配比：常用的配比为，水泥:石英砂（或白云石屑）＝1:1.25。

（2）操作工具：木靠尺、齿耙及常用工具。

（3）面层操作：先在中层上刷素水泥浆一道，紧跟着抹水泥石屑浆，其厚度为 8 mm 左右。待水泥石屑浆面收水后，用靠尺检查其平整度，然后用抹子搓平，再用铁抹子压实、压光。水泥终凝后，用齿耙依着靠尺按同一方向刮去表面水泥浆，露出石渣形成纹理。成活后表面呈条纹状，纹理清晰，24 h 后浇水养护。

2．注意事项：拉假石表面露出石渣的比例很小，水泥的颜色对整个饰面色彩影响很大，所以应十分注意整个墙面颜色的均匀性，并要选择不易褪色的颜料品种。

现场一般均采用废锯条制作齿耙。

（三）假面砖

假面砖根据不同的使用工具，有三种做法。一种是铁梳子拉假面砖，一种是铁辊子拉假面砖，还有一种是刷涂料作假面砖。

1．用铁梳子拉假面砖

（1）工艺流程：中层抹灰验收→弹线→抹面层灰→表面划纹。

（2）操作方法：

①基层处理、找规矩、抹底层、中层砂浆等操作均同一般抹灰。

②抹面层砂浆：抹面层砂浆前，先洒水湿润中层（一般中层抹灰砂浆的配比为水泥:砂＝1:3），弹水平线（一般按每步脚手架为一个水平工作段，一个工作段内弹上、中、下三条水平线，以便控制面层划凹槽平直度），然后抹3～4 mm厚的彩色水泥砂浆。砂浆面层收水后，先用铁梳子沿着靠尺板由下向上划纹，深度不宜超过1 mm，然后根据面砖尺寸划线，依照线条用铁钩子（或铁皮刨子）沿着木靠尺划出凹槽，深度以露出中层抹灰面为准。凹槽划好后用刷子将毛边浮砂清扫干净。成活后横向凹槽应水平成线，间距、深浅一致。竖向凹槽垂直方向成线，接缝应平直，深浅一致，凹槽内刷黑色水泥浆或涂料。

2．用铁辊子拉假面砖

（1）抹砂浆等操作均同用铁辊子操作。

（2）面层操作方法：

①工具：铁辊子，所需其他工具均同铁梳拉假面砖的工具。

②滚压时机：在一般情况下，当气温为15～20 ℃时，抹面为彩色砂浆时，20～30 min后即可开始滚压。

③操作方法：在滚压刻纹时，操作者要站直，双手握铁辊手柄，由上而下，用力适中。用力过大，铁辊子凸刃会切透面层，使面层抹灰脱落，用力过轻，竖纹不明显，降低立体感，一般以竖纹深1 mm左右为宜。

在滚压时，铁辊子表面应随时用鬃刷刷去水泥砂浆或砂粒，以保持铁辊子凹槽内的清洁。

其他要求和铁梳子拉假面砖相同。

3．刷涂料做假面砖

（1）工艺流程：中层抹灰验收→刷（喷、滚）深色打底涂料→弹线→贴胶粘带→刷面层涂料→揭去胶粘带→修补整理→罩面保护层。

（2）材料要求：

①中层抹灰为1:1.5水泥砂浆压光压平。

②外墙涂料：打底涂料为乳胶漆类，颜色为黑、深棕和暗紫等深色涂料；面层涂料为乳胶漆类，颜色为白色、米色等浅色涂料和仿瓷涂料。各层涂料要匹配，不得有咬色、泛白或互憎现象。底层和面层颜色应深浅协调。

③胶粘带：采用不干胶纸（布）带，胶粘带（条）宽为8～10 mm。

（3）操作工具：刷涂（滚涂、喷涂）工具。描笔、小刀、碎布、弹线盒、直尺等。

（4）操作方法：

①中层抹灰应达到干燥、光、平，清除表面浮灰和颗粒，有凸起处铲平抹腻子刮平。

②刷（滚、喷）打底涂料（1～2遍），它是假面砖分格线。

③弹线：待打底涂料晾干，按瓷砖的尺寸加缝宽弹分格线。横竖线要拉通线，分格误差要均开，避免误差积累在转角处和较明显处，先弹墙面的横竖中线，再弹各方块中线，最后弹分格最小尺寸。弹线后进行校对。弹线顺序：先横线，后竖线。

④贴胶粘带：将胶粘带宽度的中线对准弹线，自上而下先贴横线，就位后用碎布自

上而下压平（或用抹子抹平）压实，不允许有虚贴处。贴竖线从上而下从左到右依次粘贴，为防止胶粘带过长，可分段粘贴，接茬在横竖交点上。

⑤刷（滚、喷）面层1~2遍（视表面的情况而定），第一遍涂料要加10%稀释剂。每遍间隔时间1~2 h。按涂料说明书执行，最后一遍，刷子走向必须竖向涂刷，要避免涂料流淌和刷痕，大面积涂刷要从上到下分段进行，每段高度不超过2 m。横向接缝留在水平胶粘带处。

⑥揭胶粘带：面层涂刷后5~10 min，揭去胶粘带，先揭竖向的，后揭横向的。

⑦用描笔、小刀修整分格宽度及面层周边毛刺。

⑧涂后24 h，喷甲苯硅醇钠溶液罩面，喷量以表面均匀湿润为准。

（5）刷涂料做假面砖比贴瓷砖省工省料，造价低，速度快，装饰效果很难分辨真假面砖。尤其采用仿瓷涂料装饰效果更逼真，只有近距离仔细观察才能发现是假面砖。

（四）砂浆的喷涂、滚涂、弹涂饰面

1．喷涂

（1）工艺流程

基层处理一→抹底、中层砂浆粘贴胶布分格条一→喷涂一→揭胶布分格条一→喷有机硅憎水剂罩面

（2）注意事项

①喷涂饰面的基层处理、底层、中层砂浆做法和一般抹灰相同。

②贴分格布条：喷涂前，应将门窗和不喷涂的部位采取遮挡措施，以防止污染。然后根据设计要求分格，分格做法有两种：一种在分格线位置上用108胶溶液粘贴胶布条；另一种是喷涂后在分格线位置上压紧靠尺，用铁皮刮子沿着靠尺刮去喷上去的砂浆，露出基层。分格缝一般宽度为20 mm左右。

③砂浆搅拌：将石灰膏用少量水搅开，加入已拌好过筛的带色水泥和108胶溶进行搅拌，拌到颜色均匀后再加沙子继续搅拌约1 min左右，最后加入稀释20倍水的六偏磷酸钠溶液和适量的水，搅至颜色均匀，稠度满足要求为止。斜面喷涂砂浆的稠度为13 cm为宜，粒状喷涂砂浆稠度为10 cm为宜。

（3）操作方法

①斜面喷涂：一般三遍成活。头遍使基层变色，第二遍喷至出浆不流为度，第三遍喷至全部出浆，表面呈均匀波纹状，不挂流，颜色一致。喷涂时喷枪应垂直墙面，距墙面约30~50 cm，空压机工作压力约0.3~0.5 MPa。

②粒状喷涂：采用喷枪进行喷浆，按三遍成活。头遍满喷盖住基层，稍干收水后开足气门喷布碎点，并快速移动喷头，勿使出浆。第二、第三遍应有适当间隔，以表面布满细碎颗粒、颜色均匀不出浆为准。

喷粗、疏、大点时，砂浆要稠，气压要小；喷细、密、小点时，砂浆要稀，气压要大。如空压机工作气压保持不变时，可通过喷枪气阀开关调节。喷枪应与墙面垂直，相距约40 cm左右。

③花点喷涂：花点喷涂是在波面喷涂层上再喷花点。根据设计要求先在纤维板或胶

合板上喷涂样板，施工时应随时对照样板调整花点，以保持整个墙面花点均匀一致。喷花点时应先控制气量，再控制花点。成活 24 h 后喷甲基硅醇钠（有机硅）溶液罩面。喷量以表面均匀湿润为准。

2．滚涂饰面

（1）工艺流程

工艺流程均和喷涂相同。

（2）注意事项

①砂浆搅拌：按配合比将水泥、沙子干拌后，边加边拌，拌成糊状，稠度控制为 10～12 cm。拌好后的聚合物砂浆以拉毛时不流不坠为宜，并要求再过筛一次使用。

②滚涂的面层厚度一般为 2～3 mm，滚涂前将干燥的基层洒水润湿。

（3）操作方法

①滚涂操作时需两个人合作，一个人在前用色浆罩面，另一个紧跟滚涂，辊子运行要轻缓平稳，直上直下，以保护花纹的均匀一致。滚涂成活前的最后一道滚涂应由上往下拉，使滚出的花纹有自然向下的梳水坡度。

②滚涂方法分干滚和湿滚两种。干滚法辊子上下一个来回，再向下走一遍，表面均匀拉毛即可。滚涂遍数过多，易产生翻砂现象。湿滚法要求滚涂时辊子蘸水上墙，一般不会有翻砂现象。滚涂时一定要注意保护整个滚涂面水量一致，避免造成表面色泽不一致。干滚法施工工效较高，花纹较粗；湿滚法较费工，花纹较细。

在施工过程中如出现翻砂现象，应重新抹一层薄砂浆后滚涂，不得事后修补。施工时应按分格线或分段进行，不得任意甩茬留茬。24 h 后喷有机硅溶液（憎水剂）一遍。

3．弹涂饰面

（1）工艺流程

基层处理→刷底色一道→弹分格线条、粘贴分格条→弹浆两道、修弹一道→揭去分格→罩面。

（2）操作方法

①刷底色浆：先将干燥的基层洒水湿润，无明水后，即可刷色浆一道。刷浆应均匀，不流淌、不漏刷，使基层的吸水率达到一致。

②分色弹点：待底层色浆稍干后，将调好的弹点色浆按色彩分别装入弹涂器内，先弹比例多的一种色浆，再弹另一种色浆，按色浆比例由多到少顺序弹涂。弹涂时应与墙面垂直，并控制好距离，使弹点大小均匀，呈颗粒状，粒径约 2～5 mm。一次弹点 20％左右，第一道弹点分多次弹匀，并应避免重叠。待第一道弹点稍干后即可进行第二道弹涂，把第一道弹点不匀及露底处覆盖，最后进行个别修弹。每道弹点的时间间隔不能太近，一般为 1 h，否则会出现混色现象。

五、外墙抹灰类装饰装修工程质量标准及检验方法（GB 50210 - 2001）

各抹灰层之间及抹灰层与基体之间必须黏结牢固，无脱层、空鼓、面层无爆灰和裂缝（风裂除外）等缺陷（空鼓而不裂的面积不大于 200 cm² 者，可不计）。

（一）一般抹灰工程的质量要求及检验方法见表 3-2。

一般抹灰工程的质量要求及检验方法　　　　　　表 3-2

项　目	质量等级	质　量　要　求	检验方法
普通抹灰	合格	表面光滑、洁净，接茬平整，线角顺直清晰（毛面纹路均匀）	观察与手摸检查
高级抹灰	合格	表面光滑、洁净，颜色均匀，无抹纹，线角和灰线平直方正，清晰美观	观察与手摸检查
孔洞、槽、盒和管道	合格	尺寸正确、边缘整齐、光滑，管道后面平整	观察检查
护角和门窗框与墙体间缝隙的填塞质量	合格	护角符合施工规范规定、表面光滑平顺，门窗框与墙体间缝隙填塞密实，表面平整	观察、用小锤轻击或尺量检查
分格条（缝）的质量	合格	宽度、深度均匀，平整光滑，棱角整齐，横平竖直、通顺	观察检查
滴水线和滴水槽	合格	流水坡向正确，滴水线顺直，滴水槽深度、宽度均不小于 10 mm，整齐一致	观察或尺量检查

（二）装饰性抹灰工程质量要求及检验方法见表 3-3、表 3-4。

装饰抹灰工程的质量要求及检验方法　　　　　　表 3-3

项　目	质量等级	质　量　要　求	检验方法
剁斧石	合格	剁纹均匀顺直，深浅一致，颜色一致，无漏剁处。留边宽窄一致，棱角无损坏	观察检查
假面砖	合格	表面平整，沟纹清晰，留缝整齐，色泽均匀，无掉角、脱皮、起砂等缺陷	1. 观　察 2. 手摸检查

项 目	质量等级	质 量 要 求	检 验 方 法
喷涂、滚涂、弹涂	合格	颜色一致，花纹、色点大小均匀，不显接茬，无漏涂、透底和流坠	1. 观 察 2. 手摸检查
分格条	合格	宽度深度均匀，平整光滑，棱角整齐，横平竖直，通顺	
滴水线 滴水槽	合格	流水坡向正确，滴水线顺直；滴水槽深度、宽度均不小于10 mm，整齐一致	观察或尺量检查

装饰性抹灰工程允许偏差和检验方法　　　　表 3－4

序号	项 目	允 许 偏 差（mm）					检验方法
		水刷石	水磨石	斩假石	假面砖	涂饰	
1	表面平整	3	2	3	4	4	用 2 m 靠尺和楔形塞尺检查
2	阴、阳角垂直	4	2	3	4	4	用 2 m 托线板检查
3	立面垂直	5	3	4	5	5	
4	阴、阳角方正	3	2	3	4	4	用方尺和楔形塞尺检查
5	墙裙勒脚上口平直	3	3	3			拉 5 m 线，不足 5 m 拉通线和尺量检查
6	分格条（缝）平直	3	2	3	3	3	

注：1. 外墙面装饰抹灰，立面总高度的垂直偏差同《建筑装饰装修工程质量验收规范》GB 50210—2001。

　　2. 水刷石、斩假石、假面砖等装饰抹灰，表中第 4 项阴角方正可不检查。

　　3. 干黏石、拉毛灰、洒毛灰、喷砂、喷涂、滚涂和弹涂等可在面层涂抹前检查中层砂浆表面，其允许偏差按表中相应规定执行。

六、常见工程质量问题及其防治　见表3-5。

抹灰装饰工程常见工程质量问题及其防治　　　　　　　　　　　　　表 3-5

常见问题	原因分析	防治措施
斩假石抹灰层空鼓	1. 基层表面未清理干净，底灰与基层黏结不牢 2. 底层表面未划毛，造成底层与面层黏结不牢，甚至斩剁时饰面脱落 3. 施工时浇水过多或不足或不匀，产生干缩不均或脱水快干缩而空鼓	1. 对较光滑的基层表面应采用聚合水泥稀浆（水泥:砂=1:1），外加水泥重量5%～15%的107胶刷涂一遍，厚约1 mm，用扫帚划毛，使表面粗糙、晾干后抹底灰，并将表面划毛 2. 施工前基层表面上的粉尘、泥浆等杂物要认真清理干净 3. 根据基层墙面干湿程度，掌握好浇水量和均匀度，提高基层黏结力
斩假石饰面剁不匀	1. 水泥石屑浆掺用颜料的细度、批号不同，造成饰面颜色不匀 2. 颜料掺用量不准，拌和不均匀 3. 剁完部分又蘸水洗刷 4. 常温施工时，假石饰面受阳光直接照射不同，温湿度不同，都会使饰面颜色不一致	1. 同一饰面应选用同一品种、同一批号、同一细度的原材料，并一次备齐 2. 拌灰时应将颜料与水泥充分拌匀，然后加入石屑拌和，全部水泥石屑灰用量一次备好 3. 每次拌和面层水泥石屑浆的加水量应控制准确。墙面湿润均匀，斩剁时蘸水，但剁完部分的尘屑可用钢丝刷顺剁纹刷净，不得喷水刷洗 4. 雨天不得施工，常温施工时，为使颜色均匀，应在水泥石屑浆中掺入分散剂木质素磺酸钙和疏水剂甲基硅醇钠
斩假石饰面剁纹不匀	1. 斩剁前，饰面未弹顺线，斩剁无顺序 2. 剁斧不锋利，用力轻、重不均匀 3. 各种剁斧用法不恰当、不合理	1. 面层抹好经过养护后，先在表面相距100 mm左右弹顺线，然后沿线斩剁，才能避免剁纹跑斜，斩剁顺序应符合操作要求 2. 剁斧应保持锋利，斩剁动作要迅速，先轻剁一遍，再重剁一遍斧纹，用力均匀，移动速度一致，剁纹深浅一致，纹路清晰均匀，不得有漏剁 3. 饰面不同部位应采取相应的剁斧和斩法，边缘部分应用小斧轻剁。剁花饰面周围应用细斧，而且斧纹应随花纹走势而变化，纹路应相应平行，均匀一致
滚涂颜色不匀	1. 湿滚法时，辊子蘸水量不一致 2. 聚合物水泥砂浆材料使用不同批号的水泥，不同批号、不同细度的颜料及不同粒径级配的骨料。颜料用量不准确或混合不匀，107胶有未溶栓块、加水量不准确等都会使饰面颜色不匀 3. 基层材质不同，混凝土或砂浆龄期不同或干湿程度悬殊，都会使饰面层颜色深浅不一。修补的墙面混凝土或砂浆内掺外加剂，也会造成饰面颜色不匀 4. 常温施工时，温度、湿度不同，有无阳光直射，都会使饰面颜色深浅不一。冬季施工，以及施工后短时间淋水或室内向外渗水都会产生饰面析白现象	1. 湿滚法时，辊子蘸水应一致 2. 一幢楼采用的原材料应一次备齐。各色颜料应事先混合均匀备用。配制砂浆时必须严格掌握材料配合比和砂浆稠度，不得随意加水。砂浆拌和后最好在2 h内用完 3. 基层的材质应一致。墙面凹凸不平、缺棱掉角处，应在滚涂前填平补齐并养护完毕。室内水泥地面必须事先抹好，以免由室内向外渗水使外墙饰面造成颜色不匀 4. 雨天不得施工。常温施工时应在砂浆中掺入木质素磺酸钙分散剂和甲基硅醇钠疏水剂。冬季施工时，应掺入分散剂和氯化钙抗冻剂 5. 为了提高涂层耐久性，减缓污染变色，可在滚涂层表面喷罩其他涂料，如乙丙乳液厚涂料、JH-802无机建筑涂料、疏水石灰浆等

常见问题	原因分析	防治措施
滚涂饰面花纹不均	1. 基层吸水不同，砂浆稠度不均匀或厚度不同以及拖滚时用力大小不一，都会造成滚纹不匀 2. 采用干滚法施工时，基层局部吸水过快或抹灰时间较长，滚涂后出现"翻砂"现象，颜色也比其他部分深 3. 每一分格块或工作段未一次成活，造成接茬花纹不一致	1. 基层应平整，湿润均匀，砂浆稠度应保持11.5～12 cm，饰面灰层厚薄应一致。辊子运行要轻松平稳，直上直下，避免歪扭蛇行。湿滚法时，辊子蘸水量应一致 2. 干滚法在抹灰后要及时紧跟滚涂，操作时辊子上下往返一次，再向下走一遍，滚涂遍数不宜过多，以免出现"翻砂"现象 3. 操作时应按分格缝或工作段成活，避免接茬 4. 如发现花纹不匀，应及时返修。产生"翻砂"现象时，应再薄抹一层砂浆，重新滚涂，不得事后修补
滚涂饰面明显褪色	采用地板黄、砂绿、颜料绿等不耐碱、不耐光的颜料	1. 选用耐光、耐碱的矿物颜料，如氧化铁黄、氧化铁红、氧化铬绿、氧化铁黑等 2. 如已明显褪色，可在表面喷罩其他涂料
滚涂饰面易积灰，易污染	1. 局部"翻砂"处或横滚花纹以及表面凹凸不平处易尘土污染 2. 滚涂砂浆稠度小于8 cm，喷到墙上很快脱水、粉化，经半年左右就会严重污染 3. 为使颜色均匀，有的采用六偏磷酸钠作为分散剂。但此种分散剂极易污染 4. 采用缩合度大或存放时间长的107胶，不能与水混溶，掺入砂浆中使砂浆强度下降，吸水率提高，极易造成污水挂流和挂灰积尘污染	1. 不宜采用横滚花纹，局部"翻砂"处要及时返修 2. 阳台板、雨罩、挑檐、女儿墙压顶等，应尽可能向里泛水，另行导出。窗台、腰线等不能向里泛水的部位，必须做滴水线或铁皮泛水 3. 砂浆稠度必须控制在11.5～12 cm 4. 用木质素磺酸钙作为分散剂 5. 在滚涂砂浆中掺入或在饰面外喷罩甲基硅醇钠。在没有甲基硅醇钠地区，可在滚涂后次日用喷雾器均匀喷水养护 6. 严禁使用不易与水混溶，掺入水泥浆中会拉丝、结团的107胶 7. 墙体基层必须平整，突出部分剔凿磨平，蜂窝麻面处用水泥腻子（掺20%乳胶）刮平。吸水量大的基层应在滚涂前刷107胶水溶液 8. 在滚涂层表面喷罩无机建筑涂料，用以防水保色
刷涂饰面颜色不均匀	1. 颜料批号、细度不同，或用铁容器贮存107胶或乳液，铁锈使颜色变深，对饰面颜色有影响 2. 配彩色水泥时，颜料掺量不准或混合不匀 3. 配制水泥浆时，107胶或乳液、甲基硅醇钠掺量或加水量不准确，或水泥浆调成后未过箩，涂刷后造成颜色不匀	1. 单位工程所用的原材料应一次备齐，颜料应事先混合均匀，107胶或乳液必须用塑料或搪瓷桶贮存 2. 彩色水泥配制时，采用重量比、颜料比例及掺量必须准确，混合均匀 3. 调水泥浆时，107胶或乳液、甲基硅醇钠的掺量及加水量必须准确。水泥浆调成后必须过箩，并随用随配，存放时间不得超过4 h

常见问题	原 因 分 析	防 治 措 施
刷涂饰面起粉掉色	1. 水泥过期,受潮标号降低,掺胶量不够或基层太干未洒水湿润。刷涂后产生粉化剥落现象 2. 基层油污、尘土、脱膜剂等未清除干净,混凝土或砂浆基层龄期太短,含水率大,或盐类外加剂析出,刷涂后产生脱落现象	1. 不得使用受潮、过期的水泥。掺胶量要准确。基层太干燥时,应预先喷水湿润;或用1:3（107胶:水）的水溶液,进行基层处理 2. 水泥砂浆基层用钢抹刀压光后用水刷子带毛。基层砂浆龄期应在7天以上,混凝土龄期在28天以上。基层有油污、脱膜剂或盐类外加剂析出时,应预先洗刷清除干净 3. 将粉化、脱落处理干净,重刷聚合物水泥浆
弹涂色点流坠	色浆料水灰比不准。弹出的色点不能定位成点状,并沿墙面向下流坠,其长度不一;弹涂基层面过于潮湿,或基底密实,表面光滑,表层吸水少	1. 根据基层干湿程度吸水情况,严格掌握色浆的水灰比 2. 面积较大、数量较多的流坠浆点,用不同颜色的色点覆盖分解 3. 面积较小、数量不多的流坠浆点,用小铲尖将其剔掉后,用不同颜色的色点局部覆盖
弹涂操作时色浆拉丝	色浆中水分较少、胶液过多、浆料较稠,或操作时未搅拌均匀	1. 浆料配合比要准确,操作中应随用随搅拌,弹力器速度快慢要均匀 2. 出现拉丝现象时,可在浆料中再掺入适量的水和水泥调解,以不出现拉丝现象为准
弹涂色点出现细长、扁平等异形色点	1. 弹力器距墙面较远,弹力不足,弹出的色点呈弧线形,弹在墙上形成细长、扁平的长条形色点 2. 浆料中胶量过少,或色浆内加水时,未按配合比加入相应胶液,出现尖形弹点	1. 操作中控制好弹力器与饰面的距离（一般墙面约300 mm）,随料筒内浆料的减少应逐渐缩短距离,并经常检查更换弯曲、过长、弹力不够的弹棒,避免形成长条形色点 2. 为避免尖形点,严格控制好浆料配合比。并应搅拌均匀后再倒入大料筒。浆料较稠时,可先将胶与水按比例配成胶水并搅均匀后掺入浆料再搅拌均匀,可避免产生尖形弹点 3. 少量分散的条形尖,可用毛笔蘸不同色浆,局部点涂分解,若面积较大而且集中时,可全部弹涂不同色点覆盖消除;并经常检查更换弹棒 4. 弹涂中发现尖形点时,应立即停止操作,调整浆料配合比,对已形成的尖形点,应铲平弹补
弹涂饰面出现弹点过大或过小等不均匀现象	操作技术不熟练,操作中料筒内浆料过少未及时加料,致使弹出的色点细小;或料筒内一次投料过多,弹力器距墙面太近,个别弹棒胶管套端部过长,产生过大的色点	1. 弹力器应经常检查,发现弹棒弯曲、过长和弹力不够时应及时更换;掌握好投料时间,使每次投料及时、适量 2. 根据料筒内浆料多少,控制好弹力器与墙面的距离,使色点均匀一致 3. 细小色点可用同种颜色色点全部覆盖后,弹二道色点,过多的色点可用不同色点覆盖分解

第三节　外墙涂料类装饰装修施工技术

建筑涂料系指涂敷于建筑构件的表面，并能与建筑构件表面材料很好地黏结，形成完整的保护膜的材料。由于其造价低，装饰效果好，施工方便，因此在外墙装饰中已广泛采用。根据化工部 1993 年通知，油漆等也统称"涂料"。

建筑涂料具有保护功能、装饰功能以及改善构件的使用功能。

一、外墙涂料的要求

1．涂料工程施工包括室内外各种水性涂料、乳液型涂料、溶剂型涂料（包括油性涂料）、清漆以及美术涂饰等涂料的施工。但不包括刷涂大漆和硝基喷涂等。

2．涂料工程的等级和产品的品种应符合设计要求和现行有关产品国家标准的规定。

3．涂料工程基体或基层的含水率。混凝土和抹灰表面施涂溶剂涂料时含水率不得大于 8％，施涂水性和乳液型涂料时含水率不得大于 10％。木料制品含水率不得大于 12％。

4．涂料干燥前，应防止雨淋、尘土玷污和热空气的侵袭。

5．涂料工程使用的腻子，应坚实牢固，不得粉化、起皮和裂纹。腻子干燥后，应打磨平整光滑并清理干净。外墙需要使用涂料的部位，应使用具有耐水性能的腻子。

6．涂料的工作黏度和稠度，必须加以控制，使其在涂料施涂时不流坠，无刷痕。施涂过程中不得任意稀释。

7．双组分或多组分涂料在施涂前，应按产品说明规定的配合比，根据使用情况分批混合，并在规定的时间内用完。所有涂料在施涂前和施涂过程中均应保持均匀。

8．施涂溶剂型、乳液型和水性涂料时，后一遍涂料必须在前一遍涂料干燥后进行。每一遍涂料应施涂均匀，各层必须结合牢固。

9．水性和乳液型涂料施涂时的环境湿度，应按产品说明书的湿度控制，冬季室内施涂时，应在采暖条件下进行，室温应保持均衡，不得突然变化。

10 建筑物的细木制品、金属构件与制品，如为工厂制作组装，其涂料宜在生产制作阶段施涂，最后一遍涂料宜在安装后施涂。

11．涂料施工分阶段进行时，应以分格缝、墙的阴角处或落水管处等为分界线。

12．同一墙面应用同一批号的涂料，每遍涂料不宜施涂过厚，涂层应均匀、颜色一致。

二、材料与质量要求

1．涂料工程所用的涂料和半成品（包括施涂现场配制的）均应有品名、种类、颜色、制作时间、贮存有效期、使用说明和产品合格证。

2．外墙涂料应使用具有耐碱和耐光性能的颜料。

3．涂料工程所用腻子的塑性和易涂性应满足施工要求。干燥后应坚固，并按基层、底层涂料和面层涂料的性能配套使用。

4．外墙涂料的质量要求要按照涂料的技术性能指标来考核。其主要技术性能见表 3-6。

项　目	技　术　指　标	检　测　方　法
容器内储存状态	能搅拌均匀、无结块、无沉淀物	观察
施工性	施工无困难、不流挂	
涂膜颜色及外观	符合标准样板及其色差范围，涂膜平整	按现行国标执行
细度（μm）	不大于60	按现行国标执行
干燥时间（h）	表干，不大于2 实干，不大于24	按现行国标执行
遮盖力（白色及浅色）（g/m²）	乳液涂料，不大于200 溶剂涂料，不大于170	按现行国标执行
固体含量（%）	不小于45	加热焙烘法
冻融稳定性（乳液涂料）	不变质	-5±1℃，l6h；23±1℃，8h；3次循环
耐水性	不起泡，不剥落，允许稍有变色	按现行国标规定执行，23±2℃，浸泡96h
耐碱性	不起泡，不剥落，允许稍有变色	参照耐水性测定方法，将试件浸入饱和氢氧化钙溶液中，23±2℃，浸泡48h
耐洗性（0.5%皂液）	乳液涂料，1 000次，溶剂涂料，2 000次，不露底	用洗刷仪测试
耐粘污性（白色或浅色）	乳液涂料，不大于50% 溶剂型涂料，不大于30%	5次循环，测定反射系数，计算反射系数下降率
耐候性	不起泡，不剥落，无裂纹，变色及粉化均不大于2级	按现行国标规定执行

三、外墙涂料的选择

外墙涂料是根据基层材质、涂料的性能及其特点选择，以达到牢固、耐久、美观。

（一）各种外墙涂料的主要特点，详见表3-7。

涂料种类	主　要　优　点	主　要　缺　点
油性涂料	耐大气性较好，价廉，涂刷性能好，渗透性好	干燥较慢，膜软，机械强度较低，水膨胀较大，不能打磨抛光，不耐碱
天然树脂涂料	干燥比油性涂料快，短油度的涂膜坚硬，好打磨，长油度的涂膜柔韧，耐大气性较好	机械性能差，短油度的耐大气性差，长油度不能打磨、抛光
酚醛树脂涂料	涂膜坚硬，耐水性良好，纯酚醛涂料耐化学腐蚀良好，有一定的绝缘性，附着力强	涂膜较脆，颜色易变深，耐大气性较差，易粉化，不能制成白色或浅色涂料
醇酸涂料	光泽较亮，耐候性较好，施工性能好，附着力强	涂膜较软，耐水、耐碱性差，干燥较慢，不能打磨
沥青涂料	耐潮，耐水，价廉，耐化学腐蚀性较好，有一定绝缘性	色黑，对日光不稳定，有渗色性
过氯乙烯涂料	干燥快，颜色浅，具有良好的耐候性、柔韧性、耐水性、耐冲击性，还有较好的耐酸、耐碱、耐盐以及耐化学性	附着力较差，打磨、抛光性较差，固体含量较低，有毒易燃

涂料种类	主 要 优 点	主 要 缺 点
聚氨酯涂料	耐磨性较强，附着力好，耐潮、耐水、耐热、耐溶剂性好，耐化学腐蚀，具有良好的绝缘性，表面光洁度较高	涂膜易粉化、发黄，对酸碱盐醇等物较敏感，因此施工要求高，有一定毒性，价格较高
*丙烯酸酯涂料	涂膜较薄，保色性能好，耐候性优良，不粉化，不剥落，有一定的耐化学腐蚀性，耐水性好，耐热性较好	耐溶剂性差，固体含量低
苯乙烯焦油涂料	涂料干燥快，附着力强，耐水性良好，耐老化性良好，具有一定的耐磨性，施工方便，易于重涂	涂料质量不够稳定，涂膜易发黄，有特殊气味
聚乙烯醇缩丁醛涂料	涂膜的柔韧性、耐磨性较好，耐水耐油耐候性良好，与环氧树脂能混溶并能显著改善其功能	与环氧树脂合用时，施工困难，涂料固体含量较低
氯化橡胶涂料	附着力强，耐酸耐碱耐水性优良，耐大气污染、耐氧化和耐腐蚀性能好，耐候性耐久性优良，有防水作用，重涂性好	易变色，耐溶剂性较差，不耐紫外线，个别品种施工复杂
环氧树脂涂料	附着力强，耐碱耐溶剂，具有较好的绝缘性，涂膜坚韧，用于地面时可涂刷成各种图案，装饰效果好，具有一定厚度和弹性，脚感舒适	室外曝晒易粉化，耐光性差，色泽较深，施工较复杂
苯-丙乳液涂料	具有优良的耐碱耐水耐擦洗性，具有较高的耐光性，耐候性良好，不泛黄，外观细腻，色彩艳丽，质感好，与水泥的附着力强，施工方便	对施工环境要求高，施工温度不能低于10℃相对湿度不能大于85%
乙-丙乳液涂料	具有较好的耐候性、耐水性、保色性和柔韧性，装饰质感丰富，无毒无味，施工方便，基层未完全干燥时，也可以施涂	施工温度要求15℃以上
氯-偏乳液涂料	耐日光、耐候性良好，装饰质感好，施工方便，价格低廉	耐水性耐久性较差，容易玷污和脆落，施工温度在10℃以上
醋酸乙烯乳液涂料	涂膜细腻平滑平光，色彩鲜艳，装饰效果好，涂膜透气性好，价格适中，施工方便	耐水性耐碱性耐候性较其他乳液好，不宜作外墙涂料
聚乙烯醇涂料、水玻璃涂料	涂膜表面光洁平滑，黏结力较强，无毒无味，耐燃，施工方便，资源丰富，价格低廉	耐水洗刷性、耐湿性较差，易产生脆、粉现象
聚乙烯醇缩甲醛涂料	涂料色彩丰富黏结力较强，耐碱耐污染耐水性较好，资源丰富，价格低廉，施工方便	易粉化，施工温度应在10℃以上
碱金属硅酸盐系涂料	耐水耐热耐老化等性能优良，耐酸耐碱耐腐蚀污染等性能良好，无毒无味，施工方便，资源丰富，价格低廉	最低施工温度为5℃
硅溶胶无机涂料	涂膜细腻颜色均匀明快装饰效果好，涂膜致密坚硬耐磨性好，可以打磨抛光，耐酸耐碱耐水耐高温耐久性好，附着性强，施工性能好	施工温度高于5℃需要养护在7d以上，否则会粉化或色泽不匀

*：质量性能好，用量最大。

(二) 按基层材质选择涂料（材料配伍）

材料与基层材质要有恰当的配伍。详见表3-8。

涂料与基层材质的配伍　　　　　　表3-8

涂料种类		基层材质类别					
		混凝土基层	轻质砖基层	砂浆基层	石棉板基层	金属基层	木基层
溶剂型涂料	油性涂料（漆）	×	×	×	○	△	△
	过氯乙烯涂料	○	○	○	○	△	△
	苯乙烯涂料	○	○	○	○	△	△
	聚乙烯醇缩丁醛涂料	○	○	○	○	△	△
	氯化橡胶涂料	○	○	○	○	△	△
	丙烯酸酯溶剂涂料	○	○	○	○	△	△
	聚氨酯系涂料	○	○	○	○	△	△
	环氧树脂涂料	○	○	○	○	△	△
乳液型涂料	聚醋酸乙烯涂料	○	○	○	○	×	○
	乙-丙涂料	○	○	○	○	×	○
	乙-顺涂料	○	○	○	○	×	○
	氯-偏涂料	○	○	○	○	×	○
	氯-醋-丙涂料	○	○	○	○	○	○
	苯-丙涂料	○	○	○	○	○	○
	丙烯酸酯乳液涂料	○	○	○	○	○	○
	水乳型环氧树脂涂料	○	○	○	○	○	○
水泥系涂料	聚合物水泥涂料	△	△	△	△	×	×
无机涂料	石砂浆涂料	○	○	○	○	○	×
	碱金属硅酸盐系涂料	○	○	○	○	×	×
	硅溶胶无机涂料	○	○	○	○	×	×
水性涂料	聚乙烯醇系涂料	○	○	○	○	×	×

注：△为优先选用，○为可以选用，×为不能选用。

(三) 外墙涂料选用注意要点

1. 外墙涂料可以选用的溶剂型涂料有过氯乙烯涂料、苯乙烯涂料、聚乙烯醇缩丁醛涂料；乳液型涂料有乙-丙涂料、乙-顺涂料、氯-偏涂料；水泥系涂料有聚合物水泥系列涂料；无机涂料有碱金属硅酸盐系涂料。

2．外墙涂料应优先选用的溶剂型涂料有氯化橡胶涂料、丙烯酸酯溶剂涂料、聚氨酯系涂料；乳液型涂料有氯-醋-丙涂料、苯-丙涂料、丙烯酸酯乳液涂料、水乳性环氧树脂涂料；无机涂料有硅溶液无机涂料。

3．外墙涂料不能选用的溶剂型涂料有油性漆，乳液型涂料有聚醋酸乙烯涂料，无机涂料有石灰浆涂料，水性涂料有聚乙烯醇系涂料。

四、外墙涂料饰面工程的构造做法

建筑物外墙涂料饰面是各种饰面做法中最简便、最经济的一种方式。虽然它比贴面砖、水刷石的有效使用年限短，但由于这种饰面做法省工省料、工期短、工效高、自重轻、造价低且便于更新，因此，无论在国外还是在国内这种饰面做法均得到了广泛的应用。

（一）涂料类饰面的基本构造特征

涂料饰面构造，一种是在墙体抹灰后喷刷涂料，一种是在墙体上直接用涂料饰面。这要由涂料的种类和墙体材料的特点来确定，一般情况多为水泥砂浆抹面后用涂料饰面。对于涂层来讲大致可分为三部分，即底层、中间层、面层。

1．底层

又称底漆，其作用是增加涂层与基层之间黏附力，同时可使基层部分灰尘颗粒固定于基层，是基层的封闭剂。

2．中间层

它是涂层的成形层或称装饰层，利用其丰满的厚度，掩遮基层的缺陷，制作表面花饰，形成所需的装饰效果。中间层的质量如何，是整个涂层耐久、耐老化的关键。

3．面层

它是涂层的保护层，体现涂层的色彩与光感。因此，面层涂料应具有耐久、耐磨、耐腐蚀、有光泽或有透明性，所以有时称面层为罩光层，一般情况面层应涂刷二遍。

上述三层选材可以根据各层作用选择不同的涂料，也可以由一种涂料来完成。各层涂料做法，可以采用刷涂、喷涂、滚涂等工艺，涂刷的层数可根据涂料性质、装饰要求，采用一、二、三遍不等。对于厚质涂料还可以滚涂印花增加装饰效果。

五、外墙涂料饰面的施工方法

（一）不同墙体材料的涂料施工作法，见表3-9

涂料类外墙饰面不同墙体基层的构造层次　　　　　　　　　表3-9

墙　　体	构　造　层　次	总厚度（mm）
混凝土墙体	基层：1：2水泥砂浆压实、分格、先刷107胶溶液15～13 mm厚 面层：涂料，刷底层、中间层、面层各一道，1.0～1.5 mm厚	18～15或10～12

墙　　体	构　造　层　次	总厚度（mm）
混凝土墙体	基层处理：凿毛、聚合物水泥砂浆抹面压实分格，1.0～1.5 mm 厚或刮平、抹腻子、修补，1.0～2.0 mm 厚 面层：刷涂料分二层或三层，1.0～1.2 mm 厚	10～15 或 10～12
加气混凝土	基层：刷一道 1:6 107 胶，抹 1:2.5～3 水泥砂浆，8～10 mm 厚，1:2.5 水泥砂浆抹面找平，1:2 水泥砂浆抹面，1.0～1.2 mm 厚 面层：刷涂料三道，或滚涂压花 刷厚质涂料：先刷封闭层，再刷中间层，最后罩光层	25～20 或 20～18
加气混凝土	基层：刷一道 TG 胶溶液，TG:水:水泥＝1:4:1.5 聚合物（TG）水泥砂浆抹面找平压实，8～10 mm 厚 1:2.5 聚合物水泥砂浆抹面分格，6 mm 厚 1:2 水泥砂浆抹面分格，3 mm 厚 面层：刷涂料二三道或厚质涂料 1.0 mm 或 1.5 mm 厚	25～20 或 20～25

（二）不同涂料饰面方式的各层作法

1．刷涂饰面

（1）刷涂一般涂料面层。

（2）6 mm 厚 1:2.5 水泥砂浆三遍。

（3）12 mm 厚 1:3 水泥砂浆打底扫毛或划出纹道。

2．滚涂饰面

（1）喷甲基硅醇钠憎水剂。

（2）涂溶剂型涂料面层。

（3）滚涂聚合物水泥砂浆。

（4）刷（喷）一道 108 胶水溶液（配比 108 胶:水＝1:4）。

（5）12 mm 厚 1:3 水泥砂浆打底，木抹子搓平。

3．喷涂饰面

（1）喷甲基硅醇钠憎水剂。

（2）喷涂溶剂型涂料面层。

（3）涂聚合物水泥砂浆三遍。

（4）刷（喷）一道 108 胶水溶液（配比 108 胶:水＝1:4）。

（5）12 mm 厚 1:3 水泥砂浆打底，木抹子搓平。

4．彩色点弹涂饰面

（1）用油喷枪或羊毛滚涂罩面剂一道。

（2）3 mm 厚弹色浆点。

（3）刷底色浆一道。

（4）12 mm 厚 1:3 水泥砂浆打底，木抹子搓平。

5．彩色点平花弹涂饰面

（1）用油喷枪或羊毛辊子，涂罩面剂一道。

（2）人工抹子压平压光。

（3）3 mm 厚弹色浆点。

（4）刷底色浆一道。

（5）12 mm 厚 1∶3 水泥砂浆打底木抹子搓平。

6. 仿彩色平光花岗石弹涂饰面

（1）用油喷枪或平抹滚涂罩面剂一道。

（2）弹多色或单色浆点。

（3）6 mm 厚 1∶2.5 水泥砂浆抹平压光。

（4）12 mm 厚 1∶3 水泥砂浆打底扫毛或划出纹道。

7. 仿蘑菇花岗石弹涂饰面

（1）用油喷枪或羊毛滚涂罩面剂一道。

（2）模板造型，弹色浆平点。

（3）30～50 mm 厚 1∶2.7 水泥砂浆（内掺含水量 5% 的 107 胶）。

（4）2～3 mm 厚抹素水泥砂浆一道（内掺含水量 5% 的 107 胶）。

（5）3～5 mm 厚 1∶2.7 水泥砂浆打底扫毛（内掺含水量 5% 的 107 胶）。

8. 刷乳胶漆饰面

（1）刷乳胶漆（外墙用加罩光面）。

（2）6 mm 厚 1∶2.5 水泥砂浆罩面铁抹子压光水刷带出小麻面。

（3）12 mm 厚 1∶3 水泥砂浆打底扫毛或划出纹道（抹灰后干燥不少于 3 d，施工温度不低于 15 ℃）。

六、外墙涂料饰面工程的施工工序

外墙涂料饰面施工工序是根据涂料种类、基层材质、施工方法、表面花饰等因素以及涂料的配伍搭配安排恰当的工序来施工，才能达到饰面工程的要求，保证质量的合格。

（一）混凝土表面、抹灰表面基层处理

施涂前对基层认真处理是保证涂刷质量的重要环节，要按施工规范严格执行。

1. 施涂前应将基体或基层的缺棱掉角处修补，表面麻面及缝隙应用腻子补齐填平。

2. 基层表面上的尘灰、污垢、溅沫和砂浆流痕应清除干净。

3. 表面清扫干净后最好用清水冲刷一遍，有油污处用碱水或肥皂水擦净。

（二）抹灰外墙薄涂料施工工序，见表 3-10

抹灰外墙薄涂料施工工序　　　　　　　　　　　　　　表 3-10

工 序 名 称	乳液薄涂料	溶剂薄涂料	无机薄涂料
修补基层	+	+	+
清扫	+	+	+

工 序 名 称	乳液薄涂料	溶剂薄涂料	无机薄涂料
填补缝隙，局部刮腻子	+	+	+
磨平	+	+	+
第一遍涂料	+	+	+
第二遍涂料	+	+	+

注：1. 表中"＋"号表示应进行的工序。

2. 合成树脂乳液轻质厚涂料有珍珠岩粉厚涂料、聚苯乙烯泡沫塑料粒子和蛭石厚涂料等。

3. 如薄涂两遍涂料后，装饰效果未达到质量要求时，应增加涂料的施涂遍数。

（三）混凝土表面薄涂料施工工序，见表 3-11

混凝土表面薄涂料工序（不同等级）　　　　　表 3-11

工 序 名 称	水性薄涂料		乳液薄涂料			溶剂薄涂料			无机薄涂料	
	普通	中级	普通	中级	高级	普通	中级	高级	普通	中级
清扫	+	+	+	+	+	+	+	+	+	+
填补缝隙局部刮腻子	+	+	+	+	+	+	+	+	+	+
磨平	+	+	+	+	+	+	+	+	+	+
第一遍满刮腻子	+	+	+	+	+	+	+	+	+	+
磨平	+	+	+	+	+	+	+	+	+	+
第二遍满刮腻子	+		+	+	+	+	+	+		
磨平	+		+	+	+	+	+	+		
干性油打底					+		+	+	+	
第一遍涂料	+	+	+	+	+	+	+	+	+	+
复补腻子	+		+	+	+	+	+	+		
磨平	+		+	+	+	+	+	+		
第二遍涂料	+	+	+	+	+	+	+	+	+	+
磨平					+		+	+		
第三遍涂料					+		+	+		
磨平								+		
第四遍涂料								+		

注：1. 表中"＋"号表示应进行的工序。

2. 合成树脂乳液轻质薄涂料有珍珠岩粉厚涂料、聚苯乙烯泡沫塑料细粒子和蛭石屑薄涂料等。

3. 如薄涂料涂两遍后，装饰效果未达到质量要求时，应增加涂料的施涂遍数，达到质量要求为止。

（四）混凝土表面厚涂料的施工工序，见表 3-12

混凝土表面厚涂料的施工工序　　　　　表 3-12

工 序 名 称	合成树脂乳液厚涂料	无机厚涂料
基层修补	+	+
清扫	+	+
填补缝隙、局部刮腻子	+	+

工 序 名 称	合成树脂乳液厚涂料	无机厚涂料
磨平	+	+
第一遍厚涂料	+	+
第二遍厚涂料	+	+

注：1. 表中"+"表示应进行的工序。

2. 合成树脂乳液厚涂料和无机厚涂料有云母状、砂粒状两种。

3. 机械喷涂的遍数不受表中涂饰遍数的限制，以达到质量要求为准。

（五）混凝土表面轻质厚涂料施工工序，见表 3－13

混凝土表面轻质厚涂料施工工序 表 3－13

工序名称	珍珠岩粉厚涂料		聚苯乙烯泡沫塑料粒子厚涂料		蛭石厚涂料	
	普　通	中　级	中　级	高　级	中　级	高　级
基层清扫	+	+	+	+	+	+
填补缝隙局部刮腻子	+	+	+	+	+	+
磨平	+	+	+	+	+	+
第一遍满刮腻子	+	+	+	+	+	+
磨平	+	+	+	+	+	+
第二遍满刮腻子		+	+	+	+	+
磨平		+	+	+	+	+
第一遍喷涂厚涂料	+	+	+	+	+	+
第二遍喷涂厚涂料				+		
局部喷涂厚涂料		+	+	+	+	+

注：1. 表中"+"号表示应进行的工序。

2. 合成树脂乳液轻质厚涂料有珍珠岩粉厚涂料、聚苯乙烯泡沫塑料粒子和蛭石屑厚涂料等。

3. 高级顶棚轻质厚涂料装饰，必要时增加一遍满喷厚涂料后，再进行局部喷涂厚涂料。

（六）混凝土表面复层涂料施工工序，见表 3－14

混凝土复层涂料施工工序 表 3－14

工序名称	合成树脂乳液复层涂料	硅溶胶类复层涂料	水泥系复层涂料	反应固化型复层涂料
基层修补	+	+	+	+
清扫	+	+	+	+
填补缝隙局部刮腻子	+	+	+	+
磨平	+	+	+	+

工序名称	合成树脂乳液复层涂料	硅溶胶类复层涂料	水泥系复层涂料	反应固化型复层涂料
施涂封底涂料	+	+	+	+
施涂主层涂料	+	+	+	+
滚压	+	+	+	+
第一遍罩面涂料	+	+	+	+
第二遍罩面涂料	+	+	+	+

注：1. 表中"＋"号表示应进行的工序。

2. 如需要半球面点状造型时，可不进行滚压工序。

3. 水泥系主层涂料喷涂后，应先干燥12 h，然后洒水养24 h后，才能施涂罩面涂料。

施涂复层涂料尚应符合下列规定：

复层涂料一般是以封底涂料、主层涂料和罩面涂料组成。施涂时应先喷涂或刷涂封底涂料，待其干燥后再喷涂主层涂料。干燥后再施涂两遍罩面涂料。

喷涂主层涂料时，其点状大小和疏密程度均匀一致，不得连成片状。

水泥系主层涂料喷涂后，应先干燥12 h，然后洒水养护24 h，再干燥12 h后才施涂罩面涂料。

施涂罩面涂料时，不得有漏涂和流坠现象，待第一遍罩面涂料干燥后，才能施涂第二遍罩面涂料。

（七）木材表面涂料施工工序

木材表面所用涂料多用溶剂型和油质涂料（清漆、调和漆等），用于内、外墙均可，多以内墙为主。

1. 基层处理：（1）修补缺陷。（2）清刷表面污物和油迹。打砂纸、刮腻子，再打砂纸，使木基层无砂眼，表面光平。

2. 木料表面施涂溶剂型混色涂料，按质量要求分为普通、中级和高级三级，主要工序见表3-15。

木料表面施涂溶剂型混色涂料的主要工序　　　　　表3-15

工 序 名 称	普通级	中 级	高 级
清扫起钉子除油污	+	+	+
铲去脂囊修补平整	+	+	+
打砂纸	+	+	+
节疤处点漆片	+	+	+
干性油或带色干性油打底	+	+	+
局部刮腻子磨光	+	+	+
腻子处涂干性油	+		
第一遍满刮腻子		+	+
磨光	+	+	+

工序名称	普通级	中级	高级
第二遍满刮腻子			+
磨光			+
刷涂底涂料		+	+
第一遍涂料	+	+	+
复补腻子	+	+	· +
磨光		+	+
湿布擦净		+	+
第二遍涂料		+	+
磨光		+	+
湿布擦净		+	+
第三遍涂料		+	+

注：1. 表中"+"号表示应进行的工序。

   2. 高级涂料做磨退时，宜用醇酸树脂涂料刷涂，并根据涂膜厚度做5～12遍涂料和磨光，然后再做打砂蜡、打油蜡、擦亮的工序。

3. 木料表面施涂清漆，按质量要求分为中级、高级两级，主要工序见表3-16

木料表面施涂清漆主要工序

表3-16

工序名称	普通	高级
清扫起钉子除油污	+	+
磨砂纸	+	+
润粉	+	+
磨砂纸	+	+
第一遍满刮腻子	+	+
磨光	+	+
第二遍满刮腻子		+
磨光		+
刷油色	+	+
第一遍清漆	+	+
拼色	+	+
复补腻子	+	+
磨光	+	+
复补腻子	+	+
第二遍清漆	+	+
第三遍腻子	+	+
磨光砂纸		+
第四遍清漆		+
磨光		+
第五遍清漆		+
磨退		+
打砂蜡		+
打油蜡		+

注：1. 表中"+"号表示应进行的工序。

   2. 磨退：也称"蜡克"做法。是清漆最高级施涂方法，最多可达12遍。

（八）金属表面施涂工序

1．基层处理：

（1）清理表面，使其无污物、油渍灰尘、焊渣、毛刺；

（2）修补缺陷表面，除锈。

2．金属表面施涂涂料，按质量要求分为普通、中级、高级三级，主要工序见表 3‑17

金属表面施涂涂料主要工序

表 3‑17

工序名称	普通级	中级	高级
除锈扫磨砂纸	+	+	+
刷涂防锈涂料	+	+	+
局部刮腻子	+	+	+
磨光	+	+	+
第一遍满刮腻子		+	+
磨光		+	+
第二遍满刮腻子			+
磨光			+
第一遍涂料	+	+	+
复补腻子		+	+
磨光		+	+
第二遍涂料	+	+	+
磨光		+	+
湿布擦净		+	+
第三遍涂料	+	+	+
磨光（用水砂纸）			+
湿布擦净			+
第四遍涂料			+
湿布擦净		+	+

注：1．表中"+"号表示应进行的工序。

2．薄钢板屋面、檐沟、水落管、泛水等施涂涂料可不刮腻子，施涂防锈涂料不得少于两遍。

3．高级涂料做磨退时，应用醇酸树脂涂料施涂，并根据涂膜厚度增加 1～3 遍涂料和磨退，打砂蜡、打油蜡、擦亮的工序。

4．金属涂料和半成品安装前，应先检查防锈涂料有无损坏，损坏处应补刷。

5．钢结构施涂涂料，应符合现行《钢结构工程施工验收规范》的有关规定。

6．防锈涂料和第一遍银粉涂料，应在设备管道就位前施涂，最后一遍银粉涂料应在刷浆工程完工后施涂。

7．薄钢板制作的屋脊、檐沟和天沟等咬口处，应用防锈油腻子填补密实。

七、涂料饰面施工技术

外墙涂料的施工方法有刷涂、滚涂、喷涂、抹涂等方法，每种施工方法都是在做好基层后施涂，不同的基层对涂料施工有不同的要求。详见前"四"、"五"有关内容。

（一）刷涂

1．施工方法：采用鬃刷或毛刷施涂，头遍横涂走刷要平直，有流坠马上刷开，回刷一次，蘸涂料要少，一刷一蘸，不宜蘸的太多，防止流淌，由上向下一刷紧一刷，不得留缝，第一遍干后刷第二遍，一般为竖涂。刷涂操作层次分为开油、横油等见表3-19所示。

2．施工注意事项：

(1) 上道涂层干燥以后，再进行下道涂层，间隔时间依涂料性能而定。

(2) 涂料挥发快的和流平性差的，不可过多重复回刷。注意每层厚薄一致。

(3) 刷罩面层时，走刷速度要均匀，涂层要匀。

(4) 第一道深层涂料稠度不宜过大，深层要薄，使基层快速吸收为佳。

(二) 滚涂

利用滚涂辊子进行涂饰。

1．施工方法：首先把涂料搅匀调至施工黏度，少量倒入平漆盘中摊开。用辊筒均匀地蘸涂料，并在底盘或辊网上滚动至均匀后再在墙面或其他被涂物上滚涂。

2．施工注意事项：

(1) 光平面涂饰时，要求涂料流平性好，黏度可低些，立面滚涂时要求流平性小、黏度高的涂料。

(2) 不要用力压滚，以保证厚薄均匀。不要让辊中的涂料全部挤出后才蘸料，应使辊内总保持一定数量的涂料。

(3) 接茬部位或滚涂达到一定段落时，应用空辊子滚压一遍，以保护滚涂饰面的均匀和完整，不留痕迹。

3．施工质量要求：

滚涂的涂膜应厚薄均匀，平整光滑，不流挂，不漏底，表面图案清晰均匀，颜色和谐。

(三) 喷涂

利用压力或压缩空气将涂料喷涂于物面墙面上的机械化施工方法。

1．施工方法：

(1) 将涂料调至施工所需稠度装入贮料罐或压力供料筒中，关闭所有开关。

(2) 打开空气压缩机进行调节，使其压力达到施工压力，施工喷涂压力一般在0.4～0.8 MPa范围内。

(3) 喷涂作业时手握喷枪要稳，涂料出口应与被涂面垂直。喷枪移动时应与被喷面保持平行，喷枪运行速度一般为400～600 mm/S。

(4) 喷涂时，喷嘴与被涂面的距离一般控制在400～600 mm。

(5) 喷枪移动范围不能太大，一般直线喷涂700～800 mm后下移折返喷涂下一行，一般选择横向或竖向往返喷涂。

(6) 喷涂面的上下或左右搭接宽度为喷涂宽度的1/2～1/3。

(7) 喷涂时应先喷门、窗附近，涂层一般要求两遍成活（横一竖一）。

(8) 喷枪喷不到的地方应用油刷，排笔填补。

2．施工注意事项：

(1) 涂料稠度要适中。

（2）喷涂压力过高或过低影响涂膜的质感。

（3）涂料开桶后要充分搅拌均匀，有杂质要过滤。

（4）涂层接茬边须留在分格缝处，以免出现明显的搭接痕迹。

3．施工质量要求：

涂膜厚度均匀，颜色一致，平整光滑，不得出现露底、皱纹、流挂、针孔、气泡和失光现象。

（四）抹涂

采用纤维涂料或仿瓷涂料饰面，使之形成硬度很高，类似汉白玉、大理石、瓷砖等天然石料的装饰效果。

1．施工方法：

（1）抹涂底层涂料：用刷涂滚涂方法先刷一层底层涂料做结合层。

（2）抹涂饰面：其方法是底层涂料涂饰后2 h左右即可用不锈钢抹压工具涂抹，涂层厚度为2～3 mm；抹完后，间隔1 h左右，用不锈钢抹子拍抹饰面压光，使涂料中的黏结剂在表面形成一层光亮膜；涂层干燥时间一般为48 h以上，期间未干应注意保护。

2．施工注意事项：

（1）抹涂饰面涂料时，不得回收落地灰，不得反复抹压。

（2）涂抹层的厚度为2～3 mm

（3）工具和涂料应及时检查，如发现不干净或掺入杂物时应清除或不用。

3．施工质量要求：

（1）饰面涂层表面平整光滑，色泽一致，无缺损，抹痕。

（2）饰面涂层与基层结合牢固，无空鼓，无开裂。

（3）阴阳角方正垂直，分隔条方正平直。

（五）油质涂料（漆）外墙（内墙）饰面施工操作技术

油质涂料施工方法：刷、滚、喷、弹均可以采用，多以刷涂为主。

刷涂的方法采用毛刷、排笔鬃刷等工具进行操作，其方法见表3-18。

刷涂油性涂料操作工序 表3-18

项　　目	操 作 方 法
开　油	将刷子蘸上涂料，首先在被涂面上（木材面应顺木纤维方向）直刷几条，每条涂料的间距为50～60 mm，把一定面积需要涂刷的涂料在表面上摊成几条。
横　油 斜　油	开油后，油刷不再蘸涂料，把开好的直条涂料，横向斜向刷涂均匀。
竖　油	顺着木纹方向竖刷，以刷除接痕。
理　油	待大面积刷匀刷齐后，将油刷上的剩余涂料在料油桶边上刮净，用油刷的毛尖轻轻地在涂料面上顺木纹理顺，并且刷均匀物面（构件）边缘和棱角的流漆。

1．施工注意事项：

（1）用鬃刷刷涂的涂料，黏度一般以 40～100 S 为宜，排笔刷涂的黏度以 20～40 S 为宜。

（2）上道涂层干燥以后，再刷下一道涂层。

（3）涂饰面为垂直时，最后一道涂料应由上向下刷，涂饰面为水平时，最后一道涂料应按光线的照射方向刷。刷涂木材表面时，最后一道涂料应顺木纹方向。

（4）流平性差、挥发性快的涂料，不可反复过多回刷。

2．刷涂施工质量要求：厚度一致，平整光滑，操作方便，色泽均匀，不许流挂、皱纹、漏底、起泡。

八、各类涂料饰面操作要点

1．溶剂型

溶剂型涂料属于有机合成树脂类。

（1）溶剂型涂料的成膜致密、不透气、有疏水性，要求基层必须充分干燥，含水率应控制在 6%（氯化橡胶涂料除外）。

（2）基层平面要平整，应先刮腻子填平孔洞。

（3）成膜温度低，气温在 0℃以上均可以施工，炎热和阴雨天气不得施工，天气过热时溶剂挥发快，成膜质量差。

（4）施工时一般涂刷两遍成活，每遍间隔时间应在 24 h 以上。

（5）施工时要注意通风和防火。

2．乳液型

乳液型涂料是有机聚合物水性乳液。

（1）涂膜有一定透气性和耐碱性，可在基层未干透的情况下刷涂，一般基层抹面后 7 天，混凝土浇注后 28 天才可进行涂层施工。

（2）为了增加涂料与基层的粘结力，可以先刷一道 108 胶水溶液（108 胶∶水＝1∶3）。

（3）注意各涂料的施工温度，以保证涂膜的质量，如：乙-顺乳胶漆可在≥15℃的条件下施工，而乙-丙乳液厚涂料可在≥8℃的条件下施工。

（4）乳液涂料保存温度为 0℃以上，用时要充分搅拌均匀，并在保存期内用完。

3．水溶性和无机涂料

这类涂料的成膜是通过水分蒸发及分子间硅、氧键的结合而形成的。

（1）基层必须有足够的强度，无粉化、起砂等现象，预制墙板的表面油污和隔离剂要清洗干净。

（2）涂料在使用前先要搅拌充分，稠度若过大，可用硅酸盐稀释剂稀释到恰当的稠度（掺量应小于 8%）。

（3）刷涂、喷涂、滚涂等工艺均可采用，喷涂时涂层不宜过厚。因成膜速度快，刷涂时要迅速，勤蘸短刷，不可反复多次涂刷。

4．复合厚质涂料

这类涂料是溶剂型或乳液型。它包括浮雕类、彩砂类、喷塑类、印花类等。它是用两种涂料分层来完成的。施工时要注意：

（1）基层必须清理干净，先刷一层封闭层。

（2）中间层涂料应该稠且涂层要厚，它是饰面的骨架。印花时应从上向下滚涂，喷花点时要均匀。每遍涂刷要按涂料特性留有间隔时间。

（3）罩面层必须待面层有一定的强度后再进行。

下面以 288 丙烯酸酯喷塑涂料为例，介绍复合厚质涂料做法：288 丙烯酸酯喷塑涂料以苯-丙共聚乳液涂料为骨架层，丙烯酸树脂涂料为底层和面层涂料，它属于塑料浮雕涂料。香港把这种做法叫"华丽喷砖"。它分四层涂刷。

第一层：喷涂封闭底漆，苯-丙共聚乳液与水配制的乳液能渗透到基层，增加基层强度，对基层表面有封闭作用，涂后 2 h 即可干透，基层仍然是水泥砂浆抹面。

第二层：喷涂骨架层，苯-丙共聚乳液加重晶石粉、石英砂粉等填料及助剂和颜料、细纤维等添加剂混合搅拌而成，呈稠糊状又保持塑性，这样可防止基层伸缩开裂。喷涂后 10～15 min 即用特制辊子压出花纹。

第三层：面层，采用 288 丙烯酸酯类喷涂，在骨架层喷涂 24 h 后即可滚涂面层；再等 4 h 即可滚涂罩面层，滚涂时横竖各一遍即成活。

第四层：罩面层，同第三层做法。

上述 288 丙烯酸酯喷塑涂料施工时，料浆要提前搅拌均匀，注意防火，面层、罩面层涂料不得加水稀释，要用专用稀释剂。

九、涂料应用中存在的几个问题

（一）涂料的耐久性

各种涂料多数是有机高分子材料，在阳光紫外线的作用下必然出现老化现象，同时因涂层较薄就更难以耐久。用石灰浆、水泥砂浆抹面的耐久性来评价涂料饰面的耐久性是不恰当的。涂料的使用年限由现在的 5～8 年提高到 10～15 年是完全可能的。目前已有少量产品投入市场。

（二）涂层的剥落

这种现象主要是因涂层与基层黏结不牢固所引起。影响涂层与基层黏结力的因素有：涂料质量、基层含水率过大、基层表面积灰清理不彻底、基层表面油污清除不彻底、基层背面渗水等。

（三）鼓泡现象

多数是因中间层涂料强度不够，遇水发生粉化，体积增大而造成鼓泡。

（四）涂层表面的污染

这一现象是在外墙饰面中普遍存在的问题。由于北方风沙大，雨水少，这一现象更为突出。尤其是雨水流淌所造成的不均匀的涂层污染最严重。究其原因多数是构造不合理、施工方法不正确，再加上涂料表面有一定吸附性所造成的。

（五）涂料的有害污染

对涂料有害物质含量应加强检测，实行"绿色环保认证"制度，有害物质超标产品禁止销售。

十、常见工程质量问题及其防治

涂料工程施工的常见工程质量问题及其防治有以下几个方面：

（一）流坠（流挂、流淌）

1. 特征

在挑檐或水平线角的下皮，涂料产生流淌使涂膜厚薄不匀，形成泪痕，重的有似帷幕下垂状。

2. 原因

涂料施工黏度过低，涂膜太厚；施工场所温度太低，涂料干燥较慢；在成膜中流动性较大；油刷蘸油太多，喷枪的孔径太大；涂饰面凹凸不平，在凹处积油太多；涂料中含有密度大的颜料，搅拌不匀；溶剂挥发缓慢，周围空气中溶剂蒸发浓度高，湿度大。

3. 防治措施

选择适当的溶剂，控制基层的含水率达到规范要求；提高操作人员的技术水平，控制施涂厚度（20～25 μm），以保证质量；严格控制涂料的施工黏度（20～30 s），加强施工场所的通风，施工环境温度应保持在 10 ℃左右；选用干燥稍快的涂料品种；油刷蘸油应少蘸、勤蘸；调整喷嘴孔径。在施工中，应尽量使基层平整。刷涂料时，用力刷匀。

（二）渗色（渗透、调色）

1. 特征

面层涂料把底层涂料的涂膜软化或溶解，使底层涂料的颜色渗透到面层（咬底），造成色泽不一致的现象。

2. 原因

在底层涂料未充分干透的情况下涂刷面层涂料。在一般的底层涂料上涂刷强溶剂的面层涂料。底层涂料中使用了某些有机颜料（如酞青蓝、酞青绿）、沥青、杂酚油等。木材中含有某些有机染料、木胶等，如不涂封底涂料，日久或在高温情况下，易出现渗色。底层涂料的颜色深，而面层涂料的颜色浅，也易发生这种情况。

3. 防治措施

底层涂料充分干后，再涂刷面层涂料。底层涂料和面层涂料应配套使用。底漆中最好选用无机颜料或抗渗色性好的有机颜料，避免沥青、杂酚油等混入涂料。木材中的染料、木胶应尽量清除干净，节疤处应点刷 2～3 遍漆片清漆；并用漆片进行封底，待干后再施涂面层涂料。

（三）咬底

1. 特征

在涂刷面层涂料时，面层涂料把底层涂料的涂膜软化、膨胀、咬起。

2. 原因

底层涂料与面层涂料不配套，在一般底层涂料上刷涂强溶剂型的面层涂料；底层涂料未完全干燥就涂刷面层涂料；刷面层涂料动作不迅速，反复涂刷次数过多。

3. 防治措施

涂刷强溶剂型涂料，应技术熟练，操作准确、迅速，反复次数不宜多；选择合适的涂料材料，底层涂料和面层涂料应配套使用；应待底层涂料完全干透后，再刷面层涂料。遇到咬底时，应将涂层全部铲除洁净，待干燥后再进行一次涂饰施工。

（四）泛白

1. 特征

各种挥发性涂料在施工中和干燥过程中，出现涂膜浑浊、光泽减退甚至发白。

2. 原因

在喷涂施工中，由于油水分离器失效，而把水分带进涂料中；快干挥发性涂料不会发白，有时也会出现多孔状和细裂纹；当快干挥发性涂料在低温、高湿度（80%）的条件下施工，使部分水汽凝积在涂膜表面形成白雾状；凝积在湿涂膜上的水汽，使涂膜中的树脂或高分子聚合物部分析出，而引起涂料的涂膜发白；基层潮湿或工具内带有大量水分。

3. 防治措施

喷涂前，应检查油水分离器，不能漏水；快干挥发性涂料施工中，应选用配套的稀释剂，在涂料中加入适量防潮剂（防白剂）或丁醇类憎水剂；基层应干燥；清除工具内的水分。

（五）浮色（涂膜发花）

1. 特征

混色涂料，在施工中，颜料分层离析，造成干膜和湿膜的颜色差异很大。

2. 原因

混色涂料的混合颜料中，各种颜料的比重差异较大；油刷的毛太粗太硬，使用涂料时，未将已沉淀的颜料搅匀。

3. 防治措施

在颜料比重差异较大的混色涂料的生产和施工中，适量加入甲基硅油；使用含有比重大的颜料，最好选用软毛油刷。涂刷时经常搅拌均匀；应选择性能优良的涂料，用软毛刷补涂一遍。

（六）桔皮

1．特征

涂膜表面呈现出许多半圆形突起，形似桔皮状。

2．原因

喷涂压力太大，喷枪口径太小，涂料黏度过大，喷枪与物面间距不当；低沸点的溶剂用量太多，挥发迅速，在静止的液态涂膜中产生强烈的静电现象，使涂层出现半圆形凹凸不平的皱纹状，未等流平，表面已干燥形成桔皮；施工湿度过高或过低；涂料中混有水分。

3．防治措施

应熟练掌握喷涂施工技术，调好涂料的施工黏度，选好喷嘴口径，调好喷涂施工压力；注意稀释剂中高低沸点适当；施工湿度过高或过低时不宜施工；在涂料的生产、施工和贮存中不应混进水分，一旦混入应除净后再用；若出现桔皮，应用水砂纸将凸起部分磨平，凹陷部分抹补腻子，再涂饰一遍面层涂料。

（七）起泡

1．特征

涂膜在干燥过程中或高温高湿条件下，表面出现许多大小不均，圆形不规则的突起物。

2．原因

木材、水泥等基层含水率过高；木材本身含有芳香油或松脂，当其自然挥发时；耐水性低的涂料用于浸水物体的涂饰，油腻子未完全干燥或底层涂料未干时涂饰面层；金属表面处理不佳，凹陷处积聚潮气或有铁锈，使涂膜附着不良而产生气泡；喷涂时，压缩空气中有水蒸气，与涂料混在一起；涂料的黏度较大，抹涂时易夹带空气进入涂层；施工环境温度太高，或日光强烈照射使底层涂料未干透，遇雨水后又涂面层涂料，则底层涂料干结时产生气体将面层涂膜顶起；涂料涂刷太厚，涂膜表面已干燥而稀释剂还未完全蒸发，则将涂膜顶起，形成气泡。

3．防治措施

应在基层充分干燥后，再进行涂饰施工；除去木材中的芳香油或松脂；在潮湿处选用耐水涂料，应在腻子、底层涂料充分干燥后，再涂面层涂料；金属表面涂饰前，必须将铁锈清除干净；涂料黏度不宜过大，一次涂膜不宜过厚，喷涂前，检查油水分离器，防止水汽混入。

（八）涂膜开裂

1．特征

由于面层涂料的伸缩与底层不一致而使表面开裂，从而涂膜产生细裂、粗裂和龟裂。

2．原因

涂膜干后，硬度过高，柔韧性较差；涂层过厚，表干里不干；催干剂用量过多或各种催干剂搭配不当；受有害气体的侵蚀，如二氧化硫、氨气等；木材的松脂未除净，在高温下易渗出涂膜产生龟裂；彩色涂料在使用前未搅匀；面层涂料中的挥发成分太多，影响成膜的结合力；在软而有弹性的基层上涂刷稠度大的涂料。

3. 防治措施

选择正确的涂料品种；面层涂料的硬度不宜过高，应选用柔韧性较好的面层涂料来涂饰；应注意催干剂的用量和搭配；施工中每遍涂膜不能过厚；施工中应避免有害气体的侵蚀；木材中的松脂应除净，并用封底涂料封底后再涂各层涂料；施工前应将涂料搅匀；面层涂料的挥发成分不宜过多。

（九）涂膜脱落

1. 特征

涂膜开裂后失去应有的黏附力，以致形成小片或整张揭皮脱落。

2. 原因

基层处理不当，没有完全除去表面的油垢、锈垢、水汽、灰尘或化学药品等；在潮湿或污染了的砖、石和水泥基层上涂装，涂料与基层黏结不良；每遍涂膜太厚；底层涂料的硬度过大，涂膜表面光滑，使底层涂料和面层涂料的结合力较差；在粉状易碎面上涂刷涂料，如在水性涂料表面上；涂膜下有晶化物形成等情况。

3. 防治措施

施涂前，应将基层处理干净；基面应当干燥并除去污染物后再涂刷涂料；控制每遍涂膜厚度；注意底层涂料和面层涂料的配伍，应选用附着力和润湿性较好的底层涂料。

（十）网粘

1. 特征

是指涂料涂刷后，超过涂料规定的干燥时间涂层尚未全干，涂料的表层涂膜形成后，经过一段时间表面仍有黏指现象。

2. 原因

在氧化型的底漆、腻子没干之前就涂第二遍涂料；物面处理不洁，有蜡、油、盐等，如木材的脂肪酸和松脂、钢铁表面的油脂等未处理干净；涂膜太厚，施工后又在烈日下曝晒；涂料中混入了半干性油或不干性油，使用了高沸点的溶剂；干料加入量过多或过少，干料的配合比不合适，铅、锰干料偏少；涂料在施工中，遇到冰冻、雨淋和霜打；涂料中含有挥发性很差的溶剂；涂料熬炼不够，催干剂用量不足；涂料贮存太久，催干剂被颜料吸收而失去作用。

3. 防治措施

选择优良的施工环境和涂料；应在涂料完全干燥后，再涂第二遍涂料；基体表面的油脂等污染物均应处理干净，木材还应用封底涂料进行封底，每遍涂料不宜太厚，施涂后不能在烈日下曝晒；应注意涂料的成分和溶剂的性质，合理选用涂料和溶剂；应按试验和经验来确定干料的用量和配比；施工时，应采取相应的保护措施，以防止冰冻、雨淋和霜打。

（十一）发汗

1. 特征

基层的矿物油、蜡质或底层涂料有未挥发的溶剂，把面层涂料局部溶解并渗透到表面。

2. 原因

树脂含有较少的亚麻仁或熟桐油膜，易发汗；施工环境潮湿、阴暗或天气湿热，涂膜表面凝聚水分，通风不良；涂膜氧化未充分，或长油度涂料未能从底部完全干燥；金属表面有油污或旧涂层有石蜡、矿物油等。

3. 预防措施

选用优质涂料，改善施工环境，加强通风，促使涂膜氧化和聚合，待底层涂料完全干燥后再涂面层涂料；施涂前，将油污、旧涂层彻底清除干净后，再施涂；一般应将涂层铲除清理，重新进行基层处理，再进行涂饰施工。

（十二）涂膜生锈

1. 特征

钢铁基层涂刷涂料后，涂膜表面开始略透黄色，然后逐渐破裂出现锈斑。

2. 原因

涂饰出现针孔弊病或漏有空白点，涂膜太薄，水汽或有害气体穿透膜层，产生针孔而发展到大面积锈蚀；基层表面有铁锈、酸液、盐水、水分等，未清理干净。

3. 防治措施

钢铁表面涂普通防锈涂料时，涂膜应略厚一些，最好涂两遍；涂刷前，必须把钢铁表面的锈斑、酸液、盐水等清除干净，并应尽快涂一遍防锈涂料；若出现锈斑，应铲除涂层，进行防锈处理后，再重新涂底层防锈涂料。

十一、外墙涂料装饰装修工程的验收标准

《建筑装饰装修工程质量验收规范》（GB 50210－2001）规定：

1. 涂料工程应待涂层完全干燥后，方可进行验收。检查数量，室外按施涂面积抽查10％；室内按有代表性的自然间（过道按10延长米，礼堂、厂房等大间可按两轴线为一组）抽查10％，但不得少于3间。

2. 验收时，应注意所用的材料品种、颜色应符合设计和选定的样品要求。

3. 施涂薄涂料表面的质量，应符合表3－19的规定。

4. 施涂厚涂料表面的质量，应符合表3－20的规定。

5. 复层涂料表面的质量，应符合表3－21的规定。

6. 施涂溶剂型彩色涂料表面的质量，应符合表3－22的规定。

7. 施涂清漆表面的质量，应符合表3－23的规定。

薄涂料表面的质量要求及检验方法

表 3-19

项　　目	普通级薄涂料	高级薄涂料	检验方法
掉粉、起皮	不允许	不允许	观察
漏刷、透底	不允许	不允许	
反碱、咬色	允许少量	不允许	
流坠、疙瘩	允许少量	不允许	
颜色、刷纹	颜色一致	颜色一致，无砂眼，无刷纹	
浆饰线、分色线平直	偏差不大于 2 mm		用钢尺拉 5 m 线检查，不足 5 m 拉通线检查

厚涂料表面质量要求

表 3-20

项　　目	普通级薄涂料	高级薄涂料	检验方法
漏涂、透底起皮	不允许	不允许	观　察
反碱、咬色	允许少量	不允许	
颜色、点状分布	颜色一致	颜色一致，疏密均匀	

施涂复层涂料表面的质量

表 3-21

项　　目	水泥系复层薄涂料	合成树脂乳液复层涂料 硅溶胶类复层涂料 反应固化型复层涂料	检验方法
漏涂、透底	不允许	不允许	观察
掉粉、起皮	不允许	不允许	
反碱、咬色		不允许	
喷点疏密程度		疏密均匀，不允许有连片现象	
颜色		颜色一致	

溶剂型彩色涂料表面质量要求

表 3-22

项级涂料	普通级涂料	中级涂料
脱皮、漏刷、反锈	不允许	不允许
透底、流坠、皱皮	大面不允许	不允许
光亮和光滑	光亮一致	光亮足，光滑无挡手感
分色裹棱	大面不允许，小面允许偏差 3 mm	不允许
装饰线、分色线平直（拉 5 m 线检查，不足 5 m 拉通线检查）	偏差不大于 3 mm	偏差不大于 1 mm
颜色、刷纹	颜色一致	颜色一致，无刷纹
五金、玻璃等	洁净	洁净

注：1. 大面是门窗关闭后的里、外面。

2. 小面明显处是指门窗开启后，除大面外，视线能见到的部位。

3. 设备、管道喷、刷涂银粉涂料，涂膜应均匀一致，光亮足。

4. 施涂无光乳胶涂料、无光混色涂料，不检查光亮。

普通涂料表面质量要求　　　　　　　　　　　表 3-23

项　　　目	普通涂料（清漆）	高级涂料（清漆）
脱皮、漏刷、斑迹	不允许	不允许
木纹	棕眼刮平、木纹清楚	棕眼刮平、木纹清楚
光亮和光滑	光亮足、光滑	光亮柔和，光滑无挡手感
裹棱、流坠、皱皮	大面不允许，小面明显处不允许	不允许
颜色、刷纹	颜色基本一致无刷纹	颜色一致，无刷纹
五金、玻璃等	洁净	洁净

注：1. 大面是指门窗关闭后的里外面。

2. 小面明显处是指门窗开启后除大面外，视线能见处。

第四节　外墙贴面类装饰装修的施工技术

外墙贴面装饰是建筑物为了改善建筑立面形象、色彩和追求某种风格、气氛所采用的一种手段，其做法包括：镶贴陶瓷面砖、镶贴锦砖、挂贴石材等。

一、外墙贴面类装饰装修的要求

1. 贴面类装饰包括天然石材饰面板、人造石材饰面板、陶瓷类饰面砖（如釉面砖、墙地砖）等。

2. 贴面类装饰的基层为砖墙、混凝土墙、砌块墙体，外抹水泥砂浆找平层。

3. 粘贴饰面的基体应具有足够的强度、稳定性和刚度，其表面质量应符合《砖石工程施工及验收规范》、《混凝土结构工程施工及验收规范》、《砌块建筑工程施工及验收规范》等有关规定。

4. 基体或基层表面应粗糙、平整，基体上残留的砂浆尘土、油渍应清除干净。

5. 饰面板材、饰面砖应粘贴平整，接缝应符合设计要求，并填贴密实以防渗水。

6. 粘贴室外突出的檐口、腰线、窗口、雨篷等部位，必须设泛水坡度和滴水槽（线）。

7. 装配式墙面上镶贴饰面砖（锦砖）等，宜在预制阶段完成一次吊装就位。在运输、堆放、安装时应加强饰面层的保护，防止损坏面层。现场用水泥砂浆粘贴面砖时，应做到面层与基层粘贴牢固密实无空鼓。

8. 在外墙各部位交接处，墙面凹凸变换处，饰面砖、饰面石材应留有适当缝隙。

9. 夏季施工应防止曝晒，要采取遮阳措施。

10. 冬季施工，砂浆使用温度不得低于5℃，水泥砂浆终凝前应采取防冻措施。

11. 粘贴饰面施工后应采取保护措施，直至其硬化粘贴牢固为止。

二、外墙贴面类装饰材料与质量要求

1. 饰面板、饰面砖应具有产品合格证，各种技术指标应符合有关标准规定。

2. 天然石材表面不得有隐伤、风化等缺陷，不宜采用易褪色的材料包装，安装用的锚固连接件应采用铜或不锈钢连接件。

3. 人造石材表面应平整，几何尺寸准确，面层颜色一致。

4. 水磨石板面层石粒均匀，颜色协调，尺寸准确。

5. 面砖、墙面砖表面光洁，质地坚固，尺寸色泽一致。不得有暗痕和裂缝，其性能指标应符合现行国家标准，吸水率小于 10%。

6. 陶瓷锦砖、玻璃锦砖应质地坚硬，边棱整齐，尺寸精确。锦砖脱纸时间不得大于 40 min。

7. 施工时所用的黏结材料的品种、配合比、性能均应符合设计要求，并具有产品合格证书。

8. 拌制砂浆应用不含有害物质的洁净水。

9. 对饰面材料的详细要求见有关国家标准。

三、外墙贴面类装饰装修对基层处理的要求

包括混凝土基体、加气混凝土基体、砖墙基体和旧建筑墙面的处理。

饰面砖应镶贴在湿润、干净的基层，并应根据不同的基体进行下述处理。

1. 砖墙基体

先剔除砖墙上多余的灰浆并清扫浮土，将基体用水湿透后，用 1:3 水泥砂浆打底，木抹子搓平，隔天浇水养护。

2. 混凝土基体

可从以下三种方法中选择一种（加气混凝土基体不适宜挂贴天然石材）：

(1) 将混凝土表面凿毛后，用水湿润，刷一道聚合物水泥浆，抹 1:3 水泥砂浆打底。

(2) 将 1:1 水泥细砂浆（内掺 20%107 胶）喷或甩到混凝土基体上，做"毛化处理"，待其凝固后，用 1:3 水泥砂浆打底，木抹子搓平，隔天浇水养护。

(3) 用界面处理剂处理基体墙面，待表面干燥后，用 1:3 水泥砂浆打底，木抹子搓平，隔天浇水养护。

3. 加气混凝土基体

可从以下两种方法中选择一种：

(1) 用水湿润加气混凝土表面，修补缺棱掉角处。修补前先刷一道聚合物水泥浆，然后用 1:3:9 混合砂浆分层补平，隔天刷聚合物水泥浆或 1:1:6 混合砂浆打底，木抹子搓平，隔天浇水养护。

(2) 用水湿润加气混凝土表面，在缺棱掉角处刷聚合物水泥浆后，用 1:3:9 混合砂浆分层补平，待干燥后，钉金属网一层并绷紧。在金属网上分层抹 1:1:6 混合砂浆打底，砂浆与金属网应结合牢固，最后用木抹子搓平，隔天浇水养护。

4. 旧建筑物墙面

彻底铲除并清洗油渍等污垢，用钢凿把墙面凿毛，以保证饰面砖不脱落。

四、镶贴陶瓷面砖施工操作技术

1. 基层处理后，待水泥抹灰层底层、找平层（一般 2 d）结硬后经检验符合标准后，即可贴面砖。

2. 选材：根据设计要求，对面砖进行分选，按颜色分选一遍，再用自制套模对面砖大小、厚薄进行分选、归类。

3. 预排：外墙面砖预排，主要是确定排列方法和砖缝大小，外墙面砖排列方法有水平、竖向、交错排列，砖缝有窄缝、宽缝之分。在同一立面上应取一种排列方式，预排中应注意阳角处必须是整砖，而且是立面压侧面。柱面转角处面砖要对角粘贴，正面砖尽量不裁砖。在预排中对突出的窗台、腰线等台上面砖，要做坡度，并且台面砖盖立面砖。要核实墙面尺寸，窗间墙正立面尽量排整砖。

4. 弹线设分格条：根据预排做出大样，按缝的宽窄大小做分格条，使其成为贴面时掌握砖缝的标准。弹线的步骤是先从外墙定出基准线，然后拉一水平钢丝弹出顶端水平线。在水平线上每隔 1 米或面砖宽度尺寸的倍数弹出垂直线，在层高范围内按面砖的实际尺寸和块数弹出水平分缝线。

5. 贴面砖：先做标志贴块，同时将面砖用水浸透取出阴干，粘贴面砖从上至下分层分段进行。每段也要从上至下镶贴，当一行贴完后，用靠尺校平将挤出的灰浆刮净，先贴突出的窗台、腰线，再贴大面积墙面，水平方向从阳角镶贴。镶贴砂浆要饱满，不得空鼓，一面墙镶贴完经检查合格后用 1:1 水泥砂浆勾缝，勾缝砂浆颜色要符合设计要求，若面砖之间缝隙小于 2 mm，要用半湿性白水泥搓缝。

6. 擦洗：勾缝后马上用棉丝擦净砖面，必要时用稀盐酸擦洗后用水冲洗干净。

五、粘贴锦砖施工操作技术

陶瓷锦砖与玻璃锦砖（又称"马赛克"、"纸皮石"）两者的镶贴方法相同。锦砖尺寸为：50 mm×50 mm×5 mm、30 mm×30 mm×3 mm、25 mm×25 mm×2 mm。出厂前用牛皮纸拼粘成 305 mm×305 mm 为一联（张）装箱出售，镶贴时，以整联镶贴，不足整联者提前按尺寸裁剪好备用。基层处理同外墙贴面类装饰装修。

1. 选材：玻璃锦砖选材很重要，应有专人负责逐块剔选颜色、规格、棱角等，要分类装箱。验收玻璃锦砖饰面时，除注意颜色、规格等质量以外，还应注意表面洁净，以免影响光泽度。

2. 排砖（排块或排版）：陶瓷锦砖与玻璃锦砖的排砖、分格必须依照建筑施工图纸横竖装饰线、门窗洞、窗台、挑梁、腰线等凹凸部分进行全面安排。排砖时特别注意外墙、墙角、墙垛、雨篷面及天沟槽、窗台等部位构造的处理与细部尺寸，精确计算排砖模数并绘制粘贴锦砖排砖大样（亦称排版大样）作为弹线依据。

3. 弹线：在找平层完成并经靠尺对墙面进行检查达到合格标准后进行。先在阳角墙面弹出垂直线与镶贴上口（或墙面顶端）弹出水平线作为基准线。从基准线开始按 305 mm×305 mm 方格弹出分格线，作为锦砖每联镶贴的依据。

如果墙面用锦砖镶贴艺术图案，先在工厂按设计分块拼联、编号、顺序装箱。现场弹线从墙面中心点弹垂直、水平中心线做基准线，然后在基准线上下左右按锦砖联的尺寸弹分格线，将编号标注在相应的方格内。

弹线时机可分为两种：一种是在找平层水泥砂浆终凝后表面有强度，内部稍软状态，手按压无坑痕，不影响弹线质量。另一种是在找平层强度较高，一般在找平层抹后1～2天开始弹线。两者相比，前者可缩短施工周期，其他均相同。

4. 镶贴

镶贴锦砖是按一个楼层高度搭两步脚手，由两名工人为一组协同操作，第一人负责按弹线安放水平靠尺，用水平尺调平，然后刷一道水泥浆，第二人将整联锦砖纸面朝下铺在木垫板上，用湿棉纱将锦砖黏结面擦净，刮2mm素水泥浆，并轻轻振动使水泥浆挤入砖缝中，然后由第一人将整联提起下皮沿靠尺贴与墙面上，表面垫上木拍板用木锤轻轻锤打按压，使锦砖贴实。每贴3～4联和每2～3 m² 用长靠尺检查调整表面平整度，此过程要掌握以下几点：

（1）水泥砂浆黏结，其水灰比不应过大，稠度应在0.3～0.36之间，当水灰比过大，会降低水泥砂浆强度。并且造成水化反应后多余水分积聚蒸发形成空鼓，降低黏结牢固性，故应严格控制水灰比。

（2）镶贴后锤击表面，切忌锤头直击表面，必须垫木拍板敲击，以保证平度。

（3）第二人在用木拍板铺锦砖时，发现有脱粒锦砖要及时补上，待与牛皮纸粘牢再刮水泥素浆。

镶贴锦砖的黏结材料，还可以采用各种化学黏结剂、801水泥砂浆黏结剂等，其施工操作方法基本相同，只是前后工序间隔时间更短，施工周期更快，找平层平整度要求更高。

5. 揭纸与调缝

锦砖应按缝对齐，张与张之间距离应与每张排缝一致，保证铺贴平整。待黏结层开始凝固（一般1～2 h）即可在锦砖护面纸上用软毛刷刷水湿润。护面牛皮纸吸水饱和后便可揭纸。刷水可以是清水，亦可在水中撒入少许干水泥灰搅匀，再用水刷纸。这样纸面吸水快，可提前泡透揭纸。揭纸时应仔细按顺序用力向下揭，切忌向外猛揭。

揭纸后如有小拼块掉下应立即补上。如随纸带下的拼块数过多，说明纸未泡透，胶水未溶化，应用铁板抹子压紧后，继续洒水泡透护面纸，直到撕揭牛皮纸不掉块为止。撕揭牛皮纸应在水泥浆初凝前完成。因此，按气温和水泥品种掌握初凝时间至为重要。

镶贴锦砖揭纸后，如果发现"跳块"或"瞎缝"，应及时用钢刀拨开复位。

调缝方法是，用手将开刀置于要调缝中，逐条按要求慢慢将缝调直，调匀；拨好后压上木拍板并用小木锤轻敲拍板压实，使锦砖黏结牢固。此项工作须在水泥初凝前做完。

6. 擦缝

锦砖墙面的特点是，缝格密，数量多，刮浆时个别缝隙不会饱满，或有气泡、气孔，擦缝的目的就是使缝隙密实，使墙面锦砖黏结牢固，当然也增加墙面的美观。

擦缝的方法是：先用橡皮刮板，用与镶贴时同品种、同颜色、同稠度的水泥素浆，在锦砖上满刮一道，个别部位尚需用棉纱头蘸素浆嵌补。擦缝后如素浆严重污染锦砖表面，必须及时清洗，切忌草率了事。

7. 镶贴饰面砖和锦砖施工注意事项

（1）饰面砖镶贴前应先选板预排，以使拼缝均匀。在同一墙面上的横竖排列，不宜有一行以上的非整砖。非整砖应排在次要部位或阴角处。

（2）饰面砖的镶贴形式和拼缝宽度符合设计要求。如无设计要求时，可做样板以决定镶贴形式和接缝宽度。

（3）锦砖镶贴前应将砖的背面清理干净，并浸水 2 h 以上，待表面晾干后方可使用，冬季施工宜放入温盐水中浸泡 2 h，晾干后方可使用。

（4）镶贴饰面砖也可以采用新型化学胶黏剂或聚合物水泥砂浆镶贴，采用聚合物水泥砂浆时，其配合比由试验决定。

（5）镶贴饰面砖基层表面，如遇突出的管线、灯具、卫生设备的支撑架等，应用整砖套割吻合，不得用非整砖拼凑镶贴。

（6）镶贴饰面砖前必须找准标高，垫好底灰，确定水平及垂直标志，挂线镶贴面砖，做到表面平整不显接茬，接缝平直，接缝宽度应符合设计要求。

（7）镶贴锦砖，刷水泥浆、胶黏剂一定要饱满均匀，粘贴要牢固，不允许有气泡。

（8）镶贴玻璃锦砖，要考虑水泥浆、胶黏剂的颜色，对表面色彩的影响，应先做样板，经设计者同意方可施工。

（9）清洁表面嵌缝后，应及时将面层残存的水泥浆或胶黏剂清理干净，并做好成品保护。

六、挂贴饰面施工操作技术

挂贴饰面是指外墙面、柱面挂贴大理石、花岗岩、水磨石、人造石材等饰面工程。

（一）湿挂法施工：见图 3-1

1. 施工工艺流程

基层处理→分块图编号→选板预排→弹线→焊接或绑扎钢丝网→饰面板打孔挂丝→安装挂贴临时固定→检验校正→分层灌浆→清理嵌缝→表面擦洗。

2. 基层处理

（1）凡是挂贴饰面一般不在墙体上抹面做基层，而是在主体施工时按设计预埋锚拉钢筋或锚拉铅丝，其布点为：200 mm×200 mm，150 mm×150 mm 方格网或梅花形。挂贴前先剔出锚拉筋。

（2）修整墙体表面，填平补齐，剔除杂物和凸起的部分，达到基本平整。

3. 弹线

首先确定墙、柱下部第一层饰面板下皮标高，弹出水平线，其标高通常比散水上皮低 120 mm，在外墙饰面的顶部两侧按饰面板外皮吊垂线投影到地面或散水上皮，上下两点拉钢丝垂直线，两钢丝之间拉可滑动水平线，作为挂贴饰面板的外皮基准线。在地面靠墙处砌砖抹水泥砂浆平台，上皮标高为第一层板材下皮，用水平仪找平。平台宽度

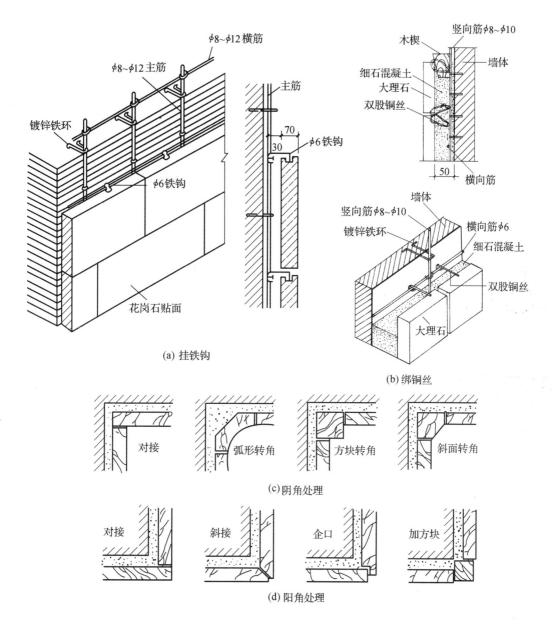

(a) 挂铁钩

(b) 绑铜丝

(c) 阴角处理

(d) 阳角处理

图 3-1 湿挂法贴面构造节点

大于饰面板外皮 60～100 mm，并在平台上弹出饰面板外皮水平线，作为第一层饰面板挂贴基准线。此种弹线适用于大面积外墙饰面。若饰面面积小或高度在 4 m 以内，不必挂线，只采用水平尺和直靠尺即可。

4．测绘分块及编号

挂贴饰面板测绘分块是按实测墙面取等块划分，来确定分块加工尺寸，或按商品供应规格尺寸划分，绘制分块图并按行排序编号，为预排做准备。挂贴时对号就位。对墙面的腰线、窗台和圆柱、附壁柱等异型部位，要绘制板材加工图，并注明详细尺寸和要求。

5. 选板预排

将饰面板在光平的地面上按编号预排，对花纹、颜色、缝隙按设计要求可进行局部调整，经设计同意，重新编号，使花纹、色彩搭配、缝隙拼接更加完美。如果饰面板是按设计加工订做，现场按规定验收即可。

6. 绑扎（焊接）钢筋网

在墙体基层上剔出锚筋后，进行钢筋网绑扎，竖向筋采用 φ6～φ8，横向筋采用 φ6，网格为 150 mm×150 mm、200 mm×200 mm，先将竖向筋与预埋锚筋绑扎（焊接），然后将横向筋与竖向筋绑扎（焊接），横向筋应和饰面板竖向尺寸相协调（一般应比每层饰面板上皮低 20～30 mm，如果差距过大可另加横向筋）。

7. 饰面板钻孔（铣槽）

按饰面板编号顺序对每块饰面板依设计要求和挂件形式在上下面和左右两侧打孔或铣槽，详见装饰装修构造中的有关内容。

若挂丝连接，应在饰面板的上下平面钻两个 φ5 垂直孔，深 40～50 mm，背面钻 45°斜孔与垂直孔贯通，孔距侧边为 60～100 mm。若板块为 600～1 000 mm 应在两孔中间增加一个钻孔，然后用长 300 mm 双股铜丝穿孔挂丝，以备与钢筋网扭紧。

若采用挂钩类连接，应按挂件形式在钻孔位置改为铣槽（水平、垂直），槽深由挂件确定（一般为 100～150 mm），将挂件一端放入槽内，用结构胶填槽固定待用。

水磨石板、人造石板不宜钻孔铣槽，应在加工石板的背面埋铅丝 4 条。

8. 挂贴饰面板

挂贴饰面板顺序由下而上按编号挂贴，先挂贴最下一层饰面板，在已做好的平台上按弹线先抹水泥素浆（水泥砂浆），立好饰面板，将上下挂丝与横向筋绑牢（或用挂件钩牢），内用木楔外用水平横杠、三角架斜撑临时固定，并调平调直。挂件多选用可调节挂件，支撑必须牢固，以防止灌浆时移位、错动、跑浆等不良现象，一旦出现应拆除重新固定。

挂贴柱面，外用钢、木卡具卡紧四周，内设木楔挤紧。当墙面较小时，可用石膏做圆饼固定。

9. 灌浆

饰面板安装经调直校正检查合格后，即可灌浆。饰面板与墙体表面的空隙一般为40～60 mm（常用 50 mm）作为灌浆层厚度，浆分层灌注，混凝土或砂浆的水灰比不宜太大，稠度（坍落度）控制在混凝土 50～70 mm、水泥砂浆 80～120 mm。第一、二层各灌注板高的 1/3（或 150 mm），第三层灌浆的上皮应低于板材上口 50 mm，余量作为上层板材灌注的接缝。每层灌浆的间隔时间为 1～2 h，灌浆要缓慢仔细，边灌边用 φ10钢钎插捣密实。

10. 清理

一层饰面板灌浆完毕，待细石混凝土凝固后，方可清理上口余浆，并将表面用棉纱清理干净。隔日再拔除上口木楔和有碍上层安装板材之石膏饼。待混凝土有一定强度后（1～2 d）再挂贴第二层。如此重复，直至顶部，最后铺贴收边部件。

11. 湿挂法施工注意事项

（1）插捣要均匀密实不允许有空洞。

（2）板材不得外移，缝隙不应漏浆。

（3）灌浆后应马上清除板面上的余浆。

（4）灌浆后 1～2 d 或终凝后达到一定强度，方可安装第二层饰面板。

（5）当板材为浅色，灌浆水泥应选用白水泥。

（二）干挂法施工

湿挂法施工挂贴大理石，因灌细石混凝土，水泥砂浆对大理石板材产生"透析现象"，造成大理石表面出现"花脸"，影响装饰效果，并有施工工期长，工序较多等缺点。经过对该工艺的总结和改进，并学习外国先进技术，创造出干挂法施工技术，取得了很好的效果。

干挂法施工，可以简化施工过程，避免灌浆湿作业，缩短工期，挂件加工精度高，饰面板安装牢固，装修质量提高，是目前大力推广的一项施工技术。

1. 干挂法施工工艺流程。

基层处理→选板预排→弹线→安装支架→安装饰面板→嵌缝→擦洗表面。

2. 基层处理：按本节外墙贴面类装饰装修中的砖墙基体、混凝土基体基层处理选用。

3. 选板预排同湿挂法。

4. 弹线和钻孔。

在墙体基层上先弹出基准线，再按饰面板尺寸弹出分格线，按照挂贴设计标出支架位置、打孔位置，以及饰面板钻眼铣槽位置，并按设计和安装方式钻孔和铣槽，孔径为 φ8，孔深为 40～50 mm。

5. 安装饰面板与马鞍型支架

马鞍型支架和可调节挂件的螺杆、螺母均采用不锈钢机械加工制作。按弹线位置在基层上打孔用 M10 胀管螺栓固定支架，用特制扳手拧紧。每安装一排支架后，用经纬仪观测调平调直。

6. 挂贴饰面板

干挂法挂贴饰面板挂件钩挂有三种：一种挂件插入饰面板上下平面钻孔；一种挂件插入饰面板左右侧面钻孔；第三种挂件插入左右侧面钻孔和饰面板中心，螺母外露做花饰处理。见图 3-2、图 3-3、图 3-4。最下一层饰面板的下部挂钩插入饰面板的斜孔。

先挂最下一层饰面板，挂件一端安装在支架上，另一端插入饰面板钻孔，用挂件螺栓调节饰面板的平整度，一层饰面板调平调正后再用仪器精确调整，然后用特种胶挤入饰面板孔眼和凹槽中，填满填实将挂钩固定。在胶凝固前再挂贴上一层饰面板，上下两层调平后，停 10～20 min，待特种胶凝结后，再挂上一层饰面板调平打胶。

7. 嵌缝

外墙面采用干挂法挂贴饰面板，饰面板之间一般都留缝，竖缝宽为 10 mm；水平缝宽为 20 mm。整面墙完工后，用密封胶作防水处理。每隔 3 条～4 条竖缝在最下部留一小孔作为排水口，饰面板的接缝宽度见表 3-24。

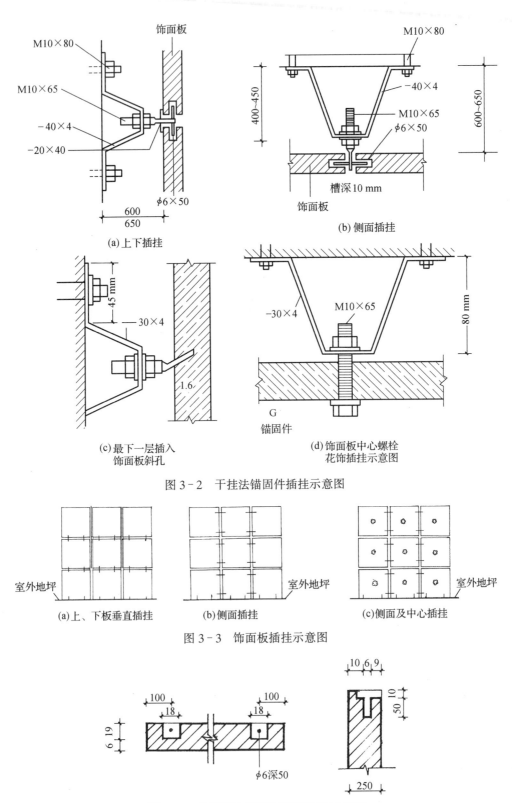

图 3-2 干挂法锚固件插挂示意图

(a) 上下插挂

(b) 侧面插挂

(c) 最下一层插入
饰面板斜孔

(d) 饰面板中心螺栓
花饰插挂示意图

图 3-3 饰面板插挂示意图

(a) 上、下板垂直插挂

(b) 侧面插挂

(c) 侧面及中心插挂

图 3-4 饰面板上下平面铣槽钻孔示意图

	饰面板的接缝宽度				表 3-24
	名　称	接缝宽度（mm）		名　称	接缝宽度（mm）
天然石	光面、镜面	1	人造石板	水磨石	2
	粗糙面、麻面、条纹面	5		水刷石	10
	天然面	10		大理石、花岗石	1

8．擦洗表面

嵌缝后将饰面板表面多余密封胶等及时清除干净，并打蜡。

9．干挂法饰面施工注意事项

（1）干挂法施工的整个施工过程，均应采用经纬仪观测控制垂直度。

（2）每层挂点打胶要选用较长尖嘴插入钻孔内挤胶，一定要饱满，保证牢固。

（3）调整螺母一定要紧固不得松动。

（4）挂贴件在安装前涂一道防锈漆，以保证金属件不锈蚀。

（5）挂贴件在安装前后，要检查各部分零件是否配套、齐全，否则要及时补齐。

（6）干挂贴施工操作人员要提前培训，合格后方可上岗。

七、复合饰面板施工操作技术

复合饰面板就是在非保温钢筋混凝土墙板预制的同时，挂贴薄型天然石材板，现场一起安装施工。目前此种技术已不常用。

（一）复合饰面板做法和尺寸

复合饰面板尺寸按开间、层高来确定。钢筋混凝土板厚 60～100 mm，混凝土强度为 C20，内配 φ6～150 mm×150 mm 钢筋网片，天然石材板 500 mm×500 mm，厚 8～10 mm，提前钻孔用 1:2 水泥砂浆铺贴厚 20 mm，并用铜丝和钢筋网片拧牢固。复合饰面板总厚度为 108～130 mm。复合饰面板与梁柱连接采用预埋件挂、焊综合连接，由设计确定。

（二）预制复合饰面板

1．正打工艺

预制生产过程：支模、固定钢筋网片、预埋吊钩、浇筑混凝土、抹水泥砂浆、铺贴大理石板材、调平、擦净表面、进行养护、达到强度、拆模。这些生产过程和普通预制钢筋混凝土构件的生产技术完全相同，只是增加了饰面工序。

2．反打工艺

反打工艺在支模后，先铺大理石板材，固定钢筋网片，绑扎铜丝，预埋吊钩，其他生产过程和正打工艺相同。

（三）现场吊装

复合饰面板吊装和普通外墙板吊装相同，只是要求更细心、更精确。

（四）复合饰面板施工注意事项

1. 复合饰面板的尺寸、平整度、质量标准等比现行的国家标准提高一级。

2. 吊装后饰面板拼缝应控制在 2 mm 以内，并用密封胶做防水处理，饰面板四周连接形式由设计决定。

3. 预埋件及外露金属件均做防锈处理，用特制防锈漆涂刷三道。

4. 复合饰面板出厂前，用塑料薄膜覆盖饰面面层，加以保护。

5. 在搬运吊装过程中要采取加固措施，防止碰撞损伤。

6. 整面墙吊装完毕后，从上到下要进行清洁擦洗。

八、外墙贴面类装饰装修工程验收标准

1. 检查数量：室外以 4m 左右高为一检查层，每 20m 长抽查 1 处（每处 8 延长米），但不少于 3 处；室内按有代表性的自然间抽查 10%，过道按 10 延长米，礼堂、厂房等大间按两轴线为 1 间，但不少于 3 间。

2. 饰面板（砖）安装的品种、规格、颜色和图案必须符合设计要求。

3. 饰面板（砖）安装（镶贴）必须牢固，无歪斜、缺棱掉角和裂缝等缺陷。

4. 饰面板（砖）表面平整、洁净，色泽协调，无变色、泛白、污痕和显著的光泽受损处。

5. 饰面板（砖）接缝应填嵌密实、平直、宽度均匀、颜色一致。阴阳角处的板（砖）搭接方向正确，非整砖使用部位适宜。

6. 突出物周围的板（砖）用整砖套割吻合，边缘整齐，墙裙、贴脸等突出墙面的厚度一致。

7. 流水坡向正确，滴水线（槽）顺直。

8. 饰面工程质量允许偏差应符合表 3－25 的规定。

饰面工程质量允许偏差及检验方法　　　　表 3－25

项次	项	目	允 许 偏 差（mm）								检查方法
			石 材			人造石			饰面板			
			光面镜面	粗磨石麻石条纹石	天然石	大理石	水磨石	水刷石	外墙面砖	面砖	陶瓷锦砖	
1	立面垂直	室内	2	3	－	2	2	4	2	2	2	用 2 m 托线板检查
		室外	3	6	－	3	3	4	3	3	3	
2	表面平整		1	3	－	1	2	4	2	2	2	用 2 m 靠尺和楔形塞尺检查
3	阳角方正		2	4	－	2	2	－	2	2	2	用 2 m 方尺检查

项次	项目	允许偏差（mm）									检查方法
		天然石			人造石			饰面砖			
		光面镜面	粗磨石麻面石条纹石	天然石	大理石	水磨石	水刷石	外墙面砖	面砖	陶瓷锦砖	
4	接缝平直	2	4	5	2	3	4	3	2	2	拉 5 m 线检查，不足 5 m，拉通线检查
5	墙裙上口平直	2	3	3	2	2	3	2	2	2	
6	接缝高低差	0.3	3	–	0.5	0.5	2	室内 0.5	0.5	0.5	用直尺和楔形塞尺检查
								室外 1	1	1	
7	接缝宽度	0.5	1	2	0.5	0.5	2	+0.5	+0.5	+0.5	用尺检查

注：根据《建筑装饰装修工程质量验收规定》（GB 50210－2000）。

九、外墙贴面类装饰装修工程质量问题及其防治

（一）外墙面砖

1．饰面空鼓脱落

（1）原因分析：

①饰面砖自重大，找平层与基层有较大剪应力，黏结层与找平层亦有剪应力，基层面不平整，找平层过厚使各层黏结不良。

②加气混凝土基面未做处理，不同结构的结合处未做处理。面砖浸水不充分或有水膜。

③砂浆配合比不准，稠度不合要求，砂含泥量大，在同一施工面上采用不同配合比砂浆，引起不均匀干缩。

④结合砂浆不饱满，面砖勾缝不严，雨水渗入受冻膨胀引起脱落。

（2）防治措施：

①找平层与基底应做严格处理，光面凿毛凸面剔平，尘土污渍清洗干净。找平层抹灰时先湿水，再分层抹灰，提高各层的黏结力。

②加气块不得泡水，抹灰前湿水后满刷 108 胶水泥浆一道。采用 1∶1∶4 水泥石灰砂浆找平层，厚 4～5 mm，中层用 1∶0.3∶3 水泥石灰砂浆 8～10 mm 厚，结合层采用聚合砂浆。不同结构结合部先铺钉金属网绷紧钉牢（金属网与基体搭接宽度不少于 100 mm），再做找平层。

③砂浆中，水泥必须合格，砂过筛，使用中砂浆的含泥量不大于 3%，砂浆配合比计量配料，搅拌均匀。在同一墙面不换配合比，或在砂浆中掺入水泥量 5% 的 108 胶，改善砂浆的和易性，提高黏结度。

④面砖泡水后必须晾干，背面刮满砂浆，采用挤浆法铺贴，认真勾缝分次成

活。

⑤插捣必须仔细，结合部位应留出 50 mm 不灌，使上下饰面板结合紧密。勾凹缝，凹入砖内 3 mm，形成嵌固效果。

2．分格缝不均匀，饰面不平整

（1）原因分析：

①面砖几何尺寸不一致，饰面板翘曲不平，角度不方正。

②找平层表面不平整，找平层未认真检查。

③未排砖、弹线和挂线。

④未及时调缝和检查。

⑤安装时，钢丝绑扎不牢或无固定措施而使灌浆时走偏。

（2）防治措施：

①面砖使用前应挑选分类，凡外形歪斜、缺角、掉棱、翘曲和颜色不均匀者应剔出，并用套板分出大、中、小，分类堆放，分别用于不同部位。

②做找平层时，必须用靠尺检查垂直，平整度符合规范要求。

③排砖模数，要求横缝与腰线、窗台平，竖向与阳角、窗口平，并用整砖。大墙面应事先铺平。窗框、窗台、腰线等应分缝准确。阴阳角双面挂直，按皮数在找平层上从上至下做水平与垂直控制线。

④操作时应保证面砖上口平直，贴完一皮砖后，垂直缝应以底子灰弹线为准，在粘贴灰浆初凝前调缝，贴后立即清洗干净，靠尺检查。

3．墙面污染

（1）原因分析：

①面砖成品保管不善，成品保护不好。

②施工操作后未及时清理面层砂浆。

③运输中搬运不当。

④包装和施工中受污染。

（2）防治措施：

①不得用草绳或有色绳包装面砖，在运输与保管中，切忌面砖淋雨受潮。

②贴面砖施工开始后，不得在脚手架上和室外倒污水、垃圾。操作完成应彻底清洗面砖。

（二）外墙锦砖

1．墙面不平整，分格缝不匀不平直

（1）原因分析：

①找平层不平，未拍平也没有用靠尺检查找平。

②镶贴前未排砖、弹线和挂线。

③锦砖规格不一致，几何尺寸不一致。

④未及时调缝和检查。

（2）防治措施：

①做找平层时，必须在基体上拉垂直和水平通线、贴灰饼、冲筋和找平层垂直度。平整度不合格，不得镶贴锦砖。

②锦砖揭纸后需用拍板拍平并用靠尺找平。

③锦砖进场后应进行挑选分级。镶贴时应在找平层上从顶到底弹分块分格垂直线和横向水平分块分格线，依线铺贴。

④揭纸后立即用开刀调缝，并认真检查。

2．空鼓与脱落

（1）原因分析：

①基层光滑或未浇水湿透。

②抹水泥浆后没有及时贴锦砖，贴锦砖后未认真拍平。

③调整时结合层砂浆已初凝。

（2）防治措施：

①刷水泥素浆后紧跟着做粘贴层，随抹随贴锦砖。结合层砂浆不宜过厚，一次铺开面积不宜过大。

②用聚合砂浆可改变和易性和保水性，增加初凝时间，但调整工作仍需在1h内完成。

3．墙面污染

（1）原因分析：清洗不干净。

（2）防治措施：施工完成后应彻底擦拭，必要时应用稀盐酸水清洗，然后用水冲净。

（三）花岗石、大理石、水磨石、人造石等板材

1．接缝不平、板面纹理不顺、色泽差异大

（1）原因分析：

①饰面板翘曲不平，角度不方正。

②安装时，钢丝绑扎不牢或无固定措施，灌浆时移位。

③未及时用靠尺检查调平。

④花岗石、大理石板等未试拼、编号，水磨石板、人造石板未选配颜色。

（2）防治措施：

①安装前应先将有缺棱掉角翘曲板剔出，每块板材均检查长、宽、方正。

②钢丝应绑扎牢固，依施工程序做石膏水泥饼或用夹具固定灌浆。

③每道工序用靠尺检查调整，使表面平整。

④天然块材必须试拼，使板与板间纹理通顺、颜色协调并编号。

2．板材开裂

（1）原因分析：

①板材有色纹、暗缝、隐伤等缺陷，凿洞、开槽受外力后，由于应力集中引起开裂。

②结构产生沉降或地基不均匀沉陷。

③灌浆不严，气体和湿空气透入板缝，使挂网锈蚀造成外皮塌落。

（2）防治措施：

①板材选料时应剔除有色纹、暗缝、隐伤等缺陷的板材，加工孔洞、开槽应做精细操作，避免振动。

②镶贴块料前，应待结构沉降稳定后进行，在顶、底部安装块料时应留一定缝隙，以防止结构压缩变形，导致破坏开裂。

③块材接缝缝隙≤0.5~1mm，灌浆应饱满，嵌缝应严密，避免腐蚀性气体渗入锈蚀挂网损坏板面。

3．空鼓与脱落

（1）原因分析：

①结合层砂浆不饱满。

②安装饰面板时灌浆不严实。

（2）防治措施：

①结合层水泥砂浆应满抹满刮、厚薄均匀、中间稍厚。水泥砂浆中宜掺入水泥重量5%的108胶，提高砂浆的黏结性。

②灌浆应分层，插捣必须仔细，接合部位应留50mm不灌，使上下密合。

4．板面碰损，墙面污染

（1）原因分析：

①运输中搬运不当。

②包装不良和施工中受污染。

③贴面后未加保护。

（2）防治措施：

①石材较脆，搬运和堆放过程中必须直立搬运，避免一角着地，棱角受损。大尺寸块材，应平运。

②浅色石板不宜用草绳捆扎，避免板面被湿草绳色素污染。施工中板面应用塑料膜遮盖，如沾上砂浆，应立即抹净。

③贴面完成后，所有阳角部位，用2m高的木板保护。

④缺损部分用适当板材或原有碎块进行粘补，尽量无明显差异。

第五节　外墙镶嵌板材类装饰装修工程施工技术

镶嵌类饰面既是装饰工程中一种传统装饰工艺又是一种现代的装饰工艺。称其为传统，是因为木墙裙、木护墙的构造做法已有悠久的历史；称其是现代的，是因为镶嵌的饰面板材料和其相应的镶嵌技术已大大地超过了传统的材料和构造做法，现代的镶嵌施工技术简便迅速，因而得到了广泛的应用。

一、外墙镶嵌板材类装饰装修的一般规定

1．镶嵌安装的基体，应具有足够的强度、刚度和稳定性，其表面质量应符合有关

施工验收规范，经检验合格方可进行装饰施工。

2. 基体表面要预先处理好，要求抹面者用水泥砂浆抹平刮毛或木抹子搓平，还要求抹面者应将基体表面清扫干净，除去灰浆残渣。

3. 饰面板的接缝应符合设计要求，并具有隐蔽性，在拐角收边等部位设盖缝条。接缝要精密、外观不易察觉并做艺术处理。

4. 饰面板应安装牢固，接缝搭接尺寸、搭接方向应按设计要求。

5. 镶嵌类饰面的结构层、骨架应具有一定的刚度、稳定性；结构骨架要防水、防潮、防腐、防锈。

6. 结构骨架做基层板时宜选用防水纤维板、中密度板、钢板等板材，要求平整、光洁，有足够强度。

7. 结构骨架的造型要按装饰设计要求施工，尺寸要精确。

8. 镶嵌类饰面安装方法，紧固件多为暗装不露钉帽，如出现钉帽外露时应做表面处理，不得影响外观效果。

二、外墙镶嵌板材类装饰装修材料与质量要求

1. 镶嵌类饰面所用材料多为板材制品，均应有产品合格证与产品样本，说明材料特性，技术指标，适用范围。

2. 镶嵌安装所用紧固件、锚固件等均应经过镀锌、防锈处理或采用不锈钢、铝合金制品。

3. 饰面板的外形尺寸、平整度等，均应符合规定，误差在允许范围之内。

4. 金属塑料装饰板表面应平整、光滑、无裂缝、折纹，颜色一致，边角整齐，涂膜无损伤、划痕等缺陷。

5. 结构骨架、龙骨所用材料的规格、尺寸、强度、刚度均应符合设计要求。

6. 装饰玻璃不宜使用普通玻璃，应选用专门生产的镀膜玻璃、钢化玻璃等。

7. 饰面的胶粘剂要和装饰材料匹配，切不可任意选用。

现代科技的发展促进了品种繁多、美观大方的新型装饰材料的发展。饰面板有胶合板、镀锌钢板、彩色镀锌钢板、铝合金板、镀塑板、不锈钢板、铜合金板、镁铝曲板、塑料板等，这些装饰板都具有轻质高强、耐久性好、安装简便快速、装饰性强、美观大方的优点，安装可不受季节限制，气温在 −37～80℃ 之间均可施工。配件有：盖缝板、压条、包角板、上下收边异型材、嵌条等。连接件有：紧固件（拉铆钉、射钉、螺栓、自攻螺丝）、垫圈、密封圈、黏结剂、密封胶、特制卡子等。

三、外墙镶嵌类装饰装修工程施工技术

镶贴类饰面工程施工，以紧固技术、卡接技术与黏结技术为主要连接手段，其施工技术容易掌握，施工速度快，不受季节影响，任何复杂的装饰造型都可以制造。

（一）工艺流程

基层处理→放线→安装固定点连接件→安装骨架→安装装饰板→安装压条、收边→

检验修饰。

不同的饰面板还有各自不同的安装工艺。

(二) 铝合金饰面板安装施工技术

铝合金板是一种高档的饰面材料，由于铝板经阳极氧化处理后进行电解着色，可以使其获得不同厚度的彩色氧化镀膜，不但具有极高的表面硬度与耐磨性，并且化学性能在大气中极为稳定，色彩与光泽保持良久。一般铝合金板氧化镀膜厚度为 12 pm。

铝合金饰面板材，按其形状可分为条状板 (指板条宽度≤150 mm 的拉伸板)、矩形板、方型板及异型冲压板；按其功能分：有普通有肋板及具有保温、隔声功能的蜂窝板、穿孔板。板材截面由支承骨架的刚度及安装固定方式确定。

铝合金饰面板施工，工程质量要求较高，所以施工前应看清楚施工图纸，认真领会设计意图。铝合金饰面板，一般用钢或铝型材做骨架 (包括各种横、竖杆)，铝合金板做饰面。骨架大多用型钢，因型钢强度高，焊接方便，价格便宜，操作亦较简便。有时骨架上先铺一层胶合板、纤维板等做基层垫板，表面再罩一层铝合金板。

1. 放线

放线是铝合金板饰面的重要环节。首先要将支承骨架安装位置准确地按设计图要求弹至主体结构上，详细标定出来，为骨架安装提供依据。放线、弹线前应对基体结构几何尺寸进行检查，如发现有较大误差，应会同各方进行处理。达到放线一次完成，使基层结构的垂直与平整度满足骨架安装平整度和垂直度要求。

2. 安装固定连接件

型钢、铝材骨架的横、竖杆件是通过连接件与结构基体固定的。连接件常用墙面上打膨胀螺栓或与结构预埋铁件焊接方法固定。一般用膨胀螺栓固定连接件较为灵活，尺寸易于控制。

连接件必须牢固，安装固定后应做验收检查记录 (包括连接焊缝长度、厚度、位置，膨胀螺栓的埋置标高位置、数量与嵌入深度)，必要时还应做抗拉、抗拔测试，以确定其是否达到设计要求。

连接件表面应做防锈、防腐处理，连接焊缝必须涂刷防锈漆。

3. 安装固定骨架

骨架安装前必须先进行防锈处理，安装位置应准确无误，安装中应随时检查标高和中心线位置。对于面积较大，层数较高的外墙铝板饰面骨架竖杆，必须用线锤和仪器测量校正，保证垂直和平整，还应做好变截面、沉降、变形缝的细部处理，为饰面铝板顺利安装创造条件。

4. 铝合金饰面板的安装

铝合金板饰面随建筑立面造型的不同而异，安装连接方法较多，操作顺序也不一样。通常铝合金饰面板的安装连接有如下两种。一是直接安装固定，即将铝合金板块用螺栓直接固定在型钢上；二是利用铝合金板材可压延、拉伸、冲压成型的特点，做成各种形状，用卡扣连接，然后将其压卡在特制的龙骨上。两种安装方法也可混合使用。前者耐久性好，常用于外墙饰面工程，后者施工方便。铝合金饰面根据材料品种的不同，其安装方法也各异。

5. 铝合金条板安装

铝合金饰面条板一般宽度≤150 mm，厚度≥1 mm，标准长度为 6 m。经氧化镀膜处理。按装饰设计造型制作型钢骨架，用胀管螺栓与墙体固定（或与墙体上预埋件焊接固定），铝合金条板用自攻螺丝与骨架固定，包住骨架完成装饰造型，螺丝帽再用装饰压条封盖。

当饰面面积较大时，焊接骨架可按条板宽度增加角钢横、竖肋杆，一般间距以≤500 mm为宜，此时铝合金条板用自攻螺钉直接拧固于骨架上。此种条板的安装，由于采用后条扣压前条的构造方法，可使前块条板安装固定的螺钉被后块条板扣压遮盖，从而达到使螺钉全部暗装的效果，既美观，又对螺钉起保护作用。安装条板时，可在每条板扣嵌时留 5～6 mm 空隙形成凹槽，增加扣板起伏，加深立面效果。

6. 复合铝合金隔热墙板的安装

复合铝合金隔热板均为蜂窝状，由厂家用模型拉伸而成型。

(1) 成型复合蜂窝隔热板，周边用异型边框嵌固，使之具有足够的刚度，并用PVC泡沫塑料填充聚氨酯密封胶封堵防水。此种饰面板的安装构造，由埋墙膨胀螺栓固定角钢；方钢管立柱，用螺栓与角钢连接；将嵌有复合蜂窝隔热板的异型钢边框用螺栓固定在空心方形钢立柱上，即形成饰面墙板，如图 3-5

(2) 成型复合蜂窝隔热板，在生产时即将边框与固定连接件一次压制成型，边框与蜂窝板连接嵌固密封。安装方法是角钢与墙体连接，U 形挂件嵌固在角钢内穿螺栓连接。U 形吊挂件与边框间留有一定空隙，用发泡 PVC 填充，两块板间留 20 mm 缝，用成型橡胶带压死防水，见图 3-6

(三) 塑料饰面板、塑料条板及其他饰面板材的安装施工技术

塑料饰面板、塑料条板及其他饰面板材的安装施工工艺与铝合金饰面板相同。见图 3-5

(四) 外墙镶嵌板饰面工程施工注意事项

1. 金属、塑料等薄型板材安装注意事项

金属和塑料饰面板的安装工艺基本相同，现以金属饰面板为例介绍。

(1) 金属饰面板的品种、质量、颜色、花型、线条应符合设计要求，并应有产品合格证。

(2) 墙体骨架如采用钢龙骨时，其规格、形状应符合设计要求，并应进行除锈、防锈处理。

(3) 基层材料为纸面石膏板时，应按设计要求进行防水处理，安装时纵、横碰头缝应拉开 5～8 mm。

(4) 金属饰面板安装，当设计无要求时，宜采用抽芯铝铆钉，中间必须垫橡胶垫圈。抽芯铝铆钉间距以控制在 100～150 mm 为宜。

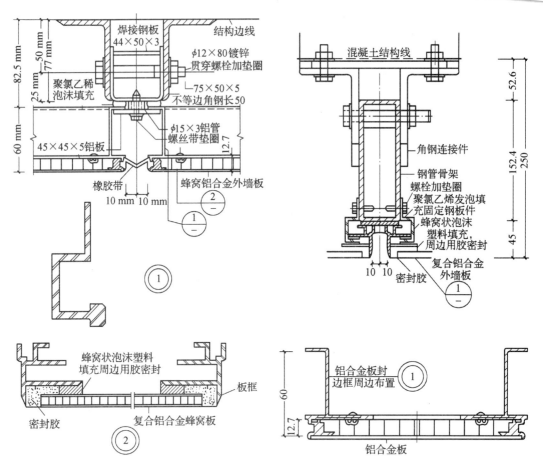

图 3-5 铝合金隔热墙板安装示意图   图 3-6 铝合金板墙固定示意图

（5）安装突出墙面的窗台、窗套凸线等部位的金属饰面板时，裁板尺寸准确，边角整齐光滑，搭接尺寸及方向应正确。

（6）板材安装时严禁采用对接。搭接长度应符合设计要求，不得有透缝现象。

（7）外饰面板安装时应挂线施工，做到表面平整、垂直，线条平直清晰。

（8）阴阳角宜采用特制转角饰面板安装，角板与大面搭接方向应与主导风向一致，严禁逆向安装。

（9）当外侧内侧骨架安装完后，应及时浇筑混凝土封堵墙体，其高度、厚度及混凝土强度等级应符合设计要求。若设计无要求时，可按踢脚做法处理。

（10）当骨架外直接粘贴镀膜玻璃时，骨架的垂直平整度、几何尺寸的精确度均应符合有关规定。

四、镶嵌类饰面工程质量与验收标准

（一）镶嵌类饰面工程质量验收标准　见表 3-26

镶嵌类饰面工程施工质量要求及检验方法　　　　表3-26

项次	项目	质量等级	质量要求	检验方法
1	饰面板（砖）表面质量	合格	表面平整、洁净，颜色协调一致	观察检查
2	饰面板（砖）接缝	合格	接缝填嵌密实，平直、宽窄一致，颜色一致，阴阳角处的板（砖）压向正确，非整砖的使用部位适宜	观察检查
3	突出物周围的板（砖）套割质量	合格	周围砖套割吻合，边缘整齐，墙裙、贴脸等上口平顺，突出墙面的厚度一致	观察检查或尺量检查
4	流水坡和滴水线	合格	流水坡向正确，滴水线顺直	观察检查

根据《建筑装饰装修工程质量验收规范》GB50210-2001

（二）镶嵌类饰面工程施工质量允许偏差见表3-27。

镶嵌类饰面工程质量允许偏差和检验方法　　　　表3-27

项次	项目	天然石						人造石			饰面砖			金属饰面板		检验方法
		光面	镜面	粗磨面	麻面	条纹石	天然石	人造大理石	水磨石	水刷石	外墙面砖	釉面砖	陶瓷锦砖	铝合金板	原型钢板	
1	表面平整	1	3	3	3	–	–	1	2	4	2	2	2	3	3	2m靠尺及楔形塞尺检查
2	立面垂直	2	3	3	3	–	–	2	2	4	2	2	2	2	2	2m托线板检查
3	阳角方正	2	4	4	4	–	–	2	2	–	2	2	2	3	3	2m方尺和楔形塞尺检查
4	接缝平直	2	4	4	4	5	5	2	3	4	3	3	3	0.5	1	拉5m线检查，不足5m拉通线检查和尺量检查
5	墙裙上口平直	2	3	3	3	3	3	2	2	3	2	2	2	2	3	拉5m线检查，不足5m拉通线检查和尺量检查
6	接缝高低	0.3	3	3	3	–	–	0.3	0.5	3	2	2	2	室外1/室内0.5	室外1/室内1	用直尺和楔形塞尺检查尺量检查
7	接缝宽度偏差	0.5	1	1	1	–	–	2	0.5	0.5	2	2	2	+0.5	–	尺量检查

注：1. 本表第7项，系指接线宽度与设计要求之差，设计无要求时，则为与施工规范规定的饰面板（砖）接缝宽度之差。

2. 塑料饰面板与金属饰面板相同。

3. 塑料饰面板工程质量验收评定与金属饰面板相同。

五、常见工程质量问题及其防治

（一）基层垫板（纸面石膏板、中密度板等）板面开裂，鼓胀不平

1. 原因分析：基层板安装时纵、横碰头缝未拉开，螺钉间距过大，塑料板材温度变形。
2. 防治措施：基层板安装时纵、横碰头缝拉开 5～8 mm，加密紧固点，塑料板材背面留空气层。

（二）抽芯铝铆钉间距过大

1. 原因分析：抽芯铝铆钉未按规范控制。
2. 防治措施：抽芯铝铆钉中间应垫橡胶垫圈，间距控制在 100～150 mm 范围内。

（三）板材透风，压茬渗漏

1. 原因分析：拼缝未按规定要求施工，压茬不符合风向要求。
2. 防治措施：板缝必须采取搭接，其搭接宽度应符合设计要求，严禁对缝相接。压茬必须按主导风向安装，严禁逆向安装。

第六节　幕墙装饰装修施工技术

一、概述

近年来，随着高层建筑的不断涌现，也带来了建筑材料、建筑构造、建筑施工、建筑理论等诸多方面的变化。而高层建筑的墙体与多层建筑的墙体相比，最根本的区别是功能上的改变。多层建筑的墙体是围护与承重（垂直与水平荷载）双重作用。高层建筑的墙体只考虑其围护与分隔房间的作用，也就是要选择轻质高强的材料和简便的构造做法、牢固安全的连接方法，以适应高层建筑的需要。幕墙就是其中比较典型的一种墙体。

（一）幕墙的定义

幕墙又称悬挂墙，是指悬挂于主体结构外侧的轻质围护墙。这类墙既要轻质（每 m² 的墙体自重必须在 50 kg 以下），又要满足自身强度、保温、防水、防风沙、防火、隔音、隔热等许多要求。目前用于幕墙的材料有纤维水泥板、复合材料板、各种金属板、各种玻璃以及各种金属骨架，连接方法多采用柔性连接，通过螺栓角钢等连接件，把墙悬挂于主体结构外侧，形成悬挂墙。目前应用较多的是玻璃幕墙。

（二）玻璃幕墙的分类

现代建筑中玻璃墙面的面积超过建筑外墙面积的 50% 时叫玻璃幕墙建筑。若低于此数值时一般称为局部玻璃墙面，玻璃幕墙是由竖框、横框和安装玻璃的框格组成骨架，横、竖框与主体结构楼板、大梁、柱子相连，形成主要受力构件。玻璃幕墙的分类如下。

1. 按幕墙骨架结构分类

(1) 竖框式：即竖框主要受力，竖框外露，竖框之间镶嵌窗框、玻璃和窗下墙，立面形式为竖线条的装饰效果。竖向分隔要考虑室内房间的分隔，最好在间隔墙处设竖框，以方便房间封闭。

(2) 横框式：即横框主要受力，横框外露，窗子、玻璃、窗下墙，具有横条的装饰效果。横向分格常以每层分两格为好，分为不透光层和透光层两段：不透光层从一层顶棚起到上一层的踢脚线或窗台面，这一段可在玻璃与楼板结构之间设保温、隔声、防火填充层；而另一段则从踢脚线或窗台面到顶棚为透光层，用于采光、观景、设通风窗。中间不设横框，以免影响视野。

(3) 框格式：即竖框横框全部外露形成格子状，玻璃镶嵌在框格内，这种形式应用较为广泛。框格的尺度不宜过大。若框格尺度过大，骨架刚度小，则框材断面加大，玻璃为了满足风压要求也要加厚，这样势必增加幕墙自重，提高造价。若框格过小，框材断面减小的程度不大，玻璃虽可减薄，但立面太凌乱，施工量大。故分格尺度要适中，玻璃扇要计算其强度，以保证安全可靠。

2. 按骨架位置分类

(1) 明框式：骨架与建筑主体相连，玻璃镶在框格内，骨架外露（竖框式、横框式或框格式），玻璃安装牢固、安全可靠。

(2) 隐框式：骨架与建筑主体相连，玻璃直接粘贴在骨架外侧，胶粘剂为专用结构胶，多用硅酮胶。目前国内使用的玻璃结构胶为美国进口产品，即陶氏康宁（Dow-Corning）公司的产品。

这种幕墙尽管丰富了建筑立面，形成镜面效果，丰富景观，但它存在着潜在的危险。因为玻璃受温度的影响会变形和脆裂，胶粘剂质量的不稳定和老化，涂胶粘剂的均匀性和施工精细程度，都会影响玻璃的牢固性，将会存在玻璃掉落伤人的隐患。这几年已发生了几起玻璃掉落伤人的事故。为此，1994年9月铝合金装饰协会经过调查已制定出"铝合金幕墙的装饰规定"，严格控制隐框幕墙的应用，以减轻和消除玻璃掉落的事故发生。天津房地产大厦采用了板块式铝合金暗边框玻璃幕墙，暗边框用卡子与骨架卡牢，再粘贴玻璃的双保险构造做法，增强了玻璃与骨架的连接可靠性。

(3) 无框式：是指不采用金属骨架而利用上下支架直接将玻璃固定在结构主体上，形成无遮挡透明墙面。天津吉利大厦首层营业厅转角处，就是无框玻璃幕墙。因玻璃面积较大，为加强自身刚度，每隔一定距离粘贴一条垂直的玻璃板条,称为肋玻璃。玻璃墙称为面玻璃。

3. 按施工安装方法分类

(1) 分件式：分件式玻璃幕墙是在施工现场将金属边框、玻璃、填充层和内衬墙，以一定顺序进行组装。分件式组装的玻璃幕墙与预制装配的板块式幕墙相比，在安装精度上要求不很高，但施工速度较慢，这种幕墙目前在国内应用较广。

分件式玻璃幕墙的立面划分主要由竖框和横框组成，其分块大小和幕墙材料的规格、风压的大小、室内装饰要求、建筑立面造型等因素密切相关。立面常以竖框、拉通为特征，其划分样式见图3-7。

(2) 定型单元式：玻璃幕墙在工厂将玻璃、铝框、保温隔热材料组装成一块块的幕

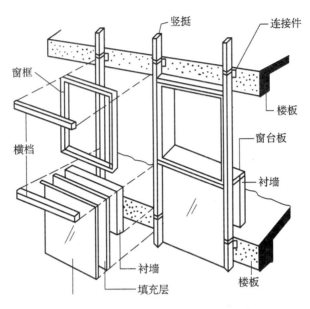

图 3-7 分件式玻璃幕墙示意图

墙定型单元,每一单元一般由 3～8 块玻璃组成,每块玻璃宽不宜超过 1.5 m,高不宜超过 3～3.5 m。

由于高层建筑大多用空调调节室内气温,故定型单元的大多数玻璃是固定的,只有少数部位做开启玻璃扇。开启方式多用上悬窗或推拉窗,开启扇的大小和位置根据室内布置要求确定,见图 3-8。

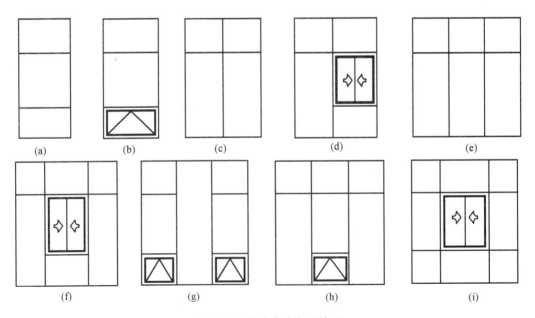

图 3-8 玻璃幕墙定型单元

玻璃幕墙在大多数情况下采取竖缝和横缝各自拉通形成方格立面,有时也可采取将竖缝错开而横缝拉通的布置形式；每块定型单元的高度等于楼层高度，每块定型单元的宽度视运输安装条件来确定，一般为 3～4 m。上下幕墙单元略高于楼面标高（200～300 mm），以便安装和板缝密封操作，左右两块幕墙板之间的垂直缝宜与框架柱错开。所以幕墙板的竖缝应和框架柱中心线错开，横缝应高出楼板梁上皮200～300 mm，见图3-9。

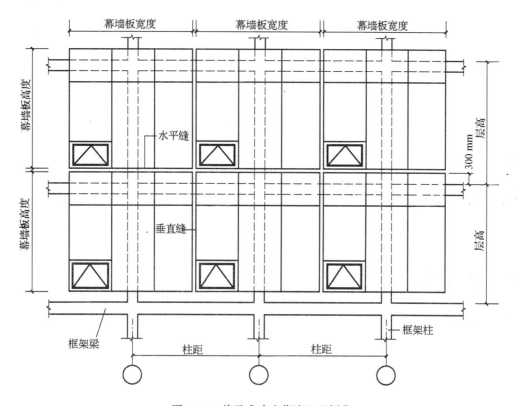

图 3-9　单元式玻璃幕墙立面划分

二、玻璃幕墙对材料的要求

（一）框材

框材大多采用铝合金型材，也可以采用型钢、不锈钢、青铜等材料制作。有空腹与实腹两种，其规格按受力大小和有关设计要求而定。框材的主要受力构件的截面宽度为40～100 mm，截面高度为 100～210 mm，壁厚 3～5 mm，次要受力构件截面宽度为40～60 mm，截面高度为 40～150 mm，壁厚 1～3 mm，见表 3-28。

国产玻璃幕墙常用框材　　　　　　　　　　　　表 3-28

名　　称	框材断面尺寸 h×b（mm）	特　点	应用范围
简易通用型幕墙	框材断面尺寸用铝合金门窗型材断面	简易、经济，框格通用性能好	幕墙高度不大的部位

名　称	框材断面尺寸 h×b (mm)	特　点	应用范围
100 系列铝合金玻璃幕墙	100×50 单层玻璃	结构构造简单，安装容易，连接支座可以采用固定连接	楼层高≤3 m，框格宽≤1.2 m，应用于强度在2 kN/m和50 m以下建筑
120 系列铝合金玻璃幕墙	120×50	同100系列	同100系列
140 系列铝合金玻璃幕墙	145×60	制作容易、安装维修方便	楼层高≤3.6 m，框格宽≤1.2 m，应用于强度在2.4 kN/m的50 m以下建筑
150 系列铝合金玻璃幕墙	150×60	结构精巧，功能完善，维修方便	楼层高≤3.9 m。框格宽≤1.5 m，应用于强度在3.6 kN/m的120 m以下建筑
210 系列铝合金玻璃幕墙	210×80～100	属于重型较高标准的全隔热玻璃墙。所有外露型材均与室内部分用橡胶垫分隔，形成严密的"断冷桥"，功能全面但结构构造复杂、造价高	楼层高≤3.0 m，框格宽≤1.5 m。适用于强度＞2.5 kN/m的100 mm以上建筑和大分格结构的玻璃幕墙

注：1. 120～210 系列幕墙玻璃既可采用单层玻璃，也可采用中空玻璃。

　　2. 根据使用需要，幕墙上可设各种（上悬、中悬、下悬、平开、推拉等）通风换气窗。

（二）玻璃

用于玻璃幕墙的玻璃品种很多，主要有浮法透明玻璃、热反射玻璃（镜面玻璃）、吸热玻璃（染色）、双层玻璃、中空玻璃等。

玻璃幕墙常用的玻璃厚度有 3 mm、4 mm、5 mm、6 mm、10 mm、12 mm、15 mm等，中空玻璃的中间夹层厚度有 6 mm、9 mm、12 mm、24 mm 等，玻璃分块的大小随厚度及风压大小而定，我国自行设计生产的中空玻璃分块的最小尺寸为 180 mm×250 mm，最大尺寸为 2 500 mm×3 000 mm 等。

（三）嵌缝材料

嵌缝材料用于玻璃装配、玻璃分块之间的缝隙处理，一般由三部分组成，它们是填充材料、密封材料和防水材料。密封材料的种类和应用见表 3‑29。

填充材料用于间隙内的底部起到填充作用，主要采用聚乙烯泡沫胶系列。密封材料在玻璃装配中起到密封作用。同时有缓冲、黏结的功效，它是一种过渡材料。橡胶密封条是应用较多的密封固定材料，它嵌在玻璃两侧起密封作用，见图 3‑10。

密封材料的种类和应用 表 3－29

硬化机理	主要硬化成分	模数	特　点	适用玻璃品种				
				热反射玻璃	夹丝玻璃	夹层玻璃	双层中空玻璃	浮法玻璃 压花玻璃 吸热玻璃 钢化玻璃
单一组分吸湿固化型	醋酸型	高、中	硬化快，腐蚀金属，黏接性和耐久性好，透明度较高，有恶臭	不可用	不可用	不可用	不可用	可用
单一组分吸湿固化型	乙醇型	中	无毒无臭无腐蚀性、硬化较慢，黏接性较好	可用	可用	可用	可用	可用
单一	氨化物或氨基酸型	低	容易操作无腐蚀性、耐久性较好	可用	适用	适用	适用	适用
双组分气硬固化型	氨基酸型	低	价格低，耐久性尚可，需用底涂层，对活动缝隙适应力强，适于悬挂结构和大的活动缝隙，无腐蚀性	可用	适用	适用	适用	适用

目前密封材料主要有三元乙丙橡胶、泡沫塑料、氯丁橡胶、丁基橡胶、硅酮橡胶等，其中硅酮橡胶的密封黏接性能最佳，这种材料的耐久性均优于其他材料。常用密封条断面形式见图 3－11。

密封层
填充衬垫层
定位垫块
空腔

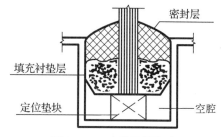

图 3－10　玻璃密封构造

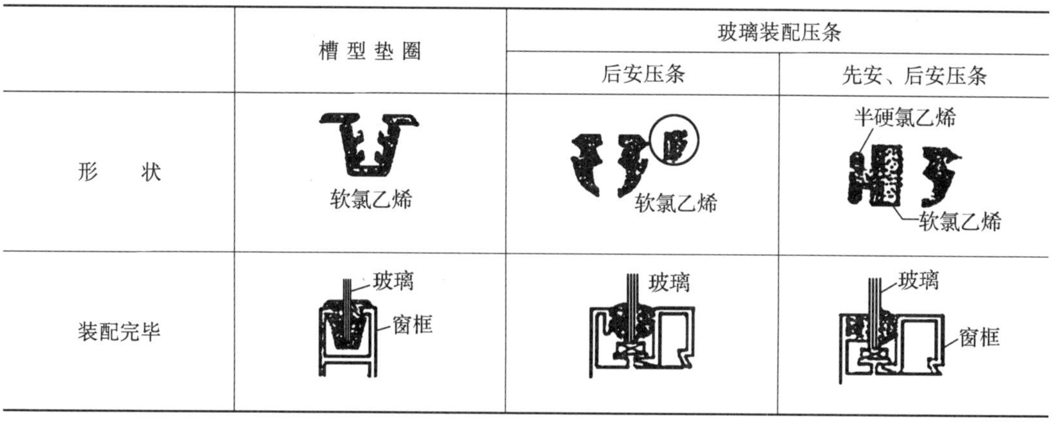

槽型垫圈
玻璃装配压条
后安压条
先安、后安压条
形　状
软氯乙烯
软氯乙烯
半硬氯乙烯
软氯乙烯
装配完毕
玻璃
窗框
玻璃
玻璃
窗框

图 3－11　常用密封材料的断面形式

（四）连接固定件

这是指玻璃幕墙的框材与楼板或柱子的连接固定件。这种固定件多采用角钢和螺栓。采用螺栓连接的优点是可以调节和满足变形的需要，万万不可采用焊接。连接件包括角钢、垫板、过渡件螺栓杆、螺母等，连接部位多在柱的正面、侧面、底面，梁和楼板的上面、底面和侧面。

（五）装饰及保温材料

这是指玻璃幕墙的窗台与踢脚板、内隔墙与玻璃幕墙的封隔等部位以及窗台下部内衬的保温墙等处的材料。多数采用轻质板材封缝和装饰窗台内墙面，保温墙多采用聚苯乙烯泡沫塑料板、岩棉和各种夹芯板等材料。

三、各类玻璃幕墙的安装连接

（一）玻璃幕墙各构件连接的几项原则

玻璃幕墙是在建筑物主体外设置骨架镶嵌玻璃，成为整片玻璃墙面；玻璃幕墙多用于钢结构、钢筋混凝土结构体系。主体建成后，外墙用铝合金、不锈钢或型钢制成骨架与建筑主体的柱、梁、板连接固定，骨架外再安装玻璃（中空玻璃、铝合金板等）组成外墙。这种幕墙连接形式要遵循以下几项原则：

1. 幕墙骨架与建筑物框架温度变形的相互协调，要求固定点为柔性连接；

2. 幕墙骨架与玻璃板块温度变形的协调，要求玻璃与骨架安装要有变形和活动余地，或玻璃设框与骨架柔性连接；

3. 幕墙缝隙的密封和防水；

4. 幕墙的抗风强度、保湿、隔热、防止"冷桥"的功能应满足使用要求。

（二）玻璃幕墙的骨架体系

玻璃幕墙的骨架体系是随骨架所用型材来划分的，不同的骨架体系其连接方法也不尽相同。

1. 型钢骨架体系：型钢骨架玻璃幕墙与普通钢窗、铝合金窗的构造极为相似，只是型钢断面为适应幕墙做法而有所变化，断面较为接近铝合金型材。

2. 铝合金骨架体系：其构造特点是竖框的连接、横竖框的连接、骨架与主体结构的连接以及玻璃的安装。各连接点以柔性连接为主，以满足三方变形的要求（即结构的变形和温度的变形以及玻璃与框之间的变形）。

3. 无骨架体系：其构造特点是墙面无骨架，用肋玻璃来加强大面积玻璃，上下用卡具与主体结构相连接。

（三）玻璃幕墙节点设计要求

1. 满足强度和刚度要求。玻璃幕墙承受自重和风载。风载是幕墙的主要荷载，高层建筑设计不仅计算正风力，而且也要计算负风力（吸力）的影响。幕墙主要受力构件最大允许挠度时的荷载应小于强度指标值（N/m）。

2. 满足温度变形和结构件变形要求。内外温差和温度变化会对幕墙骨架和玻璃产生胀缩变形和温度应力，房屋由于温差、沉降、风力、地震等因素会引起结构变形和位移。因此，幕墙与房屋结构之间应采取"柔性连接"，幕墙元件与元件之间应采用"柔性连接"。既要考虑传递荷载，适应变形，又要防止接缝处的渗漏，消除由于变形摩擦产生的噪声，还要求施工尺寸精确，便于校正和调节。此外，当幕墙面积、长度过大时，应设置温度缝或随结构设置沉降缝。

3. 满足围护功能要求。幕墙应具有较好的水密性、气密性和排放冷凝水，具有一定的保温、隔热和隔声能力。选择优质的密缝材料和构造，如采用氯丁橡胶、硅酮结构胶、密封胶等密封及空腔结构，在横框适当位置留出排水孔排除冷凝水等。采用优质保温隔热材料，如吸热玻璃、热反射玻璃、双层及多层中空玻璃等等。

4. 防止"冷热桥"。金属和玻璃都是低热阻材料，内外温差大时，幕墙设计应注意在金属框格内外之间设绝热材料阻断，以减少能耗。

5. 防火。幕墙必须符合防火规范要求。特别是高层建筑，一定要设防火墙或后衬墙（板）。幕墙与楼板、内墙的间隙之间必须设防火构造加以隔断。幕墙材料应具有足够的耐火性能。

6. 美观、经济、耐久、易维修擦洗。立面分格大小、方向以及玻璃、框格颜色等均要满足适用、经济、美观的要求。合理选择材料和构造形式，充分考虑使用的灵活性和最大限度地减少能耗，同时还要考虑安全、耐久、易于安装、便于清洗、修理和更换。

7. 满足有关性能指标。如强度、刚度、水密性、气密性、保温性、隔声性、防火等。

8. 玻璃幕墙的玻璃分块，尽量和层高、房间大小、框格大小相匹配。在可能的条件下，玻璃尺寸尽量小些，目前应用的玻璃尺寸从 600 mm×1 000 mm 到 1 500 mm×3 000 mm。无框玻璃幕墙玻璃尺寸可采用 4 000～5 000 mm×5 000～12 000 mm。

（四）玻璃幕墙骨架的连接方法

1. 竖框与竖框的连接

在框格式幕墙中，竖框通常作为主要受力构件，承受幕墙的荷载（自重和风载）并传递到上下层楼板。加上由于变形、运输、安装等需要，竖框通常要按一定长度进行连接，形成幕墙框格体系。竖框的连接，主要通过内套筒连接件套筒外裹 1.5 mm 厚的绝缘片插入上下竖框内，将上下竖框连接起来。考虑胀缩和位移变形，一般将上下连接点的螺栓以 5/10～7/10 的约束力进行固定，或者一端做自由端处理。上下竖框之间应留 15～20 mm 的胀缩缝隙，并用密封胶堵严，以满足变形的同时防止风雨侵袭和减少摩擦噪声，见图 3-12、图 3-13。

2. 竖框与横框的连接

竖框与横框的连接，通过角形铝铸件进行连接。角形铝铸件与竖框、角形铝铸件与横框均用自攻螺钉固定，其接缝处也须做柔性连接处理。如端头用封头块或密封胶填充，外面用耐候密封胶填缝，见图 3-12。

3. 竖框与主体结构的连接

为了便于安装和更换玻璃，常常由两块甚至三块型材组合成一根竖框或一根横框，即分别由三块和两块型材咬合，构成所需要的断面形状。连接件可以置于楼板的上表

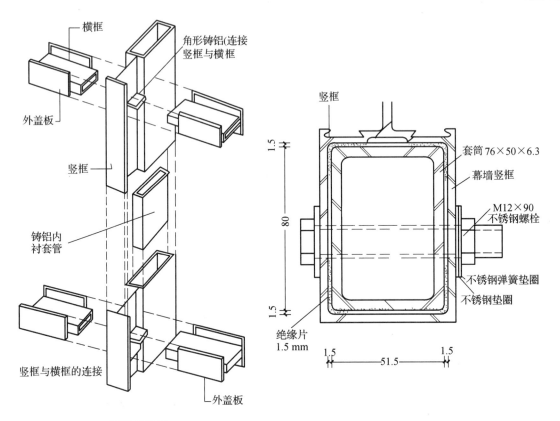

图 3-12　竖框与竖框连接示意图
竖框与横框

图 3-13　竖框的上下对接平面图

面、侧面和下表面，一般情况是置于楼板上表面，因其便于操作，故采用得较多。竖框与楼板之间的间隙一般为 150 mm 左右。竖框与主体连接见图 3-14。

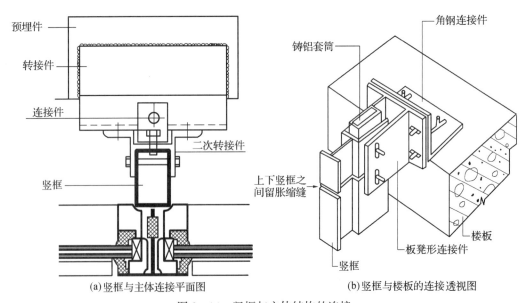

(a)竖框与主体连接平面图　　　　(b)竖框与楼板的连接透视图

图 3-14　竖框与主体结构的连接

竖框通过连接件固定在楼板上，连接件的设计与安装，要考虑竖框能在上下左右前后三个方向均可调节移动，所以连接件上的所有螺栓孔都设计成椭圆形的长孔。图3-15是几种不同的连接件示例。

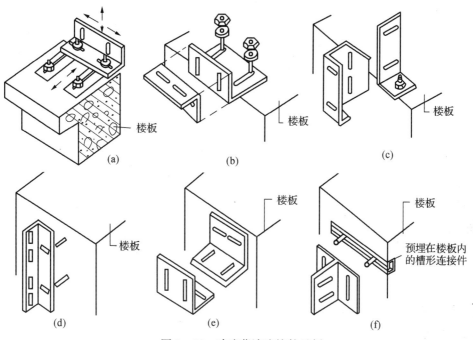

图 3-15　玻璃幕墙连接件示例

4．横框与主体结构的连接

横框与主体结构连接多数用在横框式幕墙，通过柱子埋件、角钢连接，见图 3-16。

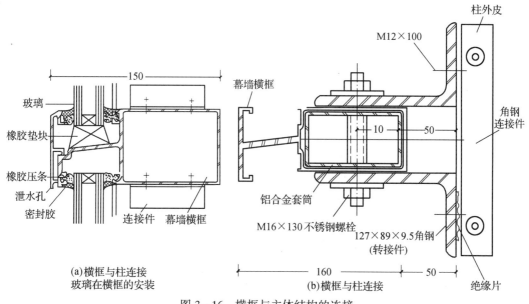

图 3-16　横框与主体结构的连接

5. 玻璃幕墙与主体结构的连接应注意的几个问题

幕墙与主体结构的连接，其主要作用是传递荷载（自重和风载），结构位移和尺寸调整等，因此，其连接件应满足如下要求：

（1）有足够的强度，以承受重力、风载、地震力和温度应力。

（2）可任意调节、自由变形。施工安装过程中的尺寸位置调整、温差引起的胀缩变形、主体结构与幕墙之间的相对位移等等，都要求连接处保证幕墙在 X、Y、Z 三维空间有适量的自由变形，而不影响幕墙的性能。连接件安装时有效调整范围和尺寸见表3-30。

连接件有效调整尺寸	表 3-30
调整方向	调整尺寸（mm）
X	>60
Y	>60
Z	>50

其调整办法：根据连接件的特点可用长缝孔和垫片达到上述要求，这种连接又称"柔性连接"。

（3）防锈蚀。连接件、固定件宜选用铝合金、不锈钢或表面经过处理的碳钢以防止锈蚀。当连接材料与幕墙框材料不同时，还必须采用抵抗电化腐蚀的措施，即用不同材料（绝缘材料）隔绝起来。

（五）玻璃与框格的连接

玻璃与框格是两种性质不同的材料，因此二者连接处必须加弹塑性材料或胶结材料，以减少由于变形而压碎玻璃现象的发生。玻璃与框格之间的嵌缝密封材料包括密封胶、密封带以及可压缩性密封件。另外，玻璃与框格之间每边还要设置2～3块塑料垫块以传递荷载，减少二者之间的直接接触，留出适量空间，作为适应变形和位移的需要。密闭接缝处四周还需用耐候密封胶密封。

1. 玻璃与竖框的连接，见图3-17。

2. 玻璃与横框的连接：玻璃与横框的安装同竖框稍有不同，其区别是在玻璃的底部加设了橡胶定位垫块，同时，横框上支承玻璃的部位是倾斜的，其目的是为了便于排除因密封不严而流入凹槽内的雨水，见图3-16。

3. 玻璃与框格槽口的配合尺寸应符合下列图3-18、表3-31要求。

4. 玻璃与框格的各种连接见图3-19。

单层玻璃时配合尺寸应符合图3-18a，表3-31的要求。

中空玻璃的配合尺寸应符合图3-18b，见表3-32的要求

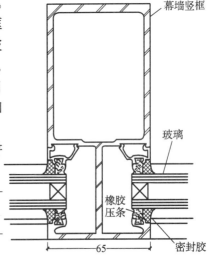

图 3-17　玻璃与竖框的固定

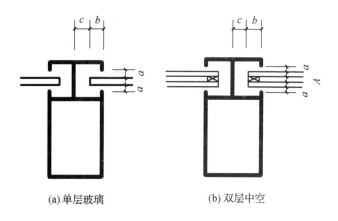

(a) 单层玻璃   (b) 双层中空

图 3-18　玻璃与槽口配合示意图

单层玻璃与槽口配合尺寸（mm）　　表 3-31

玻璃厚度	A	B	C	备注
5、6	＞3.5	＞8	＞4	
10	＞4.5	＞8	＞4	
12 以上	＞5.5	＞10	＞6	

中空玻璃与柱口配合尺寸（mm）　　表 3-32

中空玻璃	A	B	C 下边	C 上边	C 两侧
4＋A＋4	＞5	＞14	＞7	＞5	＞5
5＋A＋5	＞5	＞15	＞7	＞5	＞5
6＋A＋6	＞5	＞15	＞7	＞5	＞5
8＋A＋6 以上	＞6	＞17	＞7	＞5	＞5

5. 玻璃嵌缝的防水

　　玻璃镶嵌在金属框上必须保证接缝处的防水。对已建成的玻璃幕墙进行调查，结果表明其渗水的关键部位是玻璃与金属框接缝处。暴露在大气中的幕墙结构，由于受冷热、风压和其他应力的影响，容易变形，嵌固玻璃的金属框与玻璃，在热作用下因膨胀系数不同产生剪切应力，使接缝错动以及密封层受拉而超过弹性限度失去密封作用。因此，接缝构造设计必须综合考虑各种因素，以适应要求。

　　密封层是接缝防水的重要屏障，它应具有很好的防渗性、耐老化性、无腐蚀性，并具有保持弹性的能力，以适应结构变形和温度伸缩引起的移动。密封层有现注式和成型式两种。现注式接缝严密，密封性好，采用较广，上海联谊大厦、深圳国贸大厦均采用现注式。成型式密封层是将密封材料在工厂挤压成一定形状后嵌入缝中，施工简便，如长城饭店采用氯丁橡胶成型条做密封层。目前密封材料主要有硅酮橡胶密封材料和聚硫橡胶密封材料。

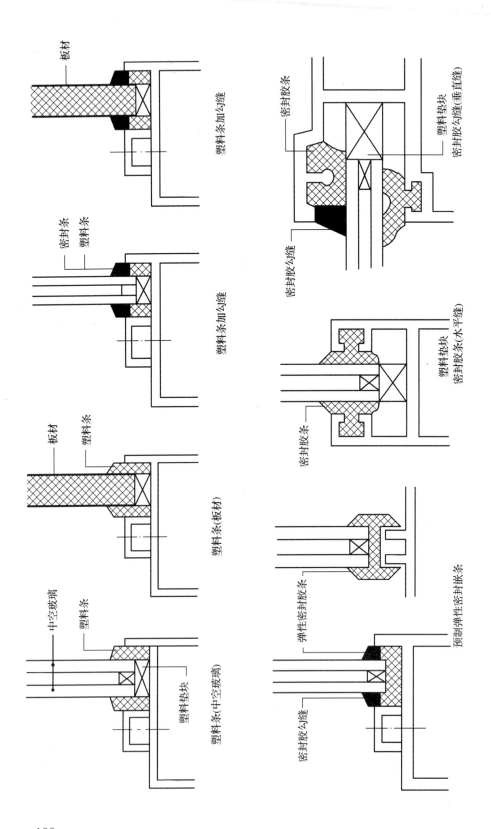

图 3 – 19　玻璃与框格连接构造示意图

密封衬垫，它具有隔离层作用，使密封层与金属框底部脱开，减少由于金属框变形引起的密封层变形。密封衬垫常为成型式，根据它的作用，要求密封衬垫应以合成橡胶等黏合性不大而延伸性好的材料制作为佳。

玻璃是由垫块支撑在金属框内，垫块之间形成空腔，空腔可防止挤入缝内的雨水因毛细现象进入室内。图3-20为玻璃镶嵌在金属框中的各种节点详图。

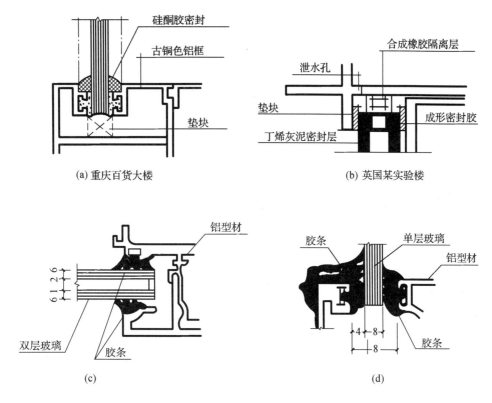

图3-20　玻璃与铝框的连接实例

（六）定型单元式幕墙连接

玻璃幕墙是由工厂预制的综合体系，铝型材的加工、墙框的组合、玻璃的镶装、嵌条的密封等工序均在工厂进行。使玻璃幕墙的产品标准化，生产自动化，关键是控制产品质量。因此外板的规格应与结构一致，当幕墙板悬挂在楼板或梁上时，板的高度为层高，若与柱子连接，板的宽度应至少为一个柱距（或柱距的倍数）。

幕墙按照功能和外观形式，在工厂预制成一个个单元，然后现场进行拼装。这样既可保证质量，又可加快安装速度。单元与单元的连接主要解决单元间接缝的防水、密闭和变形问题。

1. 定型单元与建筑结构的连接

玻璃幕墙与建筑结构的连接为柔性节点，连接要满足防震要求和适应结构变形。框格式玻璃幕墙与建筑结构的连接做法见图3-21。

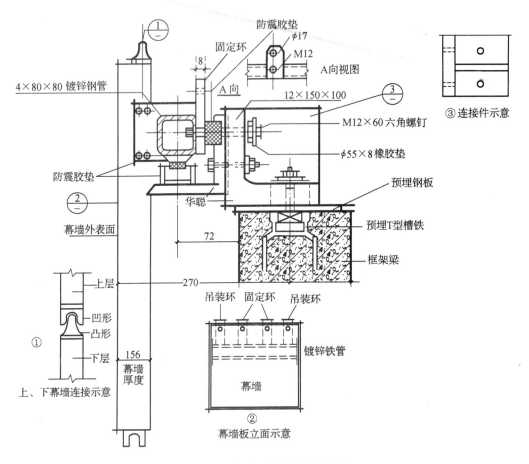

图 3-21　框格式幕墙与结构连接

其做法是在幕墙背面装上一根镀锌方钢管，幕墙板通过方钢管支撑放在结构中的钢牛腿上。为了防止振动，幕墙板与牛腿接触处均垫上防震橡胶垫。当幕墙就位，用胶垫、螺栓调节找正后，再用螺栓将方钢管固定在牛腿上，而牛腿是通过预埋槽钢与建筑结构连接。

2．幕墙预制单元之间的柔性连接

幕墙预制单元与单元之间的连接，主要考虑预制单元与受力框格之间的连接，既要受力合理、构造简单，又要安全、可靠。连接件的强度要进行结构计算。另外还要考虑接缝之间的防风雨、密闭和适应变形等问题。因此，常用的做法是在单元框缝之间设"V""W"橡胶条来进行密封。见图 3-22。这种做法也适用于伸缩缝。

3．幕墙闭合框单元的连接

当幕墙高度不大时，预制单元是由玻璃框格和四周边框组成四周边框闭合框即为幕墙的受力框，它直接与主骨架或建筑梁柱结构连接，这种闭合框的单元形式在国外比较常见。其特点是结构合理、节省材料，因而比较经济。单元的长×宽＝柱距×层高。

闭合框的断面为异型材，可以组合成各种连接形式，有错接、插接和螺栓连接等形式，见图 3-23。

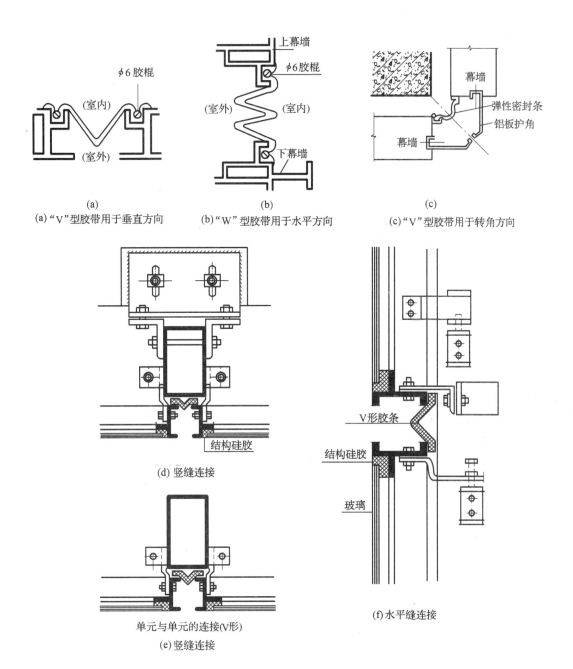

(a)"V"型胶带用于垂直方向　　(b)"W"型胶带用于水平方向　　(c)"V"型胶带用于转角方向

(d) 竖缝连接

单元与单元的连接(V形)

(e) 竖缝连接

(f)水平缝连接

图 3-22　幕墙预制单元之间的柔性接缝

（七）明框式和隐框式玻璃幕墙的连接

前述定型单元式玻璃幕墙也属明框式；这里介绍的明框式是指玻璃直接镶嵌在骨架上或利用压条将玻璃固定在骨架上，这种安装方式压条外露，将玻璃幕墙分成方格，或者只设水平压条，形成横向线条分隔，方格的大小取决于玻璃块的大小。外露压条影响玻璃幕墙的整体效果，但它比较安全，玻璃不易掉落。

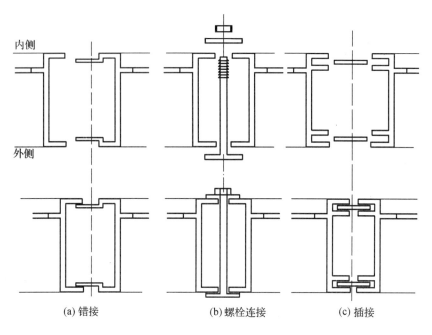

(a) 错接　　　　　　　(b) 螺栓连接　　　　　　(c) 插接

图 3‑23　闭合框断面及连接形式

　　隐框与明框玻璃幕墙的骨架均采用铝合金异型材制作，和定型单元式玻璃幕墙骨架基本相同，隐框式的玻璃采用"玻璃胶"直接黏结到铝合金骨架外皮。为增加安全度除将玻璃与骨架黏结外，又增加了加固框卡，将玻璃卡住成为"双保险"。铝合金框卡在立面上不明显，不影响幕墙整片玻璃效果。隐框玻璃幕墙与骨架的连接见图 3‑24。这种双保险固定玻璃的做法，已在天津房地产大厦应用。

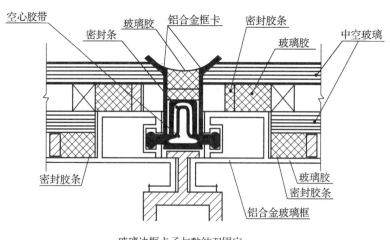

玻璃边框卡子与黏结双固定
（双保险做法）

图 3‑24　玻璃边框卡子与黏结双固定示意图

（八）无框式玻璃幕墙连接

所谓无框式玻璃幕墙是指不采用金属框格而直接将玻璃固定在结构上的一种幕墙做法。这种做法的特点是为观赏者提供了无遮挡的透明墙面，扩大了视野。为了增加玻璃的刚度，每隔一定距离用一条带形玻璃作为肋，这种加强肋垂直于玻璃面放置，并用密封胶粘牢。加强肋可以粘在玻璃两侧或一侧，见图3-25。

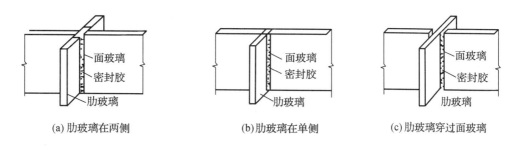

(a) 肋玻璃在两侧　　　　(b)肋玻璃在单侧　　　　(c)肋玻璃穿过面玻璃

图3-25　面玻璃与肋玻璃相交部位示意图

此种类型的玻璃幕墙所使用的玻璃多为钢化玻璃和夹层钢化玻璃。由于使用要求，单块玻璃幕墙的面积，往往较大，否则就失去了这种玻璃幕墙的特点。玻璃的厚度、单块面积的大小、肋玻璃的宽度及厚度，均应经过计算，在强度及刚度方面，应满足最大风压情况下的使用要求。

无框式玻璃幕墙玻璃的固定方法有三种：

第一种做法是用吊钩固定即用悬吊的吊钩将肋玻璃及面玻璃固定，这种方法多用于玻璃分块尺寸较大的单块玻璃。

第二种方法是型材固定。上部用异型材将玻璃固定，下部用包边槽钢定位（室内的玻璃隔断多采用这种做法）。

第三种方法是不用肋玻璃而采用金属竖框来加强面玻璃的刚度。上述三种做法的构造节点见图3-26至图3-28。

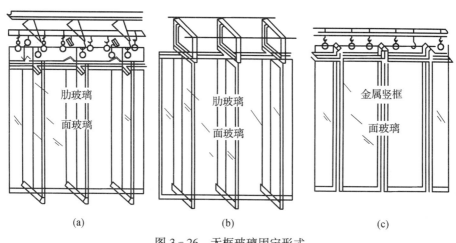

(a)　　　　　　(b)　　　　　　(c)

图3-26　无框玻璃固定形式

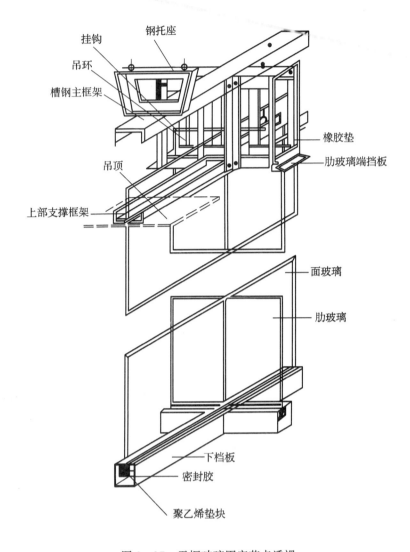

图 3 - 27　无框玻璃固定节点透视

　　面玻璃与肋玻璃相交部位宜留出一定的间隙。间隙用硅酮系列密封胶注满。间隙尺寸可根据玻璃的厚度而略有不同，具体详细的尺寸见图 3 - 29、图 3 - 30。

　　近年来为了使建筑物外观更加简洁明快，避免冷热桥，减少铝型材的温度应力，常采用隐框式幕墙做法，这种做法的好处是，型材完全不外露，硅酮胶的黏结强度可以达到 98 MPa，已远远超过设计的正、负风力的要求。硅酮胶的耐久性及老化问题尚待实际工程的考验。为了保温可采用中空玻璃隔热，见图 3 - 31。

　　四、玻璃幕墙特殊部位的细部处理

　　(一) 转角部位的处理

　　建筑物的转角部位包括阴角、阳角、任意角等。下面分别通过有关图形予以介绍。

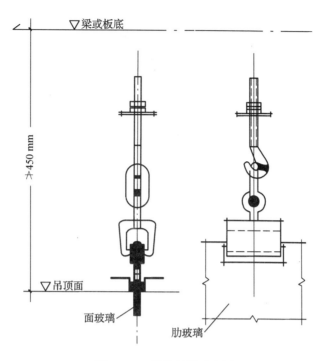

图 3-28 吊钩悬吊示意图

密封节点尺寸(mm) 肋玻璃厚(mm)	a	b	c
12	4	4	6
15	5	5	6
19	6	7	6

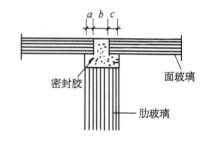

图 3-29 玻璃相交部位处理

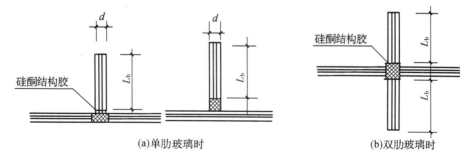

(a)单肋玻璃时　　　　　　　　(b)双肋玻璃时

图 3-30 面玻璃与肋玻璃连接构造

注：d、L_a、L_b 由计算确定

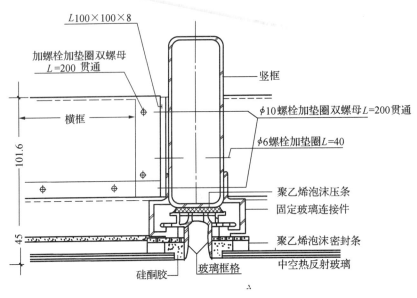

图 3-31　隔热隐框玻璃幕墙安装节点示意图

1. 阴角

亦称为 90°内转角，其处理方法是将两根竖框相互垂直布置。竖框之间的间隙，外侧用弹性密封材料进行密封，室内一侧采用压形薄铝板进行饰面，薄铝板与铝合金竖框之间采用铝钉连接，如图 3-32。

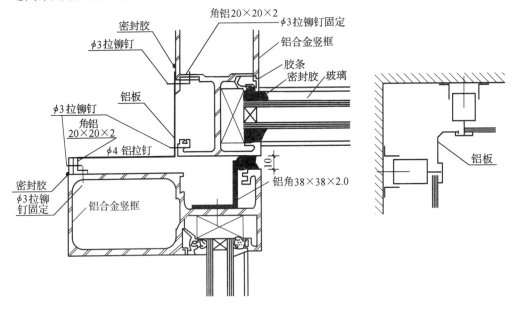

图 3-32　阴角构造处理

2. 阳角

亦称为 90°外转角。其处理方法是将两根竖框呈垂直布置，然后用铝合金板做封角处理。图 3-33a 是阳角封板连接方法，图 3-33b 是阳角采用阴角封板连接方法。

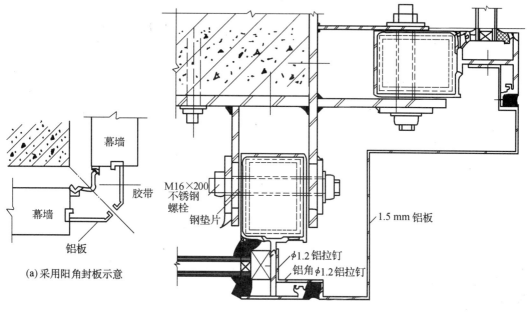

(a)采用阳角封板示意

(b)采用阴角封板节点

图 3-33　阳角构造处理

3．任意角

任意角指外墙拐角、锐角和钝角。

钝角处理：幕墙两个竖框靠紧，中间用现场电焊制作的异型连接件塞紧，和竖框贯通，螺栓固定内缝用密封胶嵌缝，外角用 1.5 mm 厚铝板，扣入竖框卡口，缝隙用密封胶嵌缝，见图 3-34。

以上阴角、阳角和任意角处理，都是利用两根铝合金竖框拼接，再用铝板封闭转角的直接做法。市场上有各种转角铝合金异型材，可满足各种转角的需要，大大减化了转角处理，并且提高了转角接缝严密的质量。

(二) 端部收口处理

端部的收口一般包括侧端的收口，底部的收口和顶部的收口几大部分。

1．侧端的收口处理

安装玻璃幕墙遇到最后一根立柱时，幕墙竖框与柱子拉开一小段距离，并用铝板进行封堵。这样做的好处是可以消除土建施工的误差，弥补土建遗留的缺陷，也可以满足不同变形的需要。竖框与其他结构的连接，其过渡方法仍然是采用 1.5 mm 厚的成型铝板将幕墙与骨架之间封闭起来，见图 3-35。

2．底部的收口处理

底部的收口是指幕墙最底部的所有横框与墙面接触部位的处理方法。经常见到的有横框与下墙、横框与窗台板和横框与地面之间的交接等。横框与结构面脱开一段距离，其间隙一般在 25 mm 上下，然后用 1.5 mm 铝板将正面和底面作 90°封堵，中空部分用泡沫塑料填满。缝隙用密封胶嵌缝，下部留排水孔，见图 3-36。

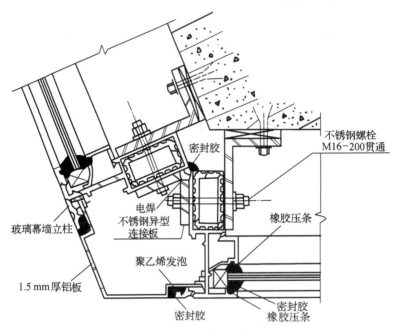

不锈钢螺栓
M16-200贯通

密封胶

玻璃幕墙立柱

电焊
不锈钢异型
连接板

橡胶压条

聚乙烯发泡

1.5 mm厚铝板

密封胶

密封胶
橡胶压条

图 3-34　钝角构造处理

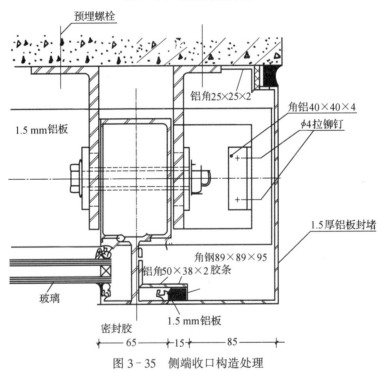

预埋螺栓

铝角25×25×2

角铝40×40×4

1.5 mm铝板

φ4拉铆钉

1.5厚铝板封堵

角钢89×89×95

铝角50×38×2胶条

玻璃

密封胶

1.5 mm铝板

├─65─┼─15─┼──85──┤

图 3-35　侧端收口构造处理

3．顶部的收口处理

顶部是指玻璃幕墙的上端水平面，一方面要考虑顶部收口，另一方面要考虑防止雨水渗漏。通常的做法仍然是采用铝板进行封盖，其一端固定在横框上，另一端固定在结构骨架上。相连的接缝部位做密封处理，见图 3-37。

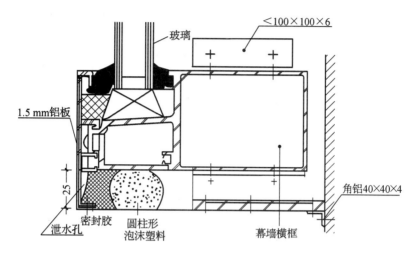

图 3-36 底部的收口处理

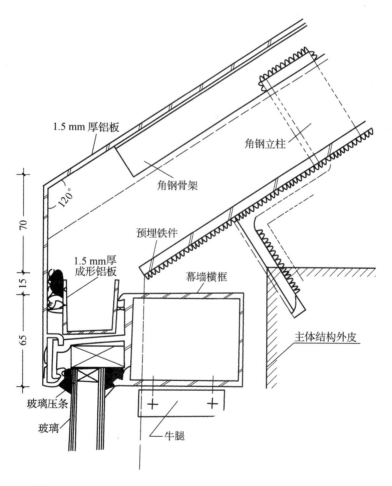

图 3-37 顶部的收口处理

4. 隐框玻璃幕墙根部收口处理

隐框玻璃幕墙与明框玻璃幕墙相同,只是在幕墙根部横框底加垫板垫块,外侧安装一条压型披水板,外用防水密封胶封严即可。披水板的根部是窗台,最下面的横框与地面要留 25 mm 间隙,内填密封胶,铝合金披水板厚度为 1.5 mm,见图 3-38。

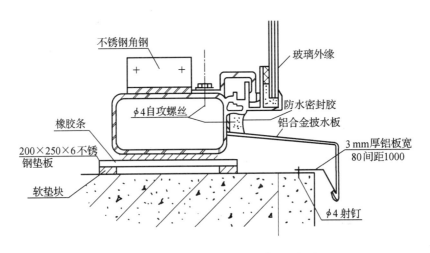

图 3-38 隐框玻璃幕墙下端处理方法

5. 隐框玻璃幕墙女儿墙封顶处理

利用铝合金压型板材做压顶,用螺栓加防水垫与骨架连接,板缝与螺栓孔用密封胶填缝封严,见图 3-39。

(三) 玻璃幕墙与窗台的连接处理

由于建筑造型需要,玻璃幕墙建筑常常是设计面积很大的整片玻璃墙面,这就带来了一系列的采光通风保温隔热等要求,幕墙与楼板、柱子之间均有缝隙,这对防止噪声不利,加衬墙就可以解

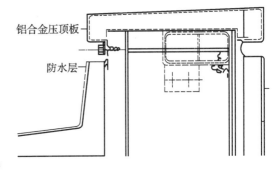

图 3-39 隐框玻璃幕墙顶部收口处理方法

决这些问题。如窗台部位利用衬墙既满足保温,又满足上下层隔声。窗台大样见图 3-40。

(四) 幕墙冷凝水排水处理

由于玻璃的保温性能差,铝框、内衬墙和楼板外侧等处在寒冷天气会出现凝结水,因此要设法排除凝结水,其做法是在横墙的横框处做出排水沟槽并设滴水孔,此外还应在楼板侧壁设一道铝制披水板,见图 3-41。

(五) 变形缝的处理

变形缝是伸缩缝、沉降缝和防震缝的总称。留什么样的缝取决于建筑结构的变形需

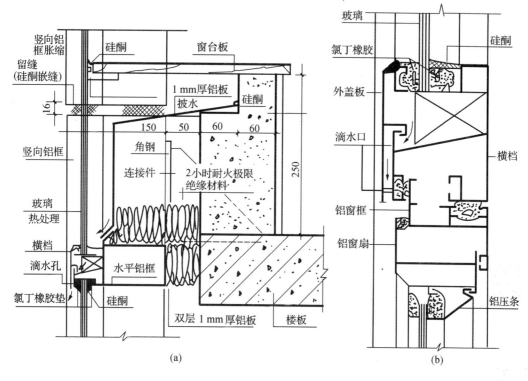

(a)

(b)

图 3-40 玻璃幕墙窗台做法

要。玻璃幕墙在此部位也要适应结构变形的需要，留变形缝，将两个竖框伸出的铝板彼此插接，缝隙部分用弹性橡胶带堵严。变形缝的构造见图 3-42。

（六）隔热阻断节点处理

在明框式玻璃幕墙构造中，骨架外露形成冷热桥，为阻断其传导，必须在骨架与玻璃骨架、外侧罩板之间设橡胶垫，尽量减少传导面积，见图 3-43。另外，现在某厂生产了一种新型的骨架材料，有效地防止了冷热桥现象，具体断面形式见图 3-44。

五、玻璃幕墙的施工工艺

玻璃幕墙工程是一项技术较复杂，专业化很强的施工项目。由于幕墙构件各专业厂生产的规格尺寸、断面形式、细部构造、连接手段均不尽相同，各厂均有自己的安装工艺。因此，缺乏训练和无施工经验的一般土建施工单位很难承担施工安装，一般均由各生产厂自己的专业队伍进行安装施工。但是，随着技术进步和人员素质的提高，许多建筑装饰装修施工企业也可以安装高质量的玻璃幕墙。

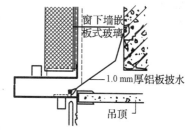

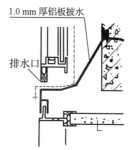

披水板和排水口(向外排水)

图 3-41 幕墙的披水与排水示意图

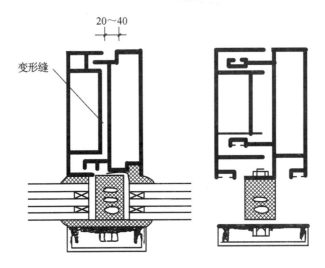

图 3-42　幕墙变形缝大样

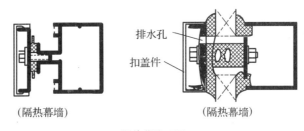

(a) 隔热幕墙 (横框)

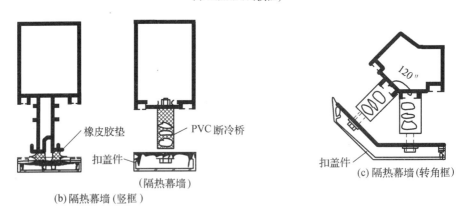

(b) 隔热幕墙 (竖框)

(c) 隔热幕墙 (转角框)

图 3-43　幕墙的隔热阻断构造示意图

(一) 玻璃幕墙的一般安装施工工艺流程

建筑物主体连接点的修整与准备→安装竖挺、横档、就位、调整与检验→安装玻璃幕墙定型单元→建筑物主体连接点的修整与准备→安装内部冷凝水排水管→安装室内填充墙、分隔墙 (与幕墙有关的) →安装窗下墙、窗台板→内部 (外部) 接缝密封处理→

内部（外部）装饰面处理→表面清理、修饰、玻璃擦光→验收。

（二）玻璃幕墙的安装方法

1. 放线与准备工作

玻璃幕墙的骨架与玻璃由专业加工厂按土建设计图纸翻样后加工预制，现场放线是确定骨架的安装准确位置。将安装线弹到主体基层上，检查埋件的位置或膨胀螺栓的设置。检查主体结构的质量，墙、柱、梁、板外侧的平整度、垂直度、表面缺陷，预留孔洞的位置、大小，均应符合规范和设计要求，不足之处要进行补强措施和调整幕墙与主体结构的预留空隙。安装骨架一般情况是先竖框后横框，若骨架为横框式则应先横框后竖框。骨架与主体框架的连接有两种方法，一种是骨架竖杆连接件与主体埋件按弹线位置焊接，一种是竖杆连接件用膨胀螺栓锚固在主体结构上。两种方法各有优劣，主体设预埋件施工有偏差，必须在焊连接件时进行调整消除，用膨胀螺栓锚固连接件，灵活，准确性高，但钻孔工作量大，劳动强度高。

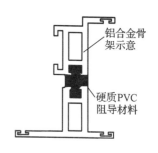

铝合金骨架示意

硬质PVC阻导材料

图 3-44　幕墙阻导型铝合金属骨架示意图

2. 骨架安装

安装骨架的顺序一般采用由上而下分层的方法进行，用经纬仪控制安装精度。用线锤控制垂直度达不到需要的精度。

骨架的接长和竖横框杆件的连接均采用插接内套管螺栓连接，内套管一端用螺栓和骨架连接固定，一端插入连接的骨架内腔，一般在加工厂拼编，现场对号安装，这是提高安装速度的保证，如采用标准化定型化生产连接件更为科学。

3. 幕墙玻璃安装

幕墙玻璃安装，取决于幕墙的类型，不同类型的幕墙，玻璃固定的方法也有差别。型钢骨架无玻璃嵌槽，要采用铝合金玻璃框组成定型单元，工厂预制现场吊装，用螺栓与幕墙骨架锚固。

铝合金骨架由于本身设有玻璃嵌槽使槽框合一，玻璃可直接安装，用铝合金压条固定如同安装门窗玻璃，也可以采取定型单元铝框，与骨架嵌槽连接。目前多采用铝合金骨架安装玻璃，若为隐框幕墙则先在玻璃四周涂玻璃胶，然后吊装与骨架外皮粘贴，用卡具临时固定，待玻璃胶固化后再拆除临时固定卡具。

玻璃安装因玻璃板块尺寸较大（一般为 1 000 mm×1 500 mm），有时为中空玻璃，故采用专用吊装机具和专用吊环或吸盘吊具，卡住玻璃，再用起重机吊装就位。

4. 封缝

玻璃安装后应及时密封嵌固，立即装封口压条、嵌条和压板，然后用胶密封，除隐框幕墙外不允许设临时固定。对定型单元安装时要及时将玻璃框与骨架的接缝密封。

5. 内外部修整

外部修整是将玻璃、外露压条进行清洗或刷罩光涂料（铝合金压条不作）。内部修整是指骨架与主体框架之间的空隙封闭，使每间屋的外墙处四周空隙严密做隔音处理，封缝前先装好冷凝水排管或拔水。楼板的空隙多用窗台来封闭遮盖，上部用吊顶封堵，内墙两侧与幕墙的空隙用特制竖墙盖缝板配件封装。

6．检验修补

安装队自检，发现问题进行修补。

（三）玻璃幕墙安装施工注意事项

1．结构主体施工必须精确，符合施工规范，埋件位置正确，为幕墙安装创造有利条件。

2．结构主体施工精度较低，幕墙安装精度高，两者之间必须留出适当的空隙，为连接件调整误差留有余地，以保证幕墙安装的精确度。

3．在竖杆安装定位后，横杆以竖杆为依托，然后弹线安装横杆。

4．若为无骨架体系，则应按玻璃板块的尺寸，精确地把线弹在结构主体上，吊点位置要精确，然后认真校验。

5．骨架弹线后要严格执行自检、互检、复验制度，以确保万无一失。

6．型钢骨架多为空腹杆件，要做内外防锈、防腐处理，现场检查，不符合要求者退货。

7．采用膨胀螺栓时，钻孔要避开钢筋，螺栓埋入深度要符合规定的抗拔能力。

8．幕墙骨架连接和建筑主体与骨架均用螺栓连接，螺孔均为长椭圆形以便安装调整和满足骨架三维变形。

9．玻璃吊装要缓慢起吊和就位，避免玻璃在吊装过程中碰损，因玻璃板块是定型设计，对号入座，没有备件，一旦碰损除带来经济损失外，主要是影响施工进度，所以要求吊装绝对安全无误。

10．封缝要保证质量，密封胶、玻璃胶要铺实、铺满、铺均匀，不得有虚铺、间断；隐框幕墙玻璃之间的缝隙宽窄厚度要一致，以免影响外观。

密封胶、玻璃胶使用前要检查，过期胶不得使用。并做黏结力、相溶性、耐老化试验，符合规定方可使用。

六、常见工程质量问题及其防治

（一）玻璃幕墙的允许偏差

1．轴线位移，允许偏差 ± 10 mm。
2．墙面垂直，允许偏差 ± 5 mm。

（二）幕墙变形

1．原因分析

（1）竖框料刚度差。（2）竖框料接头不当。（3）伸缩缝设置不当。（4）伸缩缝填塞无弹性。（5）未采用遮阳玻璃。

2. 防治措施

（1）竖框料按设计承受 2 000～3 000 kPa 的风压后，其变形量应≤1/180。（2）型钢框料与型钢框料、铝料与铝料、铝料与玻璃、铝料与墙体之间均需预留伸缩缝或空隙。（3）伸缩缝必须采用弹性好且经久耐用的填料，一般应采用硅酮密封胶。（4）幕墙玻璃应采用镜面反射玻璃或夹丝玻璃遮阳。

（三）玻璃幕墙透水

1. 原因

（1）封缝材料质量差。（2）填封不严密。（3）幕墙变形。

2. 防治措施

（1）封缝材料必须柔软、弹性好、使用寿命长，并经检验符合设计要求后方可使用。一般采用硅酮胶。

（2）施工时，应精心操作，使封缝填塞严密均匀并加强检测。

（3）幕墙骨架必须牢固可靠，每一个节点均应对照有关数据逐一检测，未达标者返工。

七、玻璃幕墙应解决的若干问题

玻璃幕墙虽然有自重轻（40～50 kg/m² ，仅为砖墙重量的 1/10 左右）、工期短（采用现场装配速度快）、外形美观、立面丰富等特点，但也存在造价高（约为普通墙的 10 倍左右）、耗能大等问题，故只能在高级建筑中采用。

玻璃幕墙作为高层建筑的墙体之一，必须解决好以下一些技术问题：

（一）满足自身强度要求

高层建筑的主要荷载来源于水平力（风力、地震力），其中地震荷载主要由结构解决，如正确选用结构材料（高层建筑的结构只能选用钢筋混凝土和钢结构）及恰当的结构选型，而玻璃自身要求应承担风力的影响。风荷载对建筑物产生的影响包括迎风面的正压力和背风面的负压力。风力的大小与地区气候条件、建筑物的高度有关，我国一般地区 100 m 左右高度的建筑承受的风压力为 1.97 kN/m² ，而沿海地区则为 2.6 kN/m² ，高层建筑中的风荷载是水平荷载中的主要荷载，所以玻璃幕墙设计应有足够的抗风能力。

幕墙设计应选取合理的框料截面，确定玻璃的适当厚度及面积大小，使玻璃幕墙具有足够的安全度。1972 年美国波士顿建造的汉考克大厦，外墙采用玻璃幕墙，玻璃总块数为 10 000 多块，施工后竟有 1 200 多块玻璃破碎掉落，这一重大质量事故曾引起社会各界的轰动，后经调查是由于玻璃自身的质量问题造成的。为避免玻璃破损，除规定厚度与面积尺寸大小外，应采用钢化玻璃或半钢化玻璃。

（二）满足结构变形要求

在风力的作用下，玻璃幕墙应有足够的抵抗变形的能力，通常用刚度允许值来决定。国外控制幕墙挠度的允许值为 1/250～1/1 000，而我国各厂家制定的挠度的允许值仅为 1/150～1/800。挠度值过小或过大，其综合经济价都会增加，因此应确定恰当的挠度值。

（三）满足温度变形要求

建筑的内外温差、天气温差和日温差的变化，会使幕墙产生胀缩变形与温度应力，如铝合金型材其伸缩率决定幕墙与建筑主体结构之间应采取"柔性"连接，允许它与建筑主体结构水平、垂直和内外方向有调节的可能性，这样做可以防止玻璃破碎，还可以消除由于变形、摩擦而产生的噪声。

（四）满足维护功能要求

玻璃幕墙作为围护结构应能满足防风雨、防蒸气渗透、防结露等要求，并具有一定的保温、隔声、隔热的能力。防风雨、防蒸气渗透、防结露主要靠密闭的方法堵塞缝隙，其中硅酮胶密封的效果最好（这种胶性能优良，耐久性好。根据 DIN 53504 标准提供的数据，一般可抵抗 −60～+200 ℃ 的温度，抗折强度可达 1.6 N/mm，注入缝隙中的厚度应不小于 5 mm）。由于硅酮胶价格高昂，为减少用量，可与橡胶密封条配套使用，下层用橡胶条上层用硅酮密封胶。而保温方面则应通过控制总热阻值和选取相应的保温材料解决。为减少热损失，可以从以下方面改善做法，其一是改善采光面玻璃的保温隔热性能，尽量选用中空玻璃并减少开启扇；其二是对非采光部分采取保温隔热处理，通常做法是采用防火和隔热效果均好的材料如浮石、轻混凝土，设置里衬墙，也可以设置保温芯材；其三是加强接缝的密闭处理以减少透风量。

玻璃幕墙的各种玻璃保温性能见表 3-33。

各种类型玻璃墙体的保温性能　　　　　　　　　　　表 3-33

玻璃类型	间隔宽度	传热系数（W/m²·k）	玻璃类型	间隔宽度	传热系数（W/m²·k）
单层玻璃		5.93	三层中空玻璃	2×19 2×12	2.21 2.09
双层中空玻璃	6 9 12	2.79 3.14 3.49	反射中空玻璃	12	1.63
防阳光双层玻璃	6 12		砖墙	240 厚 365 厚	3.40 2.23

（五）满足隔热要求

在南方炎热地区，为减少太阳的热辐射和减少能耗一般应采用吸热玻璃（吸热玻璃又称为有色玻璃，吸收太阳辐射热45%左右）和热反射玻璃（热反射玻璃又称为镜面玻璃，它能反射太阳辐射热30%，反射可见光40%）。最新的热反射玻璃产品在夏季能反射86%的太阳辐射热，室内的可见光仅为17%。还可以采用不同品种的玻璃组合的中空玻璃，如吸热玻璃与无机玻璃的组合、吸热玻璃与热反射玻璃的组合，热反射玻璃与无色玻璃的组合等。热反射玻璃与无色玻璃的组合是采用较多的一种。因为热反射玻璃具有视线的单向性，即视线只能从室内的一侧看到室外的一侧，既有"冷房效应"，又有单向观察室外的效果。

（六）满足隔声要求

玻璃幕墙必须具有一定的隔声性能，其隔声效果主要考虑隔离室外噪声。按照声音传播的质量定律，玻璃幕墙的隔声量低于实体承重墙，一般只有 30 dB 左右，约为半砖双面抹灰墙体隔声量的 2/3。采取中空玻璃可以达到 45dB。表 3-34 列举了隔声性能的有关数据。

墙体隔声性能表　　　　　　　　　　　　　　　　表 3-34

名　称	厚　度（mm）	隔音量（dB）	名　称	厚　度（mm）	隔音量（dB）
单层玻璃	6	30	混凝土墙	150（双面喷浆）	48
普通双层玻璃	6＋12＋6	39～44	砖　墙	240（双面抹灰）	48

（七）具有一定的防火能力

玻璃幕墙必须符合防火规范的要求。采用铝合金玻璃幕墙的高层建筑，一旦发生火灾，铝合金框达不到预定的耐火极限，为此除应设置砖石材料的里衬墙外，还应设置防火间隔墙（在玻璃与墙体之间填充岩棉或矿棉等非燃烧材料）。此外，在幕墙与楼板处的水平空隙，应采用阻燃材料（防火密封胶）填充，有条件时应设置水幕（喷水强度为 0.5 L/S，喷头间距应不大于 1 m）。此外，所有裸露的金属支座均应采用防火涂料进行保护。

（八）防止"冷热桥"现象的出现

玻璃幕墙的"冷热桥"现象多发生在玻璃和型材的接触部分，为减少这种现象的出现，一般在其间设置绝热材料，如聚氯乙烯硬质塑料垫等，另一种是金属骨架中间用的阻导材料。

（九）便于擦窗和更换玻璃的要求

玻璃幕墙的表面都存在着不同程度的污染问题，所以，应设置擦窗机。擦窗设备有平台、滑动梯、单元式吊架、整体式吊架、吊轨式吊箱、轨道式悬臂吊箱、无轨吊车和大型轨道式双悬臂吊箱等多种。幕墙在国外已朝着进一步提高保温、隔热、水密、气密、隔声、节能方向发展。除玻璃幕墙以外，还有铝板幕墙、铝合金复合保温板幕墙、其他金属复合保温板幕墙等。

（十）玻璃幕墙安装的允许偏差和检验方法见表 3-35、表 3-36。

隐框、半隐框玻璃幕墙安装的允许偏差和检验方法　　　　　　　表 3-35

项　次	项　目		允许偏差（mm）	检验方法
1	幕墙垂直度	幕墙高度≤30 m	10	用经纬仪检查
		30 m＜幕墙高度≤60 m	15	
		60 m＜幕墙高度≤90 m	20	
		幕墙高度＞90 m	25	

项　次	项　目		允许偏差 （mm）	检验方法
2	幕墙水平度	层高≤3 m	3	用水平仪检查
		层高>3 m	5	
3	幕墙表面平整度		2	用2 m靠尺和塞尺检查
4	板材立面垂直度		2	用垂直检测尺检查
5	板材上沿水平度		2	用1 m水平尺和钢直尺检查
6	相邻板材板角错位		1	用钢直尺检查
7	阳角方正		2	用直角检测尺检查
8	接缝直线度		3	拉5 m线，不足5 m拉通线，用钢直尺检查
9	接缝高低差		1	用钢直尺和塞尺检查
10	接缝宽度		1	用钢直尺检查

明框玻璃幕墙安装的允许偏差和检验方法　　　　表 3-36

项　次	项　目		允许偏差 （mm）	检验方法
1	幕墙垂直度	幕墙高度≤30 m	10	用经纬仪检查
		30 m<幕墙高度≤60 m	15	
		60 m<幕墙高度≤90 m	20	
		幕墙高度>90 m	25	
2	幕墙水平度	幕墙幅宽≤35 m	5	用水平仪检查
		幕墙幅宽>35 m	7	
3	构件直线度		2	用2 m靠尺和塞尺检查
4	构件水平度	构件长度≤2 m	2	用水平仪检查
		构件长度>2 m	3	
5	相邻构件错位		1	用钢直尺检查
6	分格框对角线长度差	对角线长度≤2 m	3	用钢尺检查
		对角线长度>2 m	4	

复习题

1. 外墙装饰装修工程的分类和基本做法是什么？

2. 简述外墙工程质量的常见问题与防治。

3. 简述外墙贴面类装饰装修对基层处理的要求和验收标准。

4. 简述外墙镶嵌板材类装饰装修的一般规定。

5. 简述外墙镶嵌类工程常见的质量问题和验收标准。

6. 简述玻璃幕墙的施工工艺。

7. 简述玻璃幕墙工程的常见质量问题及防治。

第四章 内墙面装饰装修工程施工技术

室内装饰装修是建筑装饰装修工程中的主要部分，它包括内墙面装饰、地面装饰、顶棚装饰、室内特种装饰和室内装饰设施。建筑装饰的等级档次主要由室内装饰水平来体现，室内装饰在整个建筑装饰的投资比重，大约占30％～50％左右，个别情况可达70％。室内墙面、地面、顶棚装饰是相互依托、相互协调统一的。内墙面装饰具有装饰室内空间、保证各种不同的使用条件得以实现以及保护结构等多种功能。内墙面装饰的做法很多，有些做法和外墙装饰做法相同或相近，而功能要求上却有明显不同，大致可分为抹灰类、涂料类、贴面类、镶嵌类、裱糊类等。对这些做法，凡和外墙相同的本章就不再详述。

内墙涂料类装饰是一种较为常用的高档和低档装饰工程，与外墙涂料类装饰工程基本相同，外墙涂料可以用在内墙，但某些内墙涂料却不能用在外墙。由于某些内墙涂料与外墙涂料在使用性能、使用功能、使用范围等方面有区别，所以内墙涂料装饰工程在基层处理、施涂方法上也有差异。

第一节 内墙涂料类装饰装修工程施工技术

一、内墙涂料类装饰装修的要求

1．涂料施工应在抹灰工程、木装饰工程、水暖工程、电器工程等全部完工并经验收合格后进行。

2．根据装饰设计的要求，确定涂料工程的等级和涂饰施工的涂料材料，并根据现行材料标准，对材料进行检查验收。

3．要认真了解涂料的基本特性和施工特性。

4．了解涂料对基层的基本要求，包括基层材质材性、坚实程度、附着能力、清洁程度、干燥程度、平整度、酸碱度（pH值）、腻子等，并按其要求进行基层处理。

5．涂料施工的环境温度不能低于涂料正常成膜温度的最低值，相对湿度也应符合涂料施工相应的要求。

6．涂料的溶剂（稀释剂）、底层涂料、腻子等均应合理地配套使用，不得滥用。

7．涂料使用前应调配好。双组分涂料的施工，必须严格按产品说明书规定的配合比，根据实际使用量分批混合，并在规定的时间内用完。其他涂料应根据施工方法、施工季节、温度、湿度等条件调整涂料的施工黏度或稠度，不应任意加稀释剂或水。施工黏度、稠度必须加以控制，使涂料在施涂时不流坠、不显刷纹。同一墙面的内墙涂料，应用相同品种和相同批号的涂料。

8．所有涂料在施涂前及施涂过程中，必须充分搅拌，以免沉淀，影响施涂操作和施工质量。

9．涂料施工前，必须根据设计要求按操作规程设标准样板或样板间，经质检部门鉴定合格后方可大面积施工。样板或样板间应一直保留到竣工验收为止。

10．一般情况下，后一遍涂料的施工必须在前一遍涂料表面干燥后进行。每一遍涂料应施涂均匀，各层涂料必须结合牢固。

11．采用机械喷涂时，应将不需施涂部位遮盖严实，以防玷污。

12．建筑物中的细木制品、金属构件和制品，如为工厂制作组装，其涂料宜在生产制作阶段施涂，最后一遍涂料宜在安装后施涂；如为现场制作组装，组装前应先涂一遍底子油（干性油、防锈涂料），安装后再施涂涂料。

13．涂料工程施工完毕，应注意保护成品。保护成膜硬化条件及已硬化成膜的部分不受玷污。其他非涂饰部位的涂料必须在涂料干燥前清理干净。

二、内墙涂料的选择原则与配套

（一）内墙涂料的选择原则

1．按不同的建筑部位选择涂料

不同的内墙部位或房间对涂料的要求也不同。例如厕所、厨房、浴室、客厅、居室、办公室、观众厅等部位或房间，有的要求防水、耐水、防霉、吸音、耐油污；有的要求刮腻子、涂平光滑，无光麻面或表面做花纹等。

2．按基层材质选择涂料

涂料施涂的基层材质不同对内墙涂料的要求也有差异。例如木基层要求刮腻子选用耐水性较好、有光泽的涂料或具有透明度的涂料以显露木纹。金属基层要求涂料固体含量高、涂料细度高或采用厚质涂料、含颗粒涂料等。

3．按建筑物施涂装饰使用周期选择涂料

建筑物涂料使用年限的长短与涂料的耐久性有关，要根据建筑物一般的建筑装修翻新间隔的时间决定涂料。例如过氯乙烯涂料适用于内墙涂料周期5年；而丙烯酸涂料可达10年。

4．除上述三点要综合考虑外，还要按涂料的特点、环境的要求来选择，例如：防锈、防腐蚀、防霉、防菌等。

5．选用"绿色环保"无毒无污染新型涂料。

内墙涂料常用品种有：耐擦洗内墙涂料、丙稀酸涂料、有光乳胶涂料、乙-内墙涂料、各种彩色涂料。详细内容参见第三章有关内容。

（二）内墙涂料的合理性配套

涂料的配套问题是较复杂的，一般来说，涂料之间采用同类树脂的涂料配套黏结力最好，当采用非同类树脂的涂料进行配套时要慎重。特别是一些相反性，易起化学变化的涂料是绝对不能配套使用。配套的原则是提高涂层质量，有利施工，有较好的经济效益。

选择涂料和进行涂料配套时应注意以下几个问题。

1. 基层涂料，通常选用防腐蚀防锈性能好，涂膜坚硬，附着力强的涂料，并有抵抗上层涂料溶剂作用的性能。

2. 面层涂料，要求坚硬耐久，流平性好，耐候性好，耐腐蚀性好，光泽丰满，并能与基层有较好的结合力。

3. 过氯乙烯涂料可以和同类涂料，醇酸类涂料，聚氨酯类涂料配套，与环氧树脂涂料，硝基涂料结合力差，不宜配套。

4. 油性涂料不宜与挥发性涂料配套，因挥发性涂料可将底层涂料咬起，一般来说，挥发性涂料可作为油性涂料的底层涂料。

5. 采用有机颜料的涂料，不宜用作底层涂料。它与上层配套后，特别是强溶解性溶剂涂料，如硝基涂料、过氯乙烯涂料、丙烯酸涂料等会产生渗色现象（如泛红咬色）。

6. 上下层涂料的收缩性、坚硬性、光滑性、热胀冷缩性应基本一致，切忌相差太大，否则会发生龟裂或早期脱落。

7. 木材、金属基层的底层涂料与面层涂料的配套关系以及涂料详细配伍规定可查有关产品手册和施工规范。

三、内墙涂料的施工技术

（一）一般工艺流程

基层处理→涂底层涂料→刮腻子→涂中间层或面层涂料→修饰与收边、压边→验收检查

（二）基层处理

1. 混凝土、水泥砂浆基层处理方法及要求

（1）基层应符合混凝土结构工程施工及验收规范及其有关规定。

（2）清理表面，对灰尘、浮浆渣、杂物、"泛白"、酥松、起皮、起鼓、起砂、硬化不良等现象均应清扫或清理干净，起鼓、起皮、酥松要铲除洗净。

（3）修补，对于裂缝、孔洞、麻面、凹凸不平、露筋等问题均应先处理创面露出的新茬，用原浆，聚合物水泥砂浆刷一遍，再抹水泥砂浆或石灰砂浆，完成修补后不应再出现修补的裂缝。待干燥后打磨砂纸，清扫干净。

（4）基层的酸碱度 pH 值应在 10 以下；含水率应在 8%～10%。

（5）混凝土内墙面一般用水泥腻子修补表面缺陷，绝对禁止用不耐水的大白腻子。

（6）混凝土内墙面先涂封闭隔离层，（用 4% 聚乙烯醇溶液，或 30% 的"108"胶，或 2% 的乳液）晾干后刮石膏腻子或"821"腻子。如厨房、厕所、浴室等房间，则应采用和涂料相同的腻子。

（7）抹灰基层的封闭隔离层，一般可采用 30% 的"108"胶水，油性涂料可用清油加稀释剂在基底上涂刷一层，待干后即可刮腻子。

（8）腻子太厚要分层刮涂，干燥后用砂纸打平，清理粉尘。

2．木基层的处理方法及要求

（1）木制品的质量应符合木结构工程施工与验收规范的有关规定，其含水率不得大于12％。

（2）木制品的表面应平整、无尘土、无油污等脏物，施工前应用砂纸打磨。

（3）木制品表面的缝隙、毛刺、掀岔及脂囊应进行处理，然后用腻子刮平、打光。较大的脂囊和节疤应剔除后用木纹相同的木料修补。木制品表面的树脂、单宁素、色素等应清除干净。

（4）去毛刺：木质表面毛刺有火燎法和润湿法，火燎法是用砂纸打出毛刺后用酒精灯火燎再打砂纸；润湿法是用湿布洗擦，毛刺翘起，干后砂纸打平。

（5）除松脂：用5％～6％碳酸钠，或用5％氢氧化钠，或用5％的碳酸钠与丙酮混合液，或25％丙酮水溶液进行擦洗，再用清水洗净。消除松脂后，用酒精擦洗，并涂漆片以防松脂再次渗出。

（6）去油污：用肥皂水或热碱水擦洗干净，然后用清水洗净，砂纸打磨。

（7）除单宁素：有些木材（栗木、麻栎）含有单宁素。它和染料有反应，造成木面颜色不一致，因此在着色前要除单宁素。其方法有熏煮法和隔离法，用骨胶先刷一遍即可起隔离作用。

（8）填平刮腻子：对木质较松的表面尤为重要，主要是将木材表面的棕眼、年轮、结疤等缺陷找平，腻子颜色应和涂料颜色或基层着色一致。

（9）磨光打砂纸：每次施涂后也要打砂纸，所有砂纸要逐遍变细。

（10）着色：用染料染色和化学染色均可，染色分水色和酒色，由于颜料的生产厂家不同，其色度、色光有所差异，故在不同的木质上颜色的色度也不尽相同。在调色时，应先做样板，当符合要求后，再正式着色。

3．金属基层处理方法及要求

（1）对金属基层要求：

对金属基层表面的灰尘、油污、锈斑、焊渣等污染物要进行清除，用酸洗、抛丸、喷砂等手段除锈去污，用碱水等可去油污、硅酮胶。刮腻子涂底层涂料和木质基层相同。

（2）金属基层的处理方法：

人工除锈：利用各种除锈工具进行除锈。

喷砂除锈：分为干砂和湿砂。

抛丸除锈：钢丸和铁丸均可用，一般直径为0.2～1mm。

化学除锈：利用各种酸性溶液与锈斑、鳞皮和污物发生化学反应，达到除锈之目的。

（三）内墙涂料施涂工序

1．混凝土及抹灰基层的施涂工序

应用于混凝土抹灰基层的涂料有薄质涂料、厚质涂料和复合涂料。

（1）薄质涂料：包括水性涂料、合成树脂乳液涂料、溶剂型（包括油性）涂料、无机涂料等。薄质涂料的施工工序见表4－1。

薄质涂料的施工工序

表 4-1

项次	工 序 名 称	水性薄涂料		乳液薄涂料			溶剂型薄涂料			无机薄涂料	
		普通	中级	普通	中级	高级	普通	中级	高级	普通	中级
1	清扫	+	++	++	+	+	+	+	+	+	+
2	填补腻子、局部刮腻子	+	+	++	+	+	+	+	+	+	+
3	磨平	+	+	+	+	+	+	+	+	+	+
4	第一遍刮腻子	+	+	/	+	+	+	+	+	+	+
5	磨平	+	+	/	+	+	+	+	+	+	+
6	第二遍刮腻子	/	+	/	/	+	/	/	+	/	+
7	磨平	/	/	+	+	+	/	+	+	/	/
8	干性油打底	/	/	++	+	+	+	+	+	+	/
9	第一遍涂料	+	++	/	+	+	+	+	+	+	+
10	复补腻子	/	/	+	+	+	/	+	+	/	+
11	磨平	/	/	/	+	+	/	+	+	/	+
12	第二遍涂料	+	/	/	/	/	+	+	+	+	+
13	磨平（光）	/	/	/	+	+	/	+	+	/	/
14	第三遍涂料	/	/	/	/	+	/	+	+	/	/
15	磨平（光）	/	/	/	/	/	/	/	+	/	/
16	第四遍涂料	/	/	/	/	/	/	/	+	/	/

注：高级内墙、薄涂料工程，必要时可增加刮腻子的遍数 1~2 遍。

（2）厚质涂料：包括合成树脂乳液涂料、合成树脂乳液砂壁状涂料、合成树脂轻质厚涂料、无机涂料等。厚质涂料的施工工序见表 4-2。

内墙厚质涂料工程施工主要工序

表 4-2

工 序 名 称	珍珠岩粉厚涂料		聚苯乙烯泡沫塑料粒子厚涂料		蛭石厚涂料	
	普通	中级	中级	高级	中级	高级
基层清扫	+	+	+	+	+	+
填补腻子、局部刮腻子	+	+	+	+	+	+
磨平	+	+	+	+	+	+
第一遍满刮腻子	+	+	+	+	+	+
磨平	+	+	+	+	+	+
第二遍满刮腻子	/	+	+	+	+	+
磨平	/	+	+	+	+	+
第一遍喷涂厚涂料	/	+	+	+	+	+
第二遍喷涂厚涂料	+	/	/	+	/	+
局部喷涂厚涂料	/	+	+	+	/	+

（3）复层涂料：包括水泥系复层涂料、合成树脂乳液系复层涂料、硅酮胶系复层涂料和固化型合成树脂乳液系复层涂料。复层涂料的施工工序为：基层清扫→填补缝隙、局部刮腻子→磨平→第一遍满刮腻子→磨平→第二遍满刮腻子→磨平→施涂封底涂料→施涂主层涂料→滚压→第一遍罩面涂料→第二遍罩面涂料。如需要半球面点状造型时，可不进行滚压工序。

2．木材基层的施涂工序

内墙涂料装饰对于木基层的施涂部位包括木墙裙、木护墙、木隔断、木挂镜线及各种木装饰线等。所用的涂料有：油性涂料（清漆、磁漆、调和漆等）、溶剂型涂料等。

（1）木材基层涂刷溶剂型混色涂料施工质量可分为普通、中级和高级三个等级，施工工序见表4-3。

木材基层刷涂溶剂型混色涂料的主要工序 表4-3

工 序 名 称	普通	中级	高级	工 序 名 称	普通	中级	高级
清扫、起钉子、除油污等	+	+	+	磨光			+
铲去脂囊、修补平整	+	+	+	刷涂底层涂料			+
磨砂纸	+	+	+	第一遍涂料	+	+	+
节疤处点漆片	+	+	+	复补腻子	+	+	+
干性油或带色干性油打底	+	+	+	磨光			+
局部刮腻子、磨光	+	+	+	湿布擦净			+
腻子处涂干性油	+			第二遍涂料	+	+	+
第一遍满刮腻子		+	+	磨光（高级涂料用水砂纸）			+
磨 光		+	+	湿布擦净			+
第二遍满刮腻子			+	第三遍涂料			+

注：高级涂料做磨退时，宜用醇酸树脂涂料刷涂，并根据涂膜厚度增加1～2遍涂料和磨光、打砂蜡、打油蜡、擦亮的工序。

（2）木基层涂刷清漆涂料施工工序：木基层涂刷清漆，主要应用在木质表面为了保留木材纹理，或木材表面光亮等装饰中。按质量要求分为中、高级两种。木基层清漆涂料施工工序见表4-4。

木基层刷涂清漆的主要工序 表4-4

工 序 名 称	普通	高级	工 序 名 称	普通	高级
清扫、起钉子、除去油污等	+	+	磨光	+	+
磨砂纸	+	+	第二遍清漆	+	+
润粉	+	+	磨光	+	+
磨砂纸	+	+	第三遍清漆		+
第一遍满刮腻子	+	+	水砂纸磨光		+
磨光	+	+	第四遍清漆		+

工 序 名 称	普通	高级	工 序 名 称	普通	高级
第二遍满刮腻子		+	磨光		+
磨光		+	第五遍清漆		+
刷油色	+	+	磨退		+
第一遍清漆	+	+	打砂蜡		+
拼色	+	+	打油蜡		+
复补腻子	+	+	擦亮		+

注：1. 保留木纹时，刮一遍腻子，磨光时要保持木纹清晰。
　　2. 不保留木纹时，二遍腻子较厚，磨光时不露木纹。

3. 金属基层的施涂工序

内墙涂料装饰中金属基层涂饰主要应用在金属花饰、金属护墙、栏杆、扶手、金属线角、黑白铁制品等部位，这些金属在大气中易生锈，为了保护制品不被锈蚀，必须先涂以防锈涂料。金属基层涂料施涂，按质量要求可分为普通、中级、高级三级。其主要工序见表4-5。

金属基层刷涂涂料的主要工序　　　　　　　　表4-5

项次	工 序 名 称	普通	高级	项次	工 序 名 称	普通	高级
1	除锈、清扫、磨砂纸	+	+	10	复补腻子		+
2	刷涂防锈涂料	+	+	11	磨光	+	+
3	局部刮腻子	+	+	12	第二遍涂料		+
4	磨光	+	+	13	磨光		+
5	第一遍刮腻子		+	14	湿布擦净		+
6	磨光		+	15	第三遍涂料		+
7	第二遍满刮腻子		+	16	磨光（用水砂纸）		+
8	磨光		+	17	湿布擦净		+
9	第一遍涂料	+	+	18	第四遍涂料		+

注：带锈防锈涂料可省去"1"的工序。

四、各种内墙涂料的施工方法

（一）混凝土及抹灰基层上各种涂料的施工方法

内墙涂料品种100多种，其施涂方法基本上都是采用刷涂、喷涂、滚涂、抹涂、刮涂等。不同的涂料品种会有一些微小差别，现将几种典型内墙涂料的施工方法和注意事项介绍如下：

1. 聚乙烯醇系内墙涂料的施工方法
聚乙烯醇系内墙涂料主要采用刷涂或滚涂施工方法。

（1）施工操作步骤

①清理基层：基层处理方法参见本章"基层处理"有关内容。

②填补裂缝和磨平：将墙面上的气孔、磨面、裂缝、凹凸不平等缺陷进行修补，并用涂料腻子填平。待腻子干燥后用砂纸打磨平整。

③满刮腻子：在满刮腻子前，先用聚乙烯醇缩甲醛胶（10%）：水 = 1:3 的稀释液满涂一层，然后在上面批刮腻子。

④磨平：待腻子实干后，用 0 号或 1 号铁砂纸打磨平整，并清除粉尘。

⑤涂刷内墙涂料：待磨平后，可以用羊毛辊或排笔涂刷内墙涂料，一般墙面涂刷两遍即成。如果高级墙面，在第一遍涂刷完毕干燥后进行打磨，批刮第二遍腻子，再打磨，然后涂第二、三遍涂料。

（2）施工注意事项

①基层含水率在 15% 以内，抹灰面泛白无湿印，手摸基本干燥，或用刀划表面有白痕时，可进行涂饰施工。

②施工温度应在 10℃ 以上，相对湿度在 85% 以下较合适。

③涂料的适宜黏度为 50～150 S。现场施工时，不能用水稀释涂料，应按产品使用说明指定的稀释方法进行稀释。

④施工中如发现涂料沉淀，应用搅拌器不断地拌匀。

2．乳胶类内墙涂料的施工方法

（1）施工操作步骤

①基层处理：基层处理方法参见本章"基层处理"有关内容。应当特别注意，基层应表面平整、纹理质感均匀一致，否则会因光影作用而使涂膜颜色显得深浅不一致。基层表面不宜太光滑，以免影响涂料与基层的黏结力。

②涂刷稀乳液：为了增强基层与腻子或涂料的黏结力，可以在批刮腻子或涂刷涂料之前，先刷一遍与涂料体系相同或相应的稀乳液，这样稀乳液可以渗透到基层内部，使基层坚实干净，增强与腻子或涂层的结合力。

③满刮腻子：应满刮乳胶涂料腻子 1～2 遍，等腻子干后再用砂纸磨平。

④涂刷涂料：施工时涂料的涂膜不宜过厚或过薄。过厚易流坠起皱，影响干燥，过薄则不能发挥涂料的作用。一般以充分盖底、不透虚影、表面均匀为宜。涂刷遍数一般为两遍，必要时可适当增加涂刷遍数。在正常气温条件下，每遍涂料的时间间隔约 1 h 左右。

（2）施工注意事项

①注意检查环境条件是否符合涂料的施工条件。

②乳胶涂料干燥快，如大面积涂刷，应注意配合操作，流水作业。要注意接头，顺一方向刷，接茬处应处理好。

③乳胶涂料应贮存在 0℃ 以上的地方，使涂料不冻，不破乳。贮存期已过的涂料必须经检验合格后方能使用。

④每遍涂料的间隔时间以前层涂料干燥后时间为准，一般为 1 h 左右。

3．溶剂型内墙涂料的施工方法

（1）施工操作步骤

①基层处理：基层处理方法参见本章"基层处理"有关内容。特别注意，基层必须充分干燥，基层含水率在 6% 以下，但氯化橡胶涂料可以在基层基本干燥的条件下施工。把基层附着污染清除干净后，用溶剂型涂料清漆与大白粉或滑石粉配成的腻子将基面缺陷嵌平，待干燥后打磨。腻子的批刮遍数主要根据质量等级来定。

②涂刷涂料：在涂刷涂料之前，用该涂料清漆的稀释液打底。采用羊毛辊或排笔涂刷两遍，其时间间隔在 2 h 左右。对高级内墙装修可适当增加涂刷遍数。

（2）施工注意事项

①溶剂型涂料在 0 ℃ 以上均可施工，但在高温、阴雨天不得施工。

②涂刷操作时，不宜往复多次涂刷，否则可能会伤害底层涂层，并在底涂层表面留下刷痕。

③溶剂型涂料易燃有毒，施工时应注意通风防火。操作人员操作时应戴口罩、手套等劳保防护用品。

4．无机硅酸盐内墙涂料施工方法

（1）施工操作步骤

①基层处理：基层的处理方法参见本章"基层处理"有关内容。应当注意，基层要求平整，但不能太光滑，否则会影响涂料黏结效果。

②批刮腻子：内墙应根据装饰要求满刮 1～2 遍腻子。腻子干后应用砂纸打磨平整。

③涂刷涂料：涂料的涂刷可采用刷涂法，或刷涂与滚涂相结合的方法进行施工。刷涂时，涂料的涂刷方向和行程长短均应一致。由于涂料干燥较快，应勤蘸短刷，初干后不可反复涂刷。新旧接茬最好留在分格缝处。一般涂刷两遍即可，其时间间隔应以上一遍涂料充分干燥为准，但有的品种可以两遍连续涂刷，即刷完第一遍后随即刷第二遍。注意涂刷均匀。

刷涂与滚涂相结合时，先将涂料刷涂于基层面上，随即用辊子滚涂。辊子上应蘸少量涂料，滚涂方向应一致，操作要迅速。

（2）施工注意事项

①涂料如有沉淀，必须搅匀。如需加固化剂，应充分搅拌，并在规定的时间内用完。

②涂料中不得任意掺水或颜料，而应按使用说明掺入指定的稀释剂。

③雨天和下雨前后不能施工。施工后在 24 h 内避免雨水冲刷。

④被污染的部位，应在涂料未干时及时清理。

5．水乳型环氧树脂厚质涂料施工方法

（1）施工操作步骤

①基层处理：基层处理方法参见本章"基层处理"有关内容。基层处理应在涂饰施工前 2～3 d 完成。

②喷涂施工：喷涂前，必须将门窗、窗台、踢脚等易受喷涂污染的部位用纸或档板盖严实。将水乳型环氧树脂厚涂料与其固化剂按比例配制并搅拌均匀备用。

喷涂时，喷枪与墙面要保持垂直，喷头与墙面的距离保持在 40~50 cm 为宜。喷枪移动速度应保持一致，否则会出现颜色不匀或流挂现象。若出现颜色不匀时，可关闭喷枪的一个气眼，用另一个气眼修补，料用完后应关闭气门加料。

③涂刷罩面涂料：喷涂双色涂层 3 d 后，用排笔或羊毛辊涂刷罩面涂料。一般涂刷两遍即可，其时间间隔约为 4 h。

（2）施工注意事项

①配好的涂料必须在 2~4 h 内用完（夏天 2 h，冬天 4 h），时间过长易固化。

②气温低于 2℃ 及雨天不宜施工。

③涂料一定要充分拌匀，否则会影响涂层质量。

④被涂料污染的部位，应在未固化前用相应的溶剂擦洗干净。

6．丙稀酸系薄质饰面涂料施工方法

（1）施工操作步骤

①基层处理：基层处理方法参见本章"基层处理"有关内容。对于加气混凝土，应先刷一遍 107 胶∶水∶水泥＝1∶4∶2 的水泥浆料。

②抹涂涂料，在底层涂料及表层涂料中按使用说明书适当加入稀释剂或水，用手提式搅拌器充分搅匀。先采用刷涂或滚涂工艺将底层涂料均匀地涂饰 1~2 遍。底层涂料施工完毕间隔 2 h 左右，再用不锈钢抹灰工具，抹涂面层涂料 1~2 遍。抹完后约 1 h 左右，用抹子拍平、抹实压光。养护并干燥固化，需要 2 d 以上。

（2）施工注意事项

①不得回收落地灰，以免污染面层。

②工具和涂料应及时检查，保证清洁。

③涂层干燥需要 2 d 以上，应注意保护成品。

（二）木基层上各种涂料的施工方法

木基层各种涂料的施工方法，是一项很精细的施工技术，它有普通涂饰技术、磨退（亦称蜡克）涂饰技术等多种操作技术。内墙木装饰的部位，包括：木护墙、木墙裙、木隔断、木博古架、木装饰线、门窗贴脸、筒子板等，所用的涂料多为油性涂料、溶剂性涂料等。根据装饰要求，涂料特性和装饰部位，按前述相应的施工工序进行施工，每道工序均有具体的施工方法，这里仅介绍几种典型的涂料施工方法和施工注意事项。

1．木基层混色涂料的施工方法

（1）施工操作步骤：

①基层处理：木材面的木毛、边棱用一号以上砂纸打磨，先磨线角后磨平面，要顺木纹打磨，如有小活翘皮、重皮处则可嵌胶粘牢。在节疤和油渍处，用酒精漆片点刷，详见本节木基层处理方法。

②刷底子油：清油中可适当加颜料调色，避免漏刷。涂刷顺序为：从外至内，从左至右，从上至下，顺木纹涂刷。

③擦腻子：腻子多为石膏腻子。腻子应不软不硬、不出蜂窝，挑丝不倒为宜。批刮

时应横抹竖起，将腻子刮入钉孔及裂缝内。如果裂缝较大，应用牛角板将裂缝用腻子嵌满。表面腻子应刮光，无残渣。

④磨砂纸：用一号砂纸打磨。打磨时应注意不可磨穿涂膜并保护棱角。磨完后用湿布擦净，对于质量要求比较高的，可增加腻子及打磨的遍数。

⑤刷第一遍厚漆，将调制好的厚漆涂刷一遍。其施工顺序与刷底子油的施工顺序相同。应当注意厚漆的稠度以达到盖底、不流淌、无刷痕为准。涂刷时应厚薄均匀。

厚漆干透后，对底腻子收缩或残缺处，再用石膏腻子抹刮一次。待腻子干透后，用砂纸磨光。

⑥刷第二遍厚漆：涂刷第二遍厚漆的施工方法与第一遍相同。

⑦刷调和漆：涂刷方法与厚漆施工方法相同。由于调和漆稠度较大，涂刷时要多刷多理，挂漆饱满，动作敏捷，使涂料涂刷得光亮、均匀、色泽一致。刷完后仔细检查一遍，有毛病应及时修整。

（2）施工注意事项

①涂刷涂料前应清理周围环境，防止尘土飞扬，影响施涂质量，而且应保证通风良好。

②被涂料污染的部位应及时清除。

2．木基层混色磁漆磨退的施工方法

（1）施工操作步骤

①基层处理：表面清理干净后，磨一遍砂纸，应磨光、磨平。阴阳角胶迹要清除，阳角要倒棱、磨圆，上下一致。详见本节有关内容。

②刷底子油：底子油由清油、熟桐油和松香水按比例配成。涂刷应均匀一致，不可漏刷。

③批刮腻子：调制石膏腻子时，应适量加入醇酸磁漆，可调稀一点。先用刮板满刮一遍，刮光、刮平，待其干燥后，用砂纸打磨，然后再满刮一遍。大面积可用钢片刮板刮，要求平整、光滑；小面积可用开刀刮，要求阴角正直。待腻子干燥后，用"0号"砂纸磨平磨光。

④涂刷醇酸磁漆，头遍涂料中可适量加入醇酸稀料。涂刷时，应横平竖直，不流坠、不漏刷。干后用砂纸磨平磨光，不平处应复补腻子。

第二遍涂料中不应添加稀料，待涂料干燥后，用砂纸打磨。如表面有"痱子"疙瘩，可用"280号"水砂纸磨平。如有局部不平，须用腻子复补平整。

第三遍涂刷同第二遍。

第三遍涂料干后，用"320号"水砂纸打磨，不得磨破棱角，达到光亮。

第四遍涂料干后，用"320号"～"500号"水砂纸顺木纹打磨，磨至涂料表面发热，但不能磨破棱角，磨好后用湿布擦净。

⑤打砂蜡：先将砂蜡用煤油化成糊状，再用棉丝蘸蜡顺木纹反复擦。擦砂蜡时应用力均匀，直擦至全部出现暗光为止，然后用棉丝蘸汽油将浮蜡全部擦净。

⑥擦上光蜡（油蜡）：用干净棉丝蘸上光蜡薄抹一层后顺木纹擦，一直擦至光泽饱满为止。

（2）施工注意事项

①施工时环境温度应大于0℃，操作场地应通风良好。

②在涂刷每遍涂料时，应注意环境卫生，刮大风和清扫地面时不宜施工。

③施工完毕后注意成品保护，以免磕碰或弄脏。

3．木基层清漆磨退的施工方法。

（1）施工操作步骤

①基层处理：基层处理方法见本节"混色磁漆磨退的施工"有关内容。

②润油粉：油粉是根据样板颜色用清油、熟桐油、黑漆、汽油加大白粉、红土子、地板黄等材料按比例配成。油粉不可调得太稀，以糊状为宜。润油粉用麻丝搓擦将棕眼填平，包括边、角都应润到、擦净。

③满刮色腻子：用润油粉调色石膏腻子，颜色按设计要求刮一遍。刮腻子不应漏刮。待腻子干后，用"1号"、"2号"、"3号"砂纸打磨三遍，打磨平整，不得有砂纸划痕。

批刮第二遍腻子后，应用砂纸磨平磨光，做到木纹清晰、棱角不破，每磨一次都应立即擦净，直至光平无棕眼。

④刷醇酸清漆：醇酸清漆应涂刷四遍、六遍或八遍。涂刷时应横平竖直，厚薄均匀，木纹通顺，不漏刷、不流坠。

第一遍涂料干后，用"1号"砂纸打磨平整。对于腻子疤、钉眼等缺陷，应用漆片修色。

第二遍涂料干后，用"1号"砂纸打磨平。如还存在缺陷，应修补好。

第三遍涂料干后，用"280号"水砂纸打磨。

第四遍涂料干后，要等待48 h后，用"280号"～"320号"水砂纸打磨，磨平、磨光。最后刷罩面漆不要打磨。

⑤刷丙烯酸清漆：丙烯酸清漆按甲组：乙组＝4：6（重量比）的比例进行调配，并可根据气候适量加入稀释剂（如二甲苯）。刷涂时要求动作敏捷，刷纹通顺，厚薄均匀，不漏刷、不流坠。

第一遍涂料干后，用"320号"水砂纸打磨。磨完后用湿布擦净。

第二遍涂料可在第一遍涂料刷后4～6 h开始，待其干后用"320号"～"380号"水砂纸打磨。从有光至无光，直至断斑，不得磨破棱角，磨后用湿布擦净（也可以重复上述工序进行第三遍、第四遍涂刷）。

⑥打砂蜡：将配制好的砂蜡用双层呢布头蘸擦，擦时应用力均匀，直擦到不见亮斑为止，不可漏擦，擦后清除浮蜡。

⑦擦上光蜡（油蜡）：用干净白布擦上光蜡，应擦匀擦净，直至擦亮为止。

（2）施工注意事项

①在涂刷每一遍涂料时，都应保持环境清洁卫生，刮大风天气或清理地面时不应施工。

②修色时，漆片加颜料要根据当时颜色深浅灵活掌握，修好的颜色应与原来颜色基本一致。

③腻子的颜色或刷底色其色度应比要求的颜色略浅，一定要先做样板，符合要求后

方可施工。

④在配制丙烯酸清漆时，不能一次配得太多，最好配一次用半天，以免浪费。

（三）金属基层上各种涂料的施工方法

金属基层涂料的施工方法，操作技术较为简单，主要解决底层涂料与金属基层结合的牢固性与防锈性。内墙用金属装饰的部位包括：金属隔断、金属博古架、金属花饰、金属栏杆扶手等，金属装饰需要涂饰的多数是黑色金属基层（对于有色金属装饰不属于涂饰施工）。根据装饰要求，按照施涂工序进行认真的施工操作。

1. 金属基层刷涂单色上涂料的施工方法

（1）施工操作步骤

①基层处理：详见本节有关"金属基层处理方法"的内容。

②刷防锈涂料：常用防锈涂料有红丹防锈漆、铁红防锈漆等。刷防锈漆时，金属表面必须非常干燥，如有水汽必须擦干。刷防锈漆时，一定要刷满刷匀。小件金属制品花样复杂的可采用两人合作，一人用棉纱蘸漆擦，一人用油刷理遍。

防锈漆干后，用石膏油性腻子将缺陷处刮平。腻子中可适量加入厚漆或红丹粉，以增加其干硬性。腻子干后应打磨平并清扫干净。

③刷磷化底漆：磷化底漆由两部分组成，一部分为底漆，另一部分为磷化液。常用磷化液的配比为：工业磷酸70%，一级氧化锌5%，丁醇5%，乙醇1%，水10%。磷化底漆的配比为磷化液∶底漆＝1∶4（重量比），有时也单独使用磷化液来处理。

涂刷时以薄为宜，不能涂刷太厚，否则效果较差。若涂料的稠度较大，可适量加入稀释剂进行稀释。一般情况下，涂刷后24 h，可用清水冲洗或用毛板刷除去表面的磷化剩余物。

④刷厚漆：操作方法与刷防锈涂料相同。黑白铁皮制品，安装后再涂刷一层面层涂料。

⑤刷调和漆：一般金属制品只要在面上打磨平整、清扫干净即可涂刷涂料。涂刷顺序为：从上至下，先难后易。制品的周围都要刷满、刷匀。刷后反复检查，以免漏刷。

（2）施工注意事项

①刷涂料的棉纱应保持清洁，不允许零碎的棉纱头粘在涂料面上。

②调好的磷化底漆需在12 h内用完，放置时间不宜过长。

③磷化液的使用量必须按比例确定，不得任意增减。磷化底漆的配制必须在非金属容器内进行。

2. 金属基层上刷涂混色涂料的施工方法

（1）施工操作步骤

①基层处理：金属基层上的浮土、灰浆须打扫干净。已刷防锈涂料但出现锈斑的，须用铲刀铲除底层防锈涂料后，再用钢丝刷和砂布彻底打磨干净，补刷一道防锈涂料，待防锈涂料干透后，将凹坑、缺棱、拼缝等处，用石膏腻子刮磨平整。待腻子干后用"1号"砂纸打磨，磨完后用湿布擦净。

②刮腻子：用牛角板或橡皮刮板在基层上满刮一遍石膏腻子。要求刮薄收净、均匀平整无飞刺。腻子干透后，用"一号"砂纸打磨平整、光滑。

③刷第一遍厚漆：将厚漆与清油、熟桐油和汽油按比例配制，其稠度以达到盖底、不流淌、不显刷痕为宜。涂刷应厚薄均匀，刷纹通顺。

全部刷完后应检查一下有无漏刷处，对于线角和阴阳角处有流坠、裹棱、透底等毛病的，应清理修补。

待后期干透后，在底腻子收缩或残缺处，再用石膏腻子补抹一次。待腻子干后，打磨平整。

④刷第二遍厚漆：涂刷方法与第一遍涂刷方法相同。第二遍厚漆刷好后，用"一号"砂纸或旧细砂纸轻磨一遍，最后打扫干净。

⑤刷调和漆：涂刷方法同前。由于调和漆黏度较大，涂刷时要多刷多理，涂油饱满，不流不坠，使之光亮、均匀、色泽一致，刷完后要仔细检查一遍，如有疵病及时修理。

（2）施工注意事项

①底层腻子中应适量加入防锈漆、厚漆。腻子要调的不软、不硬、不出蜂窝，挑丝不倒为宜。

②刷涂料前应清理周围环境，防止尘土飞扬，影响质量。

（四）彩色涂料艺术涂饰的施工方法

1. 套色漏花涂饰施工方法

套色漏花涂饰的形式有边漏、墙漏和假墙纸。假墙纸是经常采用的一种涂饰形式。假墙纸是将花纹图案连续漏满墙面，使之类似有裱糊的效果。套色漏花的施工方法如下：

（1）刷涂底层涂料：刷涂底层涂料的主要工序包括基层处理→弹漏花位置线→刷底子油（清油）→刮第一遍腻子→磨平→刮第二遍腻子→磨平→清除浮灰→弹分色线→刷第一遍调和漆→刷第二遍调和漆。

（2）制作套色漏花板：常用的套色漏花板有纸板套色漏花板和丝绢套色漏花板。纸板套色漏花板是用涂刷过清漆的硬纸板，按照设计的花纹图案刻制而成的套版。套版上有定位孔，每一种颜色制一块版，每一块套版应按其套色漏花板的色别标志出顺序号，以免误套颜色。

（3）配料：套色漏花涂饰所用涂料，一般用清油、调和漆，掺颜料、稀释剂等制作而成。涂料的颜色应根据基层底色和设计要求而定。套色漏花的配色，应以底层涂料为基色，每一板颜色深浅要适度，色调要协调柔和。涂料的稠度要适宜，稀了易流坠，干了易堵油嘴。

（4）定位：确定漏花的具体位置。墙上部的边漏涂饰，一般距顶棚面为房间净高的20 mm左右。其他各种套色漏花的框线或水平、垂直线段均应按装饰设计要求确定。施工中套色漏花板应找好垂直和水平，每板都必须对准定位位置，不得位移，以防混色、压色，注意不要将套版翻转来用。

（5）套色漏花的喷印：套色漏花宜用喷印方法进行，并按分色顺序喷印。漏花时两人为一组，一人持漏花板找正定位铺贴墙上，另一人持喷油器喷涂或用油刷刷涂色油。喷涂或刷涂的顺序是先中间色、浅色，后为深色。漏花板定位铺贴准确后，边漏从房间的一角开始，从左至右连续延伸一周，待第一遍色油干透后，再涂第二遍色油。在施工过程中，应组织严密，不得出现漏刷（或漏喷）、透底、流坠、皱皮等。

漏花板每漏3~5版次，应用干布或干棉纱擦去正面和背面的涂料，以免污染。

特别指出，边漏是指涂饰镶边所采用的漏涂施工方法，墙漏是指墙面、图案填心的漏涂施工方法，假墙纸是指整面墙仿墙纸花纹漏涂施工方法，三种漏花涂饰施工方法可以套色漏花也可以单色漏花。

2. 滚花涂饰施工方法

（1）批刮腻子：第一遍腻子干后，用"1号"砂纸打磨，并清扫干净。然后再批刮一遍腻子，待腻子干后用细砂纸磨光、磨平。

（2）刷底层涂料：底层涂料一般应涂刷两遍，通常采用聚乙烯醇水玻璃内墙涂料、聚乙烯醇缩甲醛内墙涂料及其同类改性产品，也可采用内墙乳胶涂料。

（3）弹线：待底层涂料干燥后，在墙上弹垂直线和水平线，确定滚花的位置。

（4）滚花：滚花用的涂料有专门的滚花涂料，也可用聚乙烯醇系内墙涂料中加入5%左右的醋酸乙烯乳液及适量的色浆配制。滚花涂料的黏度（B_4黏度计25 ± 2℃）必须在60 s以上。

按设计要求或样板配好涂料后，用刻有花纹图案的胶皮辊蘸涂料，从左至右，从上至下进行滚印，辊筒垂直于粉线，不得歪斜，用力均匀，滚印1~3遍，达到图案颜色鲜明，轮廓清晰为止。不得有漏涂、污斑和流坠，并且不显接茬。

3. 仿木纹涂饰施工方法

仿木纹涂饰是在装饰面上用涂料仿制出如梨木、檀木、水曲柳、榆木等硬质木材的木纹，多用于墙裙等部位。

仿木纹涂饰的操作工序有：底面涂料→弹分格线→刷面层涂料→做木纹→用干净刷轻扫→划分格线→刷罩面清漆。

（1）涂刷底层涂料：涂刷底层涂料的主要工序有基层处理→涂刷清油→刮第一遍腻子→磨平→刮第二遍腻子→磨平→刷第一遍涂料（调和漆）→刷第二遍涂料（调和漆）。底层涂料的颜色以米色或浅色等与木材的本色近似的颜色为宜。

（2）弹分格线：仿木纹涂饰的分格，要考虑横、竖木纹的尺寸比例关系的协调。

（3）刷面层涂料，面层涂料的颜色要比底层深，不得掺快干剂，宜选用干燥结膜较慢的清油，刷油不宜过厚。

（4）做木纹：干刷轻扫，用不等距锯齿橡皮板在面层涂料上做曲线木纹，然后用钢梳或软干毛刷轻轻扫出木纹的棕眼，形成木纹。

（5）划分格线：待面层木纹干燥后，划分格线。

（6）刷罩面清漆：待所做木纹、分格线干透后，表面涂刷一道清漆罩面，要求刷匀、刷到、不得起皱皮。施工完毕，应注意保护成品。

4. 仿石纹涂饰施工方法

仿石纹涂饰是在基层上用涂料仿制出如大理石、花岗石等的石纹。这种涂饰多用于墙裙和室内柱子的饰面。

仿石纹涂饰的操作工序包括，基层处理→涂刷底层涂料→划分格线→挂丝棉→喷色浆→取下丝棉→划分格线→刷清漆。

（1）基层处理：同前。

（2）涂刷底层涂料：刷清漆一遍（加少量松节油），刮第一遍腻子、磨平、刮第二遍腻子、磨平、刷第一遍涂料（调和漆）、刷第二遍涂料（调和漆）。底层涂料的颜色色调应与石纹协调，宜选用浅黄或灰绿色，亦可用黑色、灰色、咖啡色、翠绿色等。

（3）划线、挂丝棉：将底层涂料的表面清理干净，用软铅笔划出仿石纹拼缝。将丝棉用清水浸透，拧出水分，再甩开使其松散，钉挂在木条或木板方框上，用手整理丝棉成斜纹状，但不宜拉成直纹。将整理好的丝棉方块，靠附在墙面上。

（4）喷色浆、取下丝棉：石纹色浆分水色浆和油色浆两种。用深、浅、虚、实形成石纹。喷涂顺序为浅色、深色最后喷白色。三次喷涂完毕，等待 10～20 min 后，即可取下丝棉，将丝棉洗净。

（5）划分格线：待石纹干透后，在原铅笔道处划 2 mm 宽的粗铅笔线。

（6）刷清漆：待上述工序全部完成后，涂刷一遍清漆，要求刷匀、刷到、不流坠、不皱皮。

施工完毕，应注意保护成品。

5．鸡皮皱面层涂饰施工方法

涂饰鸡皮皱面层就是将面层涂膜通过油刷拍打产生均匀美观的皱纹和疙瘩，它不仅有保护基体和装饰的作用，而且还有消声作用。

涂饰鸡皮皱面层的施工方法：

（1）涂刷底层涂料：其主要工序包括基层处理、涂刷清油、刮第一遍腻子、磨平、刮第二遍腻子、磨平、刷底层涂料（调和漆）。

（2）涂饰鸡皮皱面层：鸡皮皱面层的施工质量的好坏，主要取决涂料的配比和操作水平。常用于涂饰鸡皮皱面层的涂料有白厚漆和白调和漆等。一般应在涂料中加入 20％～30％的大白粉（重量比），并用松节油进行稀释。使用前应进行试拍，确认配料满足要求后，方可投入大面积使用。

在涂刷鸡皮皱涂料时，一般由两个人操作，一人涂刷，另一人用专用的鸡皮皱油刷拍打。鸡皮皱涂层厚度一般为 2 mm 左右，拍打时，毛刷与墙面平行，距墙面 200 mm 左右，一起一落，利用毛刷与墙面产生的弹性，将涂层拍击成稠密均匀的疙瘩。要求拍打起粒均匀，大小一致。

6．彩色涂料施工方法

内墙涂料，喷涂后可形成多种色彩层次，产生立体花纹，耐水性、耐洗刷性和透气性。可适用于混凝土、砂浆、石膏板、木材、钢、铝等基层涂饰。

（1）施工操作方法：

①基层处理完毕后，进行底层涂料施工，用涂料辊滚涂两遍，也可喷涂或刷涂。

②面层涂料施工：待底层干燥后（2 h 后），将搅拌均匀的面层涂料用喷枪进行喷涂，喷嘴压力 0.2～0.25 mPa，喷嘴距墙为 120～150 mm，喷涂时喷枪缓慢，匀速移动，有漏喷、疵病等可进行局部刮除后补喷，但间隔时间不宜超过 2 h。

（2）施工注意事项：

①底层、面层涂料贮存温度为 5～35 ℃，避免在日光下直接曝晒。

②面层涂料使用前，应将装有物料的容器充分摇动，使物料彩粒均匀分散，用木棒搅拌片刻，确保多彩颗粒相互分离。切忌机械高速搅拌以免破坏多彩花点的组合。

③面层涂料喷涂时，如有彩粒聚集、流淌、不均匀等现象，应查清原因马上刮除，重新喷涂。

④面层涂料喷涂要使用专用喷涂机具。

⑤不得用水或不适当的溶剂稀释物料。

⑥施工时，应保持场地空气流通，严禁在施工现场出现明火。

（五）颗粒涂料的施工方法

新型涂料、环保涂料发展很快，产品不断问市，新的产品在简化施工过程，缩短施工周期等方面有了很大改进，现介绍几种颗粒涂料的施工方法。

1．碎瓷颗粒涂料

在涂料里加入碎瓷颗粒涂饰墙面，形成麻面色点效果，好像斩假石，施工简便，用于外墙、展厅、观众厅等室内外装饰，其艺术效果很好。

（1）施工工序

基层处理→喷涂结合层→喷涂饰面层→喷涂罩面层

（2）施工操作方法

①基层处理同第三章第一节

②喷涂（刷涂）结合层：为了增强饰面层与基层的黏结力，先在基层上喷一遍与饰面层相匹配的黏结力强的普通涂料，其厚度为 1.0 mm 左右，2 h 后即可喷饰面层。

③弹分段水平线：墙面过大时，为了分段喷涂，在结合层喷涂 2 h 后，从上至下每隔 1.2 m 弹一道水平线，作为喷涂面层时的施工分段线。

④喷涂饰面层：先将料筒内碎瓷颗粒涂料搅拌均匀，倒入喷枪料斗，每次只倒入料斗容量的 4/5，不得太满。喷涂时自上而下，从左至右，匀速缓慢移动，不得漏喷。每段喷涂完毕，检查一遍，有不均匀处马上补喷。

⑤喷涂罩面层：当饰面层喷涂 3 h 后即可喷涂罩面层，罩面层涂料为无光透明（或有光）防水涂料，喷涂一到二遍。即增加饰面层颗粒黏结牢固，又可防风雨侵蚀，防大气污染，保持鲜艳和饰面层的耐久性。

（3）施工注意事项

①结合层、饰面层、罩面层所用涂料一定要相互匹配。

②喷涂饰面层要防止颗粒集中，出现锥形突起，出现后要马上铲平补喷。

③喷枪口垂直墙面，距墙面距离为 120～150 mm 为宜。

④喷枪出口压力为 0.2～0.25 mPa 不应过大或过小。

⑤喷涂至接近下分段线交接处，涂层要薄一些，待喷下一分段时再补喷一遍。以消除分段接茬痕迹。

2. 防火爆花岗岩涂料

①在溶剂型乳液型涂料中掺入碎石颗粒，涂饰后形成颗粒麻面，如同火爆花岗岩贴面效果。分为大麻面（碎石颗粒为 2～3 mm）、小麻面（碎石颗粒为 1.0～1.2 mm），涂层色彩由各色涂料和碎石搭配调制，它适用于外墙饰面、勒脚饰面或室内需要花岗岩饰面部位。

（1）施工工序

基层处理→喷结合层→弹分格线→贴分格布→喷饰面层→揭分格布→喷保护层。

（2）施工操作方法

①基层处理：同前。

②喷结合层：同前。

③弹分格线：

先弹墙面的垂直中线和上下水平中线，作为基准线，按设计分块尺寸由基准线分格并弹出格线宽度（一般为 15～25 mm）。

④贴分格布：在分格宽度范围刷胶，由上至下贴分格布，然后贴水平分格布，也可采用标准单面胶分格布直接贴，在分格线上如果分格较深要贴分格木条（或用钢钉固定分格条），喷涂层在 1.5 mm 以内贴分格布，大于 2.5 mm 用木分格条分隔。

⑤喷涂饰面层：

当喷涂厚度小于 1.5 mm，采取大面积喷涂覆盖。操作方法同碎瓷颗粒涂料。

当喷涂厚度大于 2.5 mm，喷涂后半小时将木条轻轻活动一下，喷涂操作同碎瓷颗粒涂料。

⑥揭分格木条：钉木条时，钉子露出 10 mm，用扦子轻轻拨出木条，对分格边有毛刺处用抹子进行修补。

⑦喷保护层：同碎瓷颗粒涂料。

（3）施工注意事项

除按碎瓷颗粒涂料的注意事项执行外尚有以下几点：

（1）木条断面应符合设计要求。

（2）揭木条的时机应在涂料完全干硬前，表皮结硬时揭木条。

（3）喷涂表面有凹凸不平或碎石成堆时，应及时铲除并补喷。

（4）仿火爆花岗岩涂料预制墙板施工简介

仿火爆花岗岩涂料预制墙板制作是工厂化生产，采用硬质 PVC 塑料板（板厚 3～4 mm）按墙板分块尺寸，模压成凹凸形板面，然后在工作台上喷涂仿花岗岩涂料，经烘烤工艺，涂料与 PVC 塑料板粘牢，运至现场吊装，与建筑主体结构挂接，作为建筑物外墙，其效果如同石砌外墙。一种日本生产的产品在天津水上公园国际村别墅使用，至今已 7 年，外墙仍然保持新建状态。

3. 室内轻颗粒涂料

在涂料中掺入膨胀珍珠岩颗粒、泡沫聚苯乙烯塑料颗粒等轻质碎屑，作为室内天花板、内墙面涂饰，装饰效果很有特色，产品成本低、利润高，很受广大居民欢迎。涂层具有调节室内湿度的作用，并有以下几个特点。

（1）施工工序，施工操作方法同普通涂料。

（2）饰面层可以喷涂两遍，前后间隔时间为1 h。

（3）不用喷罩面层，施工周期短。

4．高光漆施工方法

高光漆（也称高漆），它是根据磁漆，调和漆研制而成的一种新品种。其光亮度超过磁漆3～4倍，固体含量大、涂层厚，适用于家具、设备，尤其在木基层、金属基层涂饰是首选涂料。可以利用各色高漆绘制壁画，制作仿天然大理石、花岗岩花纹图案涂饰几可乱真，绘制壁画镶于室内外墙上，可代替烧瓷壁画。

（1）施工工序

基层处理→打底漆→磨平→涂面漆→喷罩面保护层→擦洗→盖保护膜干燥后揭除。

（2）施工操作方法

①基层处理见本章第一节有关内容。

②刷涂底层无光漆为结合层，磨平磨光。

③喷涂面层，高光漆流平性好，刷后无痕迹，先横刷再竖刷（或均匀喷涂），漆的厚度为0.5～1.0 mm，刷涂后4～5 h即可干硬光亮。产品有各种颜色，可喷涂单色面层也可喷涂多色图案面层，如用刷涂方法制作仿天然大理石花纹。利用喷色点制作仿花岗岩花纹或任意花色图案，操作工人如同绘画大师可绘制各种艺术图案。

（3）施工注意事项

①高光漆喷涂（刷涂）制作桌面时，涂饰后可以马上轻轻振动桌面，使其表面光平，但30 min后严禁振动。

②喷涂室内时，环境要清洁，喷涂前地面洒水，防止灰尘飞扬。

③工厂生产要采用连续生产线，从基层处理到饰面层要连续密闭完成。

④高光漆饰面板要采用工厂预制化生产、现场安装的施工方法。

五、内墙涂料类装饰装修工程验收标准

1．薄质涂料、厚质涂料、复合层涂料的质量标准见外墙涂料类装饰工程。

2．溶剂型混色涂料施工质量要求见表4-6。

溶剂型混色涂料施工质量要求   表4-6

项　　目	普通涂料	高级涂料
脱皮、漏刷、反锈	不允许	不允许
光亮和光滑（无光涂料不检查）	光亮均匀一致	光亮足，光滑无挡手感
分色，裹棱	大面不允许，小面允许偏差3 mm	不允许

项　　目	普通涂料	高级涂料
装饰线，分色线平直（拉 5 m 线检查，不足 5 m 拉通线检查）	偏差不大于 3 mm	偏差不大于 1 mm
颜色、刷纹	颜色一致	颜色一致，无刷纹
五金、玻璃	洁净	洁净

3. 清漆涂饰施工质量要求见表 4-7。

清漆涂饰施工质量要求　　　　　　表 4-7

项　　目	普通涂料（清漆）	高级涂料（清漆）
滑刷、脱皮、斑迹	明显处不允许	不允许
木　纹	木纹清楚	棕眼刮平，木纹清楚
光亮和光滑	光亮	光亮柔和，光滑，无挡手感
裹棱、流坠、皱皮	小面积明显处不允许	不允许
颜色、刷纹	颜色基本一致	颜色一致，无刷纹

4. 美术涂饰施工质量要求见表 4-8。

美术涂饰施工质量要求　　　　　　表 4-8

项　　目	质　　量　　要　　求
滚　花	颜色鲜明，轮廓清晰，无漏涂、斑污和流坠等
仿木纹、仿石纹	应具有被摹仿材料的纹理
鸡皮皱、拉毛	鸡毛皱的起粒和拉毛表面的大小花纹分布均匀，不显接茬，不得有起皮和裂纹
套色漏花	图案不得有位移，纹理和轮廓应清晰
不同颜色的线条	横平竖直，均匀一致。每 m 歪斜不大于 0.5 mm，全长不大于中级涂饰 2 mm、高级涂饰 1 mm，搭接错位不大于 0.5 mm
打蜡地（楼）板	无棕眼和缝隙，表面色泽一致，光滑明亮

5. 混色涂料工程质量的基本项目评定标准见表 4-9。

混色涂料工程质量的基本项目评定　　　　　　表 4-9

项　　目	等级	普通油漆	高级油漆	检验方法
透底、流坠、皱皮	合格	大面无	大小面均无	观察法

项　目	等级	普通油漆	高级油漆	检验方法
光亮和光滑	合格	大面光亮、光滑	光亮足，光滑无挡手感	观察法、尺量法
分色裹棱	合格	大面无、小面允许偏差2 mm	大小面均无	观察法、尺量法
装饰线、分色线平直（拉5 m线检查，不足5 m拉通线检查）	合格	偏差不大于2 mm	平直	尺量法
颜色、刷纹	合格	颜色均匀	颜色一致，无刷纹	观察法
五金、玻璃等	合格	洁净	洁净	观察法

注：涂刷无光乳胶漆、无光漆，不检查光亮。

6. 清漆涂饰工程质量的基本项目评定标准见表4-10。

清漆工程质量的基本项目评定　　　　　　表4-10

项　目	等级	普通涂饰	高级涂饰	检验方法
木纹	合格	棕眼刮平，木纹清楚	棕眼刮平，木纹清楚	观察法手摸法
光亮和光滑	合格	光泽基本均匀，光滑无挡手感	光亮柔和，光滑足，光泽均匀，无挡手感	手摸法
裹棱、流坠、皱皮	合格	明显处无	不允许	观察法
颜色、刷纹	合格	颜色基本一致，无刷纹	均匀一致，无刷纹	观察法
五金、玻璃等	合格	洁净	洁净	观察法

7. 美术涂饰工程质量的基本项目评定标准见表4-11。

项 目	等级	质 量 要 求
滚花	合格	图案颜色鲜明，轮廓清晰，无漏涂、斑污和流坠，不显接茬
仿木纹、仿石纹	合格	摹仿的纹理逼真
鸡皮皱拉毛	合格	分布均匀，不显接茬，无起皮和裂纹
套色漏花	合格	图案无位移，纹理和轮廓清晰
不同颜色的线条	合格	颜色均匀，全长歪斜不大于 $1 \sim 2 \, mm$，搭接错位不大于 $0.5 \, mm$

8．新型涂料涂饰工程质量的基本项目评定标准可参照表 4-8 执行。

六、常见工程质量问题及其防治

内墙涂料类装饰装修常见工程质量问题及防治与外墙涂料装饰装修工程相同，不再赘述。

七、建筑涂料施工今后发展趋势

涂料饰面在装饰装修工程中其产值虽然不占首位，但工程量却占首位。施工基本方法由于新产品的不断出现必然会有改进，将向简化施涂过程、缩短工期方向发展，喷涂将是主要施涂方法。

（一）目前现状

1．国内现状

目前国内涂料生产企业已达 4 万多家，涂料品种近 300 种，据国家经贸委和统计局统计，涂料产量在 2002 年上半年为 28 万吨，增幅为 14%，预计年产量可达 100 多万吨。据国外预测，我国涂料产量可达 200 多万吨，有可能超过日本居世界第二位。从产品档次、产品质量和称得上名牌的企业数量来看却寥寥无几。但是今后几年建筑涂料的需求量将会大幅上升，生产空间非常广阔。

2．国外现状

美国 10 大涂料生产企业，产量总和占美国涂料总产量的 70% 以上，世界 10 大涂料生产企业年产量总和占世界涂料总产量的 1/3，市场占有率为 60%。

3．国外涂料企业在我国的现状

外国涂料公司在我国建厂生产和在国内代理销售的已有 10 余家，美国的"普罗明特"、"宣威"、英国的"多乐士"、荷兰的"莱威"、德国的"巴斯夫"等均在中国建厂，日本的"立邦"在中国有三个独资厂、二个合资厂。这些企业生产的涂料都是"绿色环保"型，超低 VOC（有害污染物），市场占有率已达 45%，而且还是占据中、高档涂料位置。

从以上现状来看，中国的涂料生产企业已面临着严峻的竞争形势。

（二）涂料生产今后的发展形势

1. 国内现有外资企业的近期行动

（1）日本"立邦"2002年在广州投资3亿人民币，再建一个年产量10万吨的涂料生产厂（国内最大的），现已投产。

（2）英国"多乐士"除上海、广州已投产的5万吨和3万吨的生产厂外，将在北方再建一个5万吨涂料生产线。

（3）加拿大高科技环保型涂料已在河北省石家庄建厂，2004年初已投产。

（4）美国"H·IS"涂料公司已与北京六建联合建厂，拟占领北京涂料市场。

（5）澳洲"巨鳄"涂料公司已与广州签订建厂合作协议，现已投产。

（6）新加坡庆源企业已收购河北省一涂料公司，已在中国建厂。

（7）"伊士曼"涂料公司与山东齐鲁石化公司签约，双方合资建厂，2004年投产。

（8）"罗门哈斯"与上海签约生产水性涂料生产线，实现涂料质的飞跃。

总之，世界十大涂料生产企业已全部进入中国。这十大生产企业从技术上、经济实力上和产品质量上将对中国涂料生产企业形成威胁。

2. 中国涂料生产企业今后如何发展

在上述国外涂料生产企业大量涌入的情况下，中国涂料生产企业必然面临着激烈的竞争，必须从以下几个方面求发展。

（1）涂料产品质量、档次、花色品种等都要和国际接轨。

（2）增加涂料生产的科技含量，提高生产技术。在涂料产品施工上，简化涂刷工序，缩短施工周期。产品向快干、快凝、耐久方向发展。

（3）产品要努力通过"绿色环保"质量认证，创出自己的名牌企业，做到原料环保型、生产无污染、使用无毒害、废弃物无公害四项指标。

（4）涂料产品要逐步替代瓷砖贴面、石材贴面，走涂料饰面工厂化生产的道路。

（5）涂料生产企业必须"重组"、"合并"，搞"强强"联合，淘汰技术落后、产品质量低的企业。增强经济实力，加大投资力度，"重组"后全国合理布点。

（6）抓住商机，树立品牌意识，推出中国名牌产品，特别是在奥运申办成功以后，我国各类场馆对"绿色环保"涂料需求量很大，有资料统计显示，到2005年，世界涂料需求量将增长3.7%，而中国涂料需求量将以6.6%增长速度发展，仅奥运场馆建设就为涂料销售带来280亿元的商机，中国涂料生产企业一定要抓住这一难得的商机，提前做好准备。

第二节　内墙贴面类装饰装修工程施工技术

贴面类装饰在内外墙装饰中均可以采用，其中天然石材、各类陶瓷面砖、锦砖、水磨石板等已在第二章外墙装饰施工技术中做了较详尽的介绍。这里仅介绍一些内墙装饰特有的做法。

一、有关施工规定

1. 饰面工程的材料品种、规格、图案、固定方法和砂浆种类，应符合设计要求。
2. 粘贴、安装饰面的基体，应具有足够的强度、稳定性和刚度，其表面质量应符合现行的有关规定。
3. 饰面砖应粘贴在粗糙的基体或基层上；用于胶黏剂粘贴饰面板的基层应平整。粘贴前应将基层表面残留的砂浆、尘土和油渍等清除干净。
4. 饰面板、饰面砖应粘贴平整，接缝宽度应符合设计要求，并填嵌密实，以防渗水。
5. 用水泥砂浆粘贴面砖时，应做到面层与基层黏结牢固无空鼓。
6. 粘贴变形缝处的饰面板、饰面砖的留缝宽度应符合设计要求。
7. 饰面工程粘贴后，应采取保护措施。

二、材料与质量要求

（一）材料

用于内墙装饰的材料有釉面砖（瓷砖）、墙地砖、陶瓷锦砖、薄型大理石板、人造大理石板、石膏板、塑料板、矿棉板、玻璃等。

（二）材料质量要求

1. 饰面砖应表面平整，边缘整齐，棱角不得损坏，应具有产品合格证。
2. 天然大理石饰面板，表面不得有隐伤、风化等缺陷，不宜采用易褪色的材料包装。
3. 施工用胶黏剂的品种、掺配比例应符合设计要求，除具有产品合格证外，还应现场做实验。
4. 拌制砂浆应用不含有害物质的洁净水。
5. 塑料板、石膏板、矿棉板等产品均应符合国家规定的质量标准。

三、内墙贴面类装饰装修工程施工技术

（一）构造基本特征

内墙贴面类装饰构造基本特征属于分层构造形式，有粘贴、湿挂贴、干挂贴等方法。粘贴所用的胶黏剂有：水泥砂浆、聚合物水泥砂浆、各种胶黏剂等。它分为贴面层、黏结层和基层，与外墙装饰基本相同，只是各层所用的材料有所差别。

（二）施工工艺流程

基层处理→抹找平层→弹线分格→选砖浸砖→做标志砖→铺贴面砖→勾缝或擦缝→擦洗→检验修整。

（三）基层处理

1. 有防水层的房间要事先做好防水层，抹好基层。做防水层时要注意地面与墙面

交接处的阴角应抹成小圆角。

2．厕所、浴室内的肥皂洞、手纸洞等要事先预留出来，便盆、浴盆、盥洗台、镜箱等要事先弹好定位线或先安装就位。

3．砖石、混凝土和加气混凝土基层表面凹凸太多的部位，事先要进行剔平或用1∶3水泥砂浆补齐，表面太光的要剔毛，或1∶1水泥浆掺10％"108"胶薄薄刷一层。表面的砂浆污垢、油漆等事先均应清除干净（可用浓度为10％的火碱水刷洗），并洒水润湿。

4．门窗口与立墙交接处应用水泥砂浆或水泥混合砂浆（加少量麻刀）嵌填密实。

5．墙面的脚手架洞眼应堵塞严密，水暖、通风管道、设备管道穿过的墙洞，必须用1∶3水泥砂浆堵严。

6．不同墙体材料（如砖石与木、混凝土结构）相接处应铺设金属网，搭接宽度从缝边起每边不得少于50 mm。

7．在砖墙上做基层：12 mm厚1∶3水泥砂浆打底扫毛或划出纹道。

8．在混凝土墙做基层：刷"YJ‑302"型混凝土界面处理剂一道，随刷随抹10 mm厚1∶3水泥砂浆底灰要扫毛或划出纹道。

9．在大模板混凝土墙上做基层：刷"YJ‑302"型混凝土界面处理剂一道，随刷随抹水泥砂浆一道。

10．在加气混凝土上做基层：首先刷或喷一道"108"胶水溶液（配比108∶水 ＝ 1∶4），7～9 mm厚2∶1∶8水泥石灰膏砂浆打底扫毛或划出纹道，然后涂刷"TG"胶浆一道（配比"TG"胶∶水∶水泥＝1∶4∶1.5），7 mm厚"TG"砂浆打底扫毛（配比水泥∶砂∶"TG"胶∶水＝1∶6∶0.2∶适量）。

（四）釉面砖铺贴施工技术

1．操作方法

（1）弹线分格：根据内墙面的长、宽尺寸，将纵、横面砖的皮数划出皮数杆，弹出釉面砖方格位置（先弹水平，后弹竖向）。

（2）选砖：按面砖的几何尺寸大小进行精确分选归类，不合格的剔除。按分级归类的面砖浸入水中2 h，取出阴干待用。

（3）预排：按弹线将面砖在水平，垂直两个方向预排，定出缝隙大小，确定直缝或错缝。将非整块砖排在上部或顶部；左右排在阴角处。

（4）贴标志砖：在上下左右先贴四块面砖，找平找正，作为大面积铺贴拉线的标志。

（5）铺贴面砖：按标志砖拉水平线，由下向上分层铺贴，若设计的面砖留缝较宽，可先做分格条，然后铺贴面砖，第二天将分格条取出洗净再用。

（6）勾缝（或擦缝）清洗：宽缝用水泥浆勾缝，表面刷涂料，细缝用水泥浆擦缝填满。用棉纱蘸水擦洗表面，污染严重者可用稀盐酸水擦干净再用清水洗净。

2．施工注意事项

（1）按设计要求挑选规格颜色一致的釉面砖，浸泡面砖要浸透，以面砖吸足水不冒泡为准。

（2）底子灰抹后一般养护1～2 d后方可进行粘贴面砖。

（3）在有脸盆、镜箱的墙面，应按脸盆下水道部位分中，往两边排砖。遇有管线、灯具等突出部分，应用整砖套割吻合，不得用碎砖拼凑粘贴。

(4) 凡遇有粘贴不实有虚铺者，应马上取下重新铺灰粘贴。严禁在砖口处塞灰，以防空鼓。

(5) "108"胶水泥砂浆要随调随用。将粘接砂浆抹满砖的背面粘贴。在15℃环境下操作时，全部粘贴工作在2 h内完成，并用完砂浆。

(6) 铺贴前先浇水润湿墙面基层。根据已弹好的水平线，放好垫尺板（注意地漏标高和位置），然后用水平尺检验，作为贴第一皮砖的依据。贴时一般由下往上逐层粘贴。

(7) 除采用掺"108"胶水泥浆做黏结层时可抹一行贴一行外，其他均将黏结砂浆铺满在釉面砖背面，逐块进行粘贴。要注意随时用棉丝或干布将缝中挤出的浆液擦净。

(8) 粘贴后的每块釉面砖，采用混合砂浆做黏结层时，可用小铲把轻轻敲击砖面；采用水泥砂浆做黏结层时，可用手轻压，并用橡皮锤轻轻敲击砖面，使其与基层黏结密实牢固，并用靠尺随时检查平正方直情况，修正缝隙。凡遇黏结层不密实时，应取下釉面砖重新黏结，不得在砖口处塞灰，以防空鼓。

(9) 粘贴时一般从阳角开始，不成整块的留在阴角，如有水池、镜框者，应以其为中心往两边分贴。总之，应先贴大面，后贴阴阳角、凹槽难度大的部位。

(10) 粘贴饰面砖的基层表面，如遇有突出管线、灯具、卫生设备的支架等，应用整砖套割吻合，不可用非整砖拼凑粘贴。

(11) 贴到上口须成一线，每皮砖缝应横平竖直。

(12) 池槽粘贴釉面砖前，应检查混凝土池槽不得有渗水和破裂现象，并按设计要求找出池槽的规格尺寸，校核方正情况。池槽粘贴完毕后，再粘贴池槽周边墙上的釉面砖。

(13) 釉面砖粘贴完毕后，用白色（或同色）水泥浆擦缝。全部工程完成后，要根据不同污染情况，用棉纱、砂纸清理或用稀盐酸刷洗，并用清水冲刷干净。

(五) 粘贴大理石内墙面施工技术

1. 薄型大理石饰面板材（厚度8~10 mm），其板材尺寸不大于300 mm×300 mm，粘贴高度低于3 m，用于地震区时应考虑抗震措施。大理石粘贴内墙面的施工工艺、施工注意事项和釉面砖铺贴施工相同。在窗台、洞口处粘贴时，可按以下方法操作。

2. 窗台板的安装：在墙面装修前安装窗台板，先校正两端窗口，按尺寸将洞口下角剔槽，窗台面和槽内洒水润湿，铺1:3水泥砂浆找平，将窗台板平推入槽内，用橡皮锤敲击板面和砂浆压实找平，缝隙用砂浆填实抹平，板面砂浆擦洗干净，砂浆结硬前不得碰撞窗台板。

3. 门洞口部位的安装。先装顶板，用方木顶紧，再装两侧立板，调整平直度后，用小木楔固定。然后用1:3水泥砂浆将空隙灌满，待砂浆硬化后拆除顶木和木楔。表面缝隙用水泥砂浆填平，再做饰面处理。

(六) 其他内墙粘贴饰面板施工技术

内墙面饰面板多为轻质板材。常见的有石膏装饰板、膨胀珍珠岩装饰板、塑料贴面板、人造板类等。粘贴饰面板的胶黏剂，应按饰面板的品种选用。现场配制时，应由实验确定。

1．施工工艺流程

（1）直贴式：弹线分格→预排→贴标志板→抹胶→贴饰面板→擦净多余胶黏剂→做封边压条→检验修整。

（2）骨架式：弹线→安装固定连接件→安装固定龙骨→抹胶贴饰面板→做封边压条→检验修整→擦洗干净。

（3）架空式：弹线→安装固定连接件→安装骨架与龙骨条→安装基层垫板→校正找平→弹线分格→贴饰面板→做封边压条→检验修整→擦洗干净。

2．操作方法

（1）直贴式：直贴式是指饰面板采用专用胶直接贴在基层上。待基层抹灰找平达到强度后，在基层上按饰面板尺寸弹线分格，先弹水平线，后弹垂直线。非整块留在阴角，或左右两阳角并等分。弹线分格后先从下向上，从中心向左右分行粘贴，接缝要严密并均匀一致，粘贴前在板材背面四周用打胶枪打胶，然后粘贴到基层上（若用水泥型胶黏剂，板背面应满铺），用橡皮锤敲平贴实。

饰面板粘贴完毕，按设计粘贴封边和压条。经检验后用除污剂擦拭干净。设警告标志，防止碰撞，待粘牢后除去警告标志。

（2）骨架式：骨架式是指龙骨直接钉在墙体基层上。基层抹灰或不抹灰均可，弹线确定龙骨及连接件位置，根据龙骨的长短和横竖向或框格标出胀管打眼位置，用冲击钻打眼，用胀管固定龙骨，或用角钢安装龙骨，紧固后螺栓要埋在龙骨外皮以内。龙骨间距、框格尺寸是按饰面板尺寸确定。

粘贴饰面板前先预排，从中心先向左右再向上下，使饰面板接缝均设在龙骨上，然后抹胶黏剂粘贴，凡与龙骨接触部分均有黏结。

检验后做封边压条，用粘贴方式或用螺丝固定均可，由设计确定，封边压条要严密、平整、美观。

（3）架空式：架空式是根据装饰要求，龙骨不直接装在基层上，而是做成骨架使饰面板与墙体架空。基层不抹灰，先弹线安装骨架，骨架结构多采用角钢预先制作成拼装件，现场用胀管螺栓固定拼装，骨架体形与离墙面距离由设计确定。结构骨架安装好后装龙骨条，或骨架本身即做成框格，龙骨条间距尺寸与饰面板尺寸一致。

粘贴饰面板前先预排饰面板，再装垫层板与龙骨连接牢固、平整。然后在垫层板上粘贴饰面板，按弹线分格、粘贴饰面板、封边、压条、检验修整等，也可以将饰面板直接粘贴在龙骨架上，要求龙骨外皮必须在一个平面上。

（4）石膏装饰板墙面使用"802"胶黏剂，将一份"802"胶黏剂加入0.7～0.8份20～60℃的水中，快速搅拌成浆糊状（目测用小木棒插入，提起时成线状），一次搅拌量不超过15～20 min的使用量。

将配好的"802"胶黏剂成条状涂在石膏板背面，然后把板按在墙上找平直度。粘贴时从下往上贴，粘面应不小于板面的50%。

施工时墙面应比较干燥，室温不应低于4℃。

（5）膨胀珍珠岩装饰板墙面（使用"108"胶黏剂）

将"108"胶及42.5级硅酸盐水泥按1:1比例配制，一次搅拌量不超过10～15 min的使用量。

在板背面成梅花点形状（不少于9点）涂胶黏剂，然后在离开粘贴部位约2～3 mm处贴上，用力推移到粘贴部位。

（6）塑料贴面板（使用聚醋酸乙烯胶黏剂）

基层含水率不得大于8%。

基层如有麻面，宜采用乳胶腻子修补平整，再用乳胶水溶液涂刷一遍，以增加黏结力。

粘贴前，基层表面应按分块尺寸弹线预排，粘贴时每次涂刷胶黏剂的面积不宜过大，厚度应均匀。粘贴后应采取临时固定措施，并及时擦去挤出的胶液。

3. 施工注意事项

（1）粘贴饰面板必须牢固、平直，花色图案对接严密，缝隙均匀，表面清洁。

（2）骨架与基体必须安装牢固，骨架本身要符合刚度要求，尺寸准确，方正误差在允许范围内。

（3）粘贴饰面板要考虑温度变化，板材本身的穿孔、压型均可满足一般室内的温度变化，个别情况要在适当部位留有变形余地。

（4）饰面板直接粘贴在龙骨上，龙骨外表面必须平整，安装时要拉线检查调整，螺栓端头要在龙骨外表面以下1～2 mm，不得突出龙骨外表面，以方便饰面板粘贴。

（5）封边压条宽窄一致，花色要由设计确定，要平整严密无曲翘，若用螺钉固定时，尽量采用暗装。

（6）若粘贴玻璃，必须用镜面玻璃、镀膜玻璃，用专用玻璃胶粘贴（有压条处除外）。对缝要严密，要装在不宜破损的部位，过期玻璃胶不得使用。

四、内墙贴面类装饰装修工程质量要求与检验标准

1. 保证项目

（1）饰面板（砖）品种、规格、颜色和图案必须符合设计要求。

（2）板（砖）安装（粘贴）必须牢固，以水泥为主要粘结材料时，严禁空鼓、歪斜、缺棱掉角和裂缝等。

2. 基本质量要求项目详见外墙饰面的有关规定。

3. 允许偏差项目，详见外墙饰面的有关规定。

4. 检查数量。

按有代表性的自然间抽查10%，过道按10延长米，礼堂、厂房等大间按两轴线之间为1间，但不少于3间。

五、常见工程质量问题及其防治

与外墙贴面类装饰装修工程相同。

第三节　内墙镶嵌饰面板材类装饰装修工程施工技术

室内装饰木护墙、木墙裙、筒子板、玻璃墙、人造革墙面、人造板材墙面均属此类装饰。

一、有关施工规定

1. 饰面板的品种、规格、颜色以及基层的构造，固定方法应符合设计要求。
2. 湿度较大的房间，不得使用未经防水处理的胶合板、纤维板等。
3. 生活电气等的插座，应装嵌牢固，其表面应与饰面板的表面齐平。
4. 饰面板安装前，应按分块尺寸弹线，墙面与顶棚的接缝宽度不得大于 20 mm，并用转角压条封盖。
5. 门窗洞口转角与饰面板接缝，用贴脸板覆盖。
6. 墙和柱的饰面板下端，如用木踢脚板覆盖，饰面板应离地面 30～50 mm。用大理石、水磨石踢脚板时，饰面板下端应与踢脚板上口齐平，接缝严密，并用转角压条封盖。
7. 饰面板安装时，应按其品种、规格、颜色等进行分类选配，安装后应采取保护措施，防止损坏。

二、材料与质量的要求

（一）材料种类

用于内墙的饰面板材主要有以下几种材料：石膏板、塑料装饰板、胶合板、纤维板、人造板、彩色涂层钢板、铝合金装饰板、不锈钢镜面板、镁铝曲板、矿棉板、各种吸声板、皮革和人造革装饰墙面等。配件有：盖缝板、收边异型件、嵌条、压条等。连接件有：紧固件、垫圈、密封件、胶黏剂和特制卡子等。

（二）材料质量要求

1. 饰面板应表面平整、边缘整齐，不应有污垢、裂缝、缺角、翘曲、起皮、色差和图案不完整等缺陷。胶合板、木质纤维板不应有变色和腐朽。
2. 安装饰面板的螺钉、钉子、连接件、锚固件宜使用镀锌件或做防锈处理，接触砖石、混凝土的木龙骨和预埋的木砖应做防腐处理。

三、内墙镶嵌饰面板材类施工技术

内墙面饰面板一般多安装在木龙骨骨架上（可用竖龙骨、水平龙骨或框格龙骨），采用钉固定或压条固定，是根据不同的板材和设计要求决定的。以石膏板和胶合板为基材的各种饰面板，如装饰薄木贴面板、印刷木纹人造板、塑料贴面装饰板等，均可用钉或压条固定。彩色涂层钢板、彩色压型钢板、铝合金装饰板等则宜采用钉或木螺丝固定。大漆建筑装饰板用压条固定。总之，可根据面板材料和龙骨材料选择连接固定方式。

镶嵌饰面板的基本方法是采用紧固连接技术安装龙骨和饰面板，这种干作业施工方法，是今后应大力发展的一项施工技术。

（一）施工工艺流程

放线弹线→打孔安装固定件→骨架制作→骨架安装→安装垫层板→安装饰面板→收边、压条→擦洗→检验修整。

（二）骨架制作与安装：按设计要求用木方子、型钢制作骨架。

1．直贴式龙骨安装

确定龙骨间距和龙骨布置方式（横、竖或框格龙骨），在墙体上放线定出胀管螺栓位置（即沿龙骨长度每1000 mm设一个），打孔安装胀管螺栓，或焊接角钢支点，固定龙骨后做隐蔽工程验收记录，并将龙骨拉线调直、调平。龙骨安装前墙体刷沥青铺油毡一层。

2．架空式龙骨安装：用木方子、型钢按设计图预制骨架，按装饰的范围和位置弹线，确定骨架安装固定点；打孔装胀管螺栓（或在预埋件上焊角钢支点）。然后，现场拼装骨架与固定点连接安装，拉线、吊锤找正，当装饰面积很大时，应采用仪器测定安装。

骨架安装前一律做金属防锈、木质防腐处理，基层刷热沥青（或改性冷沥青）一道。

（三）安装饰面板

1．钉子固定安装：饰面板预排，从阳角开始向左或右顺序安装，钉距为150～200 mm。拼缝要平直严密，花纹图案对接准确。

2．压条嵌条固定安装：饰面板先临时固定拼装，后用木质、铝合金、塑料等压条和螺丝固定。

3．扣接固定安装：饰面板弹线预排，从一端向左或向右顺序安装，将前块板一侧用钉、螺丝、拉铆钉与龙骨固定，然后将后块板的一侧插入前块板的槽口内，后块板另一侧（或拉铆钉、木螺丝）与龙骨钉牢，如此反复一块一块地顺序安装直到末端。

4．卡接固定安装：特制龙骨安装后，将饰面板两侧插口压入龙骨卡槽内即可，或将饰面板插入龙骨，用盖缝条压卡槽内将饰面板固定。

（四）收边、包边、处理板缝

饰面板安装后四周用收边配件，包角配件遮盖；板缝用橡胶压条，嵌缝膏填缝；钉帽外露时可用钉帽橡胶盖、花饰盖遮盖。

（五）施工注意事项

1．转角接缝要安装包角盖缝条，并选用较美观的，色彩协调的包角配件。

2．基层墙体应平整，垂直度应符合施工验收规范，其误差要在固定龙骨时消除。

3．饰面板的花饰图案拼接要精密，尽量做到拼缝无痕迹，更不应影响美观。

4．紧固件、螺钉尽量做到隐蔽暗设，不能暗设时钉帽要用美化配件遮盖或刷涂料遮掩。

5. 收边、包角、压条做到平直、宽窄一致、缝隙严密、不曲翘、不变形。

6. 钉子、螺丝安装要牢固，其间距不能过大或太小，以 150~200 mm 为宜（气钉不大于 100 mm）。

7. 骨架的防锈、防腐必须认真操作不得有漏涂、漏刷，特别是焊缝处必须做好防锈处理。

8. 安装木质板材时，钉帽宜钉入板面 0.6 mm，钉眼用油性腻子抹平，表面涂饰按涂料施工工艺操作。

9. 安装饰面板的方法要根据面板的品种选择。如石膏板和胶合板为基材的装饰板，装饰薄木贴面板、印刷木纹人造板、宝丽板、塑料装饰板等均可选用钉或压条固定。大漆装饰板用压条固定。塑料扣板、彩色金属压型板、铝合金装饰板等，宜采用钉、木螺丝、拉铆钉、扣接、插接等固定方法。

10. 采用轻钢骨架安装饰面板时，要把饰面板贴在龙骨上用手电钻将龙骨与板材同时打眼再用拉铆钉、自攻螺钉固定，也可以在轻钢龙骨上固定木龙骨条（厚度 10~15 mm）再安装饰面板。

11. 设垫层板时板材要平直，不得曲翘变形。

12. 如安装双层板时，里外层接缝要错开。

四、质量要求及检验标准

（一）保证项目

1. 饰面板安装必须牢固、无脱落、翘曲、折裂、缺棱掉角等缺陷。
2. 龙骨立筋、横撑等安装必须位置正确，连接牢固、无松动。

（二）基本项目

饰面板及钢木骨架安装工程基本项目质量要求及检验方法见表 4-12。

饰面板及钢木骨架安装工程基本项目质量要求及检验方法　　　　表 4-12

项　　目	质量等级	质　量　要　求	检验方法
饰面板表面质量	合格	表面平整、洁净、颜色一致，无污染、反锈麻点和锤印	观察检查
钢骨架（立筋、横撑）外观质量	合格	接缝宽窄一致、整齐，压条宽窄一致，平直，接缝严密	观察检查
木骨架（立筋、横撑）外观质量	合格	顺直、无弯曲、无变形，木筋无劈裂	观察检查和尺量检查
填充料	合格	用料干燥，铺放厚度符合要求，且均匀一致	观察检查或尺量检查

项 目	质量等级	质 量 要 求	检验方法
灰板条和金属网的抹灰填充料	灰板条 合格	钉装牢固，接头在立筋和横撑上，交错布置，间距及对头缝大小均符合要求	观察检查
	金属网 合格	钉牢、钉平，接头在立筋和横撑上，无翘边	观察检查

（三）允许偏差

饰面板及钢木骨架安装工程允许偏差和检验方法见表 4－13。

饰面板及钢木骨架安装工程允许偏差和检验方法　　　　表 4－13

项　目		允　许　偏　差（毫米）									检验方法
		胶合板	塑料板	纤维板	钙塑板	刨花板	木丝板	木板	铝合金板	其他	
饰面板	表面平整	2		3		5		4			用 2m 靠尺和楔形塞尺检查
	立面垂直	3		4		4		4			用 2m 托线板检查
	压条平直	3		3		3					拉 5m 线，不足 5m 拉通线和尺量检查
	接缝平直	3		3		3		3			
	接缝高低	0.5		1		—		1			用直尺和塞尺检查
	压条间距	2		2		3		—			尺量检查
钢、木架	立筋、横撑截面尺寸	−3									尺量检查
		−5									
	竖、横向龙骨截面尺寸	−2									尺量检查
	上、下水平线	±5									拉线、尺量或水准仪检查
	两边沿竖直线	±5									吊线、尺检查
	立面垂直	3									用 2m 托线板检查
	表面平整	2									用 2m 靠尺和楔形塞尺检查

五、常见工程质量问题及其防治，见表 4-14。

饰面板及钢木骨架安装常见工程质量问题及其防治　　　　表 4-14

项目及问题	主要原因	防治措施
墙体收缩变形及板面裂缝	1. 龙骨接缝没留伸缩量 2. 超过 12 m 长的墙体未做控制缝，造成墙面变形	隔墙周边应留 3 mm 的空隙，以减少因温度和湿度影响产生的变形和裂缝
轻钢骨架连接不牢固，局部节点构造不合理	未按设计要求进行施工	安装时局部节点应严格按规定处理，紧固件间距、位置应符合设计要求
墙体饰面板不平	1. 龙骨安装横向错位 2. 饰面板厚度不一致	1. 施工时保证龙骨安装精度 2. 饰面板安装前，检查选好饰面板厚度
明凹缝不匀	饰面板拉缝未很好掌握造成宽窄不一致	施工时注意板块尺寸的精度，保证板间拉缝一致
木制面板的花纹错乱，颜色不匀，棱角不直，表面不平，接缝处有黑纹，接缝不严	1. 不注意挑选面料 2. 操作粗心	1. 将树种、颜色、花纹一致的使用在一个房间内 2. 在面板安装前，先设计好分块尺寸，将每一分块找直后试装一次，经调整修理后再进行正式钉装
木制面板接头不严、不平、开裂	1. 木料含水率大 2. 钉子过小，钉距过大 3. 漏涂胶	1. 木材含水率必须符合设计要求和施工规范规定 2. 精心施工，钉子大小、间距应符合设计要求

<h2 align="center">第四节　内墙裱糊类装饰装修工程施工技术</h2>

利用裱糊的方法，将塑料壁纸、墙布、织物锦缎、其他装饰纸等粘贴在内墙上进行的装饰，是一种中、高档装饰工程，适用于旅馆客房、餐厅、公共活动用房、居室、客厅等房间。装饰效果或庄重典雅、或富丽堂皇、或淡雅宁静。目前已普及到广大居住建筑中。

一、有关施工规定

1. 裱糊工程基体或基层表面的质量要符合现行规范的有关规定。裱糊的基层表面应平整，颜色一致。对于遮盖率低的壁纸、墙布，要求基层表面颜色应与壁纸、墙布一致。

2. 裱糊工程基体或基层混凝土和抹灰的含水率不得大于 8%，木材制品不得大于 12%。

3. 湿度较大的房间或经常潮湿的墙体表面，如需裱糊时，应采用有防水性能的胶黏剂和壁纸等材料。

4. 裱糊前，应将突出基层表面的设备或附件卸下。钉帽应卧进基层表面，并涂防锈涂料，钉眼用油性腻子填平。裱糊干燥后，再安装设备。

5. 裱糊工程基层涂抹的腻子，应牢固坚实，不得粉化、起皮和裂缝。

6. 裱糊过程中和干燥前，应防止穿堂风劲吹和温度急剧变化。

· 153 ·

二、材料与质量要求

（一）材料

1. 内墙裱糊工程所用的材料：主要是软、薄、布质、纸质类面料。有聚氯乙烯（PVC）塑料壁纸、复合壁纸、墙布、各种纤维织物、锦缎等，各种胶黏剂、收边、压条配件等。

（1）塑料壁纸：它是以纸为基层，以聚氯乙烯塑料（PVC）薄膜为面层，经复合、印花、压花等工艺而制成的壁纸。塑料壁纸有普通型、压延型、发泡型、特种型等数个品种。

塑料壁纸的特点是：有一定的伸缩性和耐压强度，裱糊时允许基层结构有一定程度的裂缝；花色图案丰富，有凹凸花纹，富有质感及艺术感，装饰效果好；强度高，可以承受一定的拉拽，施工简单，易于粘贴，易于更换；表面不吸水，可用抹布擦洗。

塑料壁纸适用于各种建筑物的内墙、梁柱的贴面装饰。

（2）复合类壁纸：它是采用双层纸（表纸和底纸）通过施胶、加压复合在一起后，再经印刷、压花、涂布等工艺印制而成的壁纸。

复合类壁纸的特点是：色彩丰富，层次清晰，花纹深，花色持久，图案具有强烈的主体浮雕效果；造价低，施工简单，可直接拼花；无塑料异味，燃烧时发烟低，不产生有毒气体；表面涂覆透明涂层，并达到"耐擦洗级"的标准。

复合类壁纸适用于一般饭店、住宅等建筑内墙和梁柱的贴面装饰。

（3）纺织纤维壁纸：它是用棉、毛、麻、丝等天然纤维及化纤制成的各种色泽的粗细纱或织物，再与基层纸复合而成的壁纸。用扁草竹丝或麻丝交织后同纸基复合制成的纤维壁纸相似。

纺织纤维壁纸的特点是：无毒，吸音，透气，有一定的防霉效果；视觉效果好，特别是天然纤维以它丰富质感产生诱人的装饰效果，有贴近自然的感觉；防污染和耐擦洗性能较差，维护与保养的要求较高，易受机械损伤。

纺织纤维壁纸是近年来国际流行的新型高级墙面装饰材料，主要用于会议室、接待室、剧院、饭店、酒吧及商店的橱窗等墙面。

（4）金属类壁纸：它是以铝箔为面层，纸为底层黏合而成的壁纸。其面层可经印花、压花等工艺而得到各种图案。

金属类壁纸的特点是：表面具有不锈钢、黄铜等金属质感与光泽；寿命长，不老化，耐擦洗，耐污染。

金属类壁纸主要用于高级的室内装饰。

（5）木片壁纸：它是以很薄的软性木片为面层，并可以经弯曲贴于圆柱上。

木片壁纸的特点是：可以形成真实的木质墙面，不易老化，并可涂刷清漆进行保护。

木片壁纸主要用于仿古建筑的装饰。

（6）玻璃纤维墙布：它是以玻璃纤维为基材，表面涂以耐磨树脂并印上图案而成的墙布。

玻璃纤维墙布的特点是：色泽鲜艳，有布纹纸感；防火、防潮，在室内使用时不退色、不易老化；粘贴方便，施工简单，可以用肥皂水清洗；盖底性能差，涂层磨损后易散发出少量纤维。

玻璃纤维墙布适用于招待所、旅馆、饭店、展览馆、会议室、餐厅、工厂净化车间和居室等内墙装饰。

(7) 无纺贴墙布：它是采用棉、麻等天然纤维或涤纶、腈纶等合成纤维，经无纺成型、上树脂、印花而制成的墙布。

无纺贴墙布的优点是：色泽鲜艳，图案雅致，表面光洁，有羊毛感；挺括，有弹性、不易折断、能擦洗、不退色、纤维不老化、不散失，对皮肤无刺激作用；有一定透气性、防潮性，粘贴方便。

无纺贴墙布价格昂贵。它虽然适用于各种建筑的室内装饰，但使用时应考虑经济条件，如：涤纶棉无纺墙布特别适合高级宾馆和高级住宅。

(8) 装饰墙布：它是以纯棉墙布经过处理、印花、涂层而制成的墙布。

装饰墙布的特点是：强度大，静电小；无光，吸音，无毒，无味；花色繁多，美观大方。

装饰墙布主要应用于宾馆、饭店、公共建筑和高级民用建筑的室内装饰。

(9) 化纤装饰墙布：它是以化纤为基材，经一定处理后印花制成的墙布。

化纤装饰墙布的特点是：无毒，无味；透气，防潮；耐磨，无分层。

化纤装饰墙布适用于各级宾馆、旅馆、办公室、会议室和居室的内墙装饰。

(10) 锦缎墙布：它是丝织物的一种，可以直接用于墙面。

锦缎墙布的优点是：花纹图案绚丽多彩，精致典雅，可创造高雅的环境。

锦缎墙布的缺点是：造价昂贵，不能擦洗，易发霉。

锦缎墙布只适用于重点建筑的室内高级饰面。

2．胶黏剂：裱糊用的胶黏剂应按以下要求进行选择：

(1) 胶黏剂应选用水溶性类型，操作方便，并便于清洗工具。

(2) 胶黏剂必须对墙体基层有良好的黏结力。

(3) 有一定的防潮性，在基层未干时仍可采用。

(4) 胶黏剂干燥后有一定的柔性，以适应基层和壁纸（墙布）的伸缩。

(5) 胶黏剂应有一定的防霉性，因为霉菌滋生将影响黏结力并容易产生霉斑。

(6) 若有防火要求，胶黏剂应防火、耐高温、不起鼓。

(二) 材料质量要求

1．壁纸、墙布应清洁，图案清晰。PVC壁纸的质量应符合现行《聚氯乙烯壁纸》(GB 8945) 的规定。

2．壁纸、墙布的图案、品种、色彩等应符合设计要求，并应附有产品合格证。

3．胶黏剂应按壁纸和墙布的品种选配，并具有防霉、耐久等性能，如有防火要求，则胶黏剂应具有耐高温性能。

4．运输和贮存时，所有壁纸、墙布均不得日晒雨淋。压延型壁纸和墙布应平放，发泡壁纸和复合壁纸则应竖放。

5. 壁纸、墙布的胶黏剂要选择合格产品，不得用过期胶黏剂。

三、裱糊类装饰装修施工技术

裱糊类装饰装修施工要抓住三点要领，即可取得优质施工效果。其一是基层必须平整并做封闭层，其二是选择适当的胶黏剂并控制刷胶量，其三是粘贴技巧，掌握壁纸特性，操作时要叠切对花，背面刷胶。

（一）施工工艺流程

基层处理→弹线→裁纸→润纸→刷胶→裱糊→修整→收边。

（二）基层处理

基层处理的好坏，将直接影响到裱糊的质量和耐久性，基层的处理要做到坚实牢固、表面平整光洁。对于混凝土墙面，应先刮腻子，并用砂纸磨平；木板墙面要求不显接茬，不露钉头，并用亚麻布（或纸带）处理接缝，用腻子刮平；纸面石膏板上应用油性腻子找平，为防止基层颜色不一，影响装饰效果，必要时可刷油性底漆。不同材料的基层的交接处（如木材与石膏板、砖墙与混凝土墙等），应先贴砂布，再用腻子修补，以防拉裂。

（三）胶黏剂的选择

胶黏剂要按照壁纸、墙布的品种、性能、使用要求来确定。壁纸和胶黏剂市场上配套供应。按产品说明来加水搅匀即可施工。若现场配制胶黏剂可查有关手册制配。

（四）裱糊工序

裱糊工程必须严格按操作工序施工，以保证裱糊质量，壁纸、墙布裱糊施工主要工序见表4-15

裱糊的主要工序　　　　　　　　　　　　　　表4-15

项次	工序名称	抹灰面混凝土				石膏板面				木料面			
		复合壁纸	PVC壁纸	墙布	带背胶壁纸	复合壁纸	PVC壁纸	墙布	带背胶壁纸	复合壁纸	PVC壁纸	墙布	带背胶壁纸
1	清扫基层、填补缝隙，磨砂纸	+	+	+	+	+	+	+	+	+	+	+	+
2	接缝处粘纱布条					+	+	+	+	+	+	+	+
3	找补腻子、磨砂纸			+		+	+	+	+				
4	满刮腻子、磨平	+	+	+	+								
5	涂刷涂料一遍									+	+	+	+
6	涂刷底胶一遍	+	+	+	+	+	+	+	+				

项次	工序名称	抹灰面混凝土				石膏板面				木料面			
		复合壁纸	PVC壁纸	墙布	带背胶壁纸	复合壁纸	PVC壁纸	墙布	带背胶壁纸	复合壁纸	PVC壁纸	墙布	带背胶壁纸
7	墙面划准线	+	+	+	+	+	+	+	+	+	+	+	+
8	壁纸浸水润湿		+		+		+		+		+		+
9	壁纸涂刷胶黏剂	+				+				+			
10	基层涂刷胶黏剂	+	+	+		+	+	+		+	+	+	
11	壁纸裱糊	+	+	+	+	+	+	+	+	+	+	+	+
12	拼缝、拼接、对花	+	+	+	+	+	+	+	+	+	+	+	+
13	赶压胶黏剂气泡	+	+	+	+	+	+	+	+	+	+	+	+
14	裁边		+				+				+		
15	抹净挤出的胶液	+	+	+	+	+	+	+	+	+	+	+	+
16	清理修整	+	+	+	+	+	+	+	+	+	+	+	+

注：1. 不同材料的基层相接处应先贴 60～100 mm 宽壁纸条或纱布。

2. 混凝土表面和抹灰表面必要时可增加满刮腻子遍数。

3. "裁边"工序，只在使用宽为 920 mm、1000 mm、1100 mm 等需重叠对花的 PVC 压延型壁纸时应用。

（五）施工操作方法

1．基层处理

（1）砖和混凝土墙体打底及罩面，应采用水泥石灰膏砂浆。

（2）木料面的基层，裱糊时应先涂刷一次涂料，使其颜色与周围墙面颜色一致。

（3）在纸面石膏板上做裱糊，板面应先用油性石膏腻子局部找平。在无纸面石膏板上做裱糊，板面应先满刮一遍石膏腻子。

（4）裱糊前，应将基体或基层表面的污垢、尘土清除干净。泛碱部位，宜使用9%的稀醋酸水溶液清洗。不得有飞刺、麻点、砂粒和裂缝。阴阳角应顺直。

（5）附着牢固、表面平整的旧溶剂型涂料墙面，裱糊前应打毛处理。再刮腻子找平。

（6）裱糊前，应用1:1的"108"胶水溶液涂刷基层做封闭处理，干燥后再做裱糊。

（7）不同基层接缝处，如石膏板和木基层连接处，应先贴一层纱布，再刮腻子修补，以防裱糊后壁纸面层被拉裂撕开。

2．弹线

弹线要横平竖直、图案端正。对窗口墙面要在窗口处弹中线；窗间墙处也应弹中线，以便保证阳角花纹对正。壁纸的上部应以挂镜线为准，无挂镜线用压条收边弹水平线控制壁纸的水平高度。

3．裁纸

裁纸时，应统筹规划进行编号，以便按顺序粘贴，裁纸最好由专人负责，在工作台上进行。下料长度应比粘贴部位略大 10～30 mm。如果壁纸、墙布带花纹图案时，应分张裁割，每张从上至下对好花饰，不得错位，小心裁割。如果室内净空较高，墙面宜分段进行，一次粘贴的高度宜在 3m 左右。

4. 润纸

润纸的目的是先使其伸缩，纸胎的塑料壁纸必须进行润纸，玻璃纤维基材、无纺贴墙布不需要润纸。塑料壁纸的膨胀率为 0.5%～13%，收缩率 0.2%～0.8%，一般用水润湿 2～3 min 即可。复合优质壁纸，裱糊前应进行闷水处理，以使壁纸软化。纺织纤维壁纸，一般应用湿布稍擦一下再粘贴，不能在水中浸泡。

5. 刷胶黏剂

（1）PVC 壁纸应在基层涂刷胶黏剂，仅在裱糊顶棚时，基层和壁纸背面均应涂刷胶黏剂。基层表面涂胶宽度要比壁纸宽约 30 mm，一般抹灰面用胶量为 0.15 kg/m² 左右，气温较高时用量相对增加。塑料壁纸背面刷胶的方法是：背面刷胶后，胶面与胶面反复对叠，使胶面均匀，这样可避免胶干得太快，也便于上墙粘贴。

（2）对于较厚的壁纸、墙纸，如植物纤维壁纸、化纤贴墙布，为了增加黏结效果，应对基层与背面双面刷胶。

（3）玻璃纤维墙布、无纺贴墙布无需在背面刷胶，可直接将胶黏剂涂于基层上。因为这些墙布有细小孔隙，本身吸水很少，如果背面刷胶，则胶粘剂会印透表面，出现胶痕而影响美观。基层刷胶时，玻璃纤维墙布用胶量 0.12 kg/m²（抹灰墙面），无纺贴墙布用胶量为 0.15 kg/m²（抹灰墙面）。

（4）由于锦缎柔软，极易变形，裱糊前，应先在锦缎背面裱一层宣纸，使锦缎挺括易于操作，最后再在基层上涂刷胶黏剂。

6. 裱糊

裱糊的原则是先垂直（先上后下、先长墙后短墙）后水平（先高后低），先细部后大面，保证垂直后对花拼缝。

（1）从墙面所弹垂线开始至阴角处收口。一般顺序是挑一处近窗台角落背光处依次裱糊，这样在接缝处不致出现阴影，影响操作。

（2）无图案的壁纸，粘贴时可采用搭接法粘贴。其方法是：相邻两幅在拼缝处，后贴的一幅压前一幅 30 mm 左右，然后用钢尺与活动剪纸刀在搭接范围内的中间，将双层壁纸切透，再将切掉的两小条壁纸撕下，将壁纸对缝粘好。最后用刮板从上向下均匀地赶胶，排出气泡，并及时用湿布擦掉多余胶液。一般需擦拭两遍，以保持壁纸面干净。较厚的壁纸需要用胶辊进行滚压赶平。发泡壁纸及纸质复合壁纸则严禁使用刮板赶压，只可用毛巾、海棉或毛刷赶压，以免赶平花型或出现死褶。

（3）对于有图案的壁纸，为了保证图案的完整性和连续性，粘贴时可采取拼接法。拼贴时先对图案，后拼缝。从上至下图案吻合后，再用刮板斜向刮胶，将拼缝处赶密实，然后从拼缝处刮出多余胶液，并用湿毛巾擦干净。对于需要重叠对花的壁纸，应先拼贴对花，待胶黏剂干到一定程度后，用钢尺对齐裁下余边，再刮压密实。用刀时力要匀，一次直落，避免出现刀痕或搭接起丝现象。

（4）裱糊拼贴时，阴角处接缝应搭接，阳角处不得有接缝，应包角压实。

（5）普通壁纸可用其他纸衬托进行裱糊，以保证壁纸的挺括及防止纸面污染。

（6）墙面明显处应用整幅壁纸，上下与挂镜线、踢脚板和贴脸等部位的连接应紧密，先贴壁纸留出压边，后做挂镜线、踢脚板和贴脸等，使其搭压壁纸 5～10 mm。

（7）修整：如纸面出现皱纹、皱褶时，应趁壁纸未干，用湿毛巾抹拭纸面，使壁纸润湿后，用手慢慢将壁纸舒平，待无皱褶时，再用橡胶辊或胶皮刮板赶平。若壁纸已干结，则要撕下壁纸，把基层清理干净后，再重新裱贴。

（8）裱糊锦缎。

锦缎直接粘贴在水泥类基层表面。基层必须干燥，表面刮腻子光平，锦缎先在背面裱一层宣纸，使锦缎挺括。然后刷胶黏剂，裱糊锦缎。由中心呈放射状，赶压、刮平、压实。

锦缎直接粘贴在木基层上的操作方法同上。周边做压条（或压框）收边。

锦缎制成拼块挂贴：根据设计图案划分若干单元拼块，先表面裱糊上锦缎，再按图案拼挂在墙上，完成内墙面装饰。拼块用木（铝合金）骨架钉胶合板制作，表面裱糊锦缎，或在胶合板上先衬一层软毡泡沫塑料，表面罩一层锦缎拉平绷紧，钉牢在骨架上。拼块可以固定在基体上或木龙骨框格上，也可以制成摘挂式，以方便更换锦缎。

（六）施工注意事项

1．应按壁纸、墙布的品种、图案、颜色、规格进行选配分类，拼花裁切，编号后平放待用，裱糊时按编号顺序粘贴。

2．裱糊前，应弹垂直线，作为裱糊时的准线。

3．墙面应采用整幅裱糊，不足一幅时应裱糊在不明显的部位。

4．裱糊 PVC 壁纸，应先将壁纸用水润湿数分钟。

5．裱糊复合壁纸严禁浸水，应先将壁纸背面涂刷胶黏剂，放置数 min。

6．裱糊墙布，应先将墙布背面清理干净。

7．带背胶的壁纸，应在水中浸泡数分钟待无明水后裱糊。

8．裱糊时，应在基层表面涂刷胶黏剂，薄厚均匀，不能过多、过厚、起堆，以防溢出弄脏壁纸、墙布。但不能刷涂过少，甚至刷不到位，以防起泡、粘贴不牢。阴、阳角处应增涂 1～2 遍胶黏剂，以保证牢固。

9．壁纸接缝对花，待胶黏剂半干时，用钢尺压住重叠处用刀裁下余边，将接缝两旁壁纸揭起 20～30 mm 刷胶，再刮压密实。用刀时，要一次直落切透两层壁纸，力量要适当、均匀，不得停顿，也不要重复切割。

10．除标明必须"下倒"交替粘贴的壁纸外，壁纸的粘贴均应按同方向进行。

11．赶压气泡时，对于压花壁纸可用钢板刮刀刮平，对于发泡及复合壁纸，则严禁使用钢板刮刀，只可用毛巾、海绵或毛刷赶平。赶压应从壁纸中心，呈放射状顺序进行，并将挤出的胶黏剂及时擦净，表面不得有气泡、斑污等。

12．为避免损坏、污染壁纸、墙布，裱糊工程尽量放在施工作业的最后一道工序进行。

13．裱糊完工后，应尽量封闭通行或设保护覆盖物。

（七）裱糊壁纸、墙布材料用量估算见表 4-16。

裱糊装饰工程材料用量估算 表 4-16

材 料 名 称	单 位	数 量（m²）	附 注
玻璃纤维贴墙布	m²	11.2	按 10 m² 墙面面积计算
聚醋酸乙烯酯乳液	kg	1.0	
羟甲基纤维素	kg	0.016	

四、裱糊类装饰装修的质量要求及检验标准

裱糊类装饰的质量要求及检验方法见表 4-17。

裱糊工程质量要求及检验方法 表 4-17

项 目	质量等级	质 量 要 求	检验方法
裱糊表面	合格	色泽一致，无斑污，无胶痕	观察检查
各幅拼接	合格	横平竖直，图案端正，拼缝处图案花纹吻合，距墙 15 m 处正视，不显拼缝。阴角处搭接光顺，阳角处无接缝	观察检查
裱糊与挂镜线、贴脸板、踢脚板、电气板、交换盒等	合格	交接紧密、无缝隙，无漏贴和补贴，不遮盖可拆卸的活动件	观察检查

五、常见工程质量问题及其防治，见表 4-18。

裱糊常见工程质量问题及其防治 表 4-18

项目	质量问题	防 治 措 施
基层处理不当	腻子翻皮	1. 调制腻子时加适量胶液，稠度合适 2. 清除基层表面灰尘、隔离剂、油污等 3. 在光滑基层上或清除污物后，应涂刷一层胶黏剂（如乳胶等），再刮腻子 4. 每遍腻子不宜过厚，不可在有冰霜、潮湿和高温的基层上刮腻子 5. 翻皮腻子应铲除干净，找出原因后，采取相应措施重新刮腻子
	表面粗糙，有疙瘩	1. 清除基层污物，特别是混凝土流坠灰浆、接茬棱痕，用铁铲或砂轮磨光。腻子疤等凸起部分用砂轮机打磨平整 2. 使用材料、工具、操作现场等应保持洁净，防止污物混入腻子或胶黏剂中 3. 对表面粗糙的粉饰，用细砂纸打磨光平，或用铲刀铲扫平整，用 107 胶水溶液做封闭处理。
	透底、咬色	1. 清除基层油污。表面太光滑时，用砂轮磨平，刮腻子、再刷 107 胶水溶液一遍。 2. 如基层颜色较深，应用细砂纸打磨或涂料遮盖，再刮腻子、刷 107 胶水溶液一遍。 3. 挖掉基层的裸露铁件，否则须刷防锈漆和白厚漆覆盖 4. 对有透底或咬色弊病的粉饰，要进行局部修补，再喷 1~2 遍涂料覆盖裱糊表面

项目	质量问题	防　治　措　施
裱糊表面弊病	裱贴不垂直	1. 裱贴前，对每一墙面应先弹一垂线，裱贴第一张壁纸须紧贴垂线边缘，检查垂直无偏差方可裱贴第二张，裱贴 2～3 张后，要用吊锤在接缝处检查垂直度，及时纠偏 2. 采用接缝法粘贴花饰壁纸时，先检查壁纸的花饰与纸边是否平行，如不平行应裁割后方可粘贴 3. 基层阴阳角须垂直、平整、无凹凸，若不合要求，须修整后才能粘贴 4. 发生不垂直的壁纸应撕掉，基层处理后重新粘贴
	壁纸爆花	1. 检查抹灰基层有无爆花现象 2. 基层若有爆花必须逐片处理后方可粘贴
	表面不干净	1. 擦拭多余胶液时，应用干净毛巾，随擦随时用清水洗，操作者应人手一条毛巾 2. 保持操作者的手、工具及环境的干净，若手上有胶，应及时用毛巾擦净 3. 对于接缝处的胶痕应用清洁剂反复擦净
	死褶	1. 选择材质优良的壁纸、墙布 2. 粘贴时，用手将壁纸舒平后，才可用刮板均匀赶压，特别是出现皱褶时，必须轻轻揭起壁纸慢慢推平，待无皱褶时再赶压平整 3. 发现有死褶，若壁纸未完全干燥可揭起重新粘贴，若已干结则撕下壁纸，砂轮打磨处理后重贴
	翘边（张嘴）	1. 基层灰尘、油污等必须清除干净，控制含水率。若表面凹凸不平时，须用腻子填平、打磨平。 2. 不同的壁纸选择相匹配的胶黏剂 3. 阴角搭接时，先粘贴压在里面的壁纸，再用黏性较大的胶黏剂贴外面的壁纸，搭接宽度 3 mm，纸边搭在阴角处，并保持垂直无毛边，严禁在阳角处甩缝，壁纸应裹过阳角 20 mm，包角须用黏性强的胶黏剂，并压实，不得有气泡 4. 将翘边翻起，检查产生原因，属于基层有污物的，待清理后，补刷胶黏剂粘牢，属于黏性小的，则换黏性强的胶，如翘边已坚硬，应撕掉重贴。

第五节　内墙玻璃类装饰装修工程施工技术

　　用玻璃装饰内墙面、墙裙、小面积点缀式的装饰，是经常采用的一种装饰手段，而大面积的内墙玻璃装饰是近几年兴起的装饰工程，玻璃装饰内墙使室内晶莹剔透、光亮照人，增加室内亮度，特别是采用镜面玻璃可以取得扩大视觉空间的效果。玻璃内墙面多用于舞厅、客厅、局部大厅墙面、健身房、练功房等。但此种装饰不可滥用，以免造成视觉干扰。由于玻璃安装施工的特殊性，故在本节单独介绍，玻璃内墙面装饰，不包括门窗玻璃安装。玻璃幕墙已在外墙装饰中介绍。

一、有关施工规定

1. 玻璃的运输和存放应符合现行《普通平板玻璃》（GB 4871）的有关规定。

2. 当用人力搬运玻璃时，应避免玻璃在搬运过程中破损，搬运大面积玻璃时应注意风向，以确保安全，应采用特种工具（吸盘）搬运。

3. 玻璃宜集中裁割，边缘不得有缺口和裂缝。

4. 钢木框装玻璃按设计尺寸或实测尺寸，长宽各应缩小一个裁口宽度的 1/4 裁割（约 3 mm 左右）。铝合金和塑料框玻璃的裁割尺寸应符合现行国家标准对玻璃与玻璃槽之间配合尺寸的规定，满足设计和安装的要求。

5. 单向透视玻璃安装时的朝向应符合设计要求。

6. 当焊接、切割、喷砂等作业可能损伤玻璃时，应采取措施予以保护，严禁焊接火花溅到玻璃上。

7. 玻璃安装后，应对玻璃与框同时进行清洁工作。

8. 严禁用酸性洗涤剂或含研磨粉的去污粉清洗热反射玻璃的镀膜面层。

9. 玻璃与骨架黏结时用玻璃胶，并做黏结力试验，合格后方可使用。

二、材料与质量要求

（一）材料

1. 玻璃：装饰装修工程中使用的玻璃主要有平板玻璃、吸热玻璃、热反射玻璃、中空玻璃、夹层玻璃、夹丝玻璃、磨砂玻璃、钢化玻璃、压花玻璃、彩色玻璃、镭射玻璃和玻璃砖等。

2. 辅助材料：主要包括油灰、密封条、木压条、金属压条、回形卡子（钢弹簧）、小圆钉、玻璃胶、密封膏、木龙骨、型钢龙骨、铝合金龙骨、塑料龙骨、垫层板等。

（二）质量要求

1. 玻璃和玻璃砖的品种、规格和颜色应符合设计要求，质量应符合有关产品标准。

2. 油灰应用熟桐油等天然干性油拌制，用其他油料拌制的油灰，必须试验合格后方可使用。

3. 油灰应具有塑性，嵌抹时不断裂、不出麻面。在常温下，应在 20 d 内硬化。

4. 用于钢骨架玻璃的油灰，应具有防锈性。

5. 夹丝玻璃的裁割边缘上宜刷涂防锈涂料。

6. 镶嵌条、填充材料、密封膏等的品种、规格、断面尺寸、颜色、物理及化学性均应符合设计要求。

上述材料配套使用时，相互间要匹配。

三、玻璃类装饰装修内墙面施工技术

（一）玻璃裁割

1．根据所需玻璃规格尺寸应结合供货装箱玻璃的规格，合理套裁，先裁大后裁小，先裁宽后裁窄。

2．玻璃裁割应留量，一般按实测长、宽各缩小 2～3 mm。

3．裁割玻璃严禁在已划过的刀路上再划割，必要时可在其背面重划。

4．钢化玻璃不能用刀裁割，应按规格尺寸预先订货加工。

5．裁厚玻璃及压花玻璃，在划口上先涂上煤油，使划口内渗油，易于掰脱。先在背面用刀敲裂再掰开。

6．裁加丝玻璃，裁刀向下用力要大要匀，裁割后双手用力向下掰，使玻璃沿裁口裂开，若有夹丝未断，可在玻璃裂缝内夹一细木条用力向上掰回，夹丝即断。裁割裂口的边缘要刷防锈涂料。

（二）玻璃打眼

1．打眼：打洞眼直径大于 20 mm 时，要用玻璃刀划出圆圈，在背面敲出裂痕，再在圆面划出几道交叉裁口，用小锤从中心向外轻轻敲碎圈内玻璃，形成毛边洞眼。

2．钻眼：打洞眼直径小于 10 mm 时，应该用台钻钻眼，先定圆心，将掺煤油的"280"～"320"号金刚砂堆在玻璃钻眼处，在台钻上用平头钻慢慢压磨，边磨边点金刚砂，直至钻透为止。

（三）安装玻璃

1．木骨架安装玻璃：

（1）有裁口骨架安装玻璃时，将玻璃按尺寸裁好，同时清除裁口污物、杂物，抹一层油灰，玻璃就位时，先放下口，后推入上口，用力压平让玻璃贴紧裁口，挤出油灰，用钉将玻璃固定，每边不得少于 2 个钉子，表面用油灰盖缝抹平，或钉木压条固定玻璃。

（2）无裁口骨架安装玻璃时，先在下口龙骨表面弹线、钉盖缝条，留出玻璃嵌入的间隙（比玻璃厚度大 1～2 mm），玻璃就位时先放下口；将玻璃贴紧龙骨表面，调整玻璃垂直度，钉左或右盖缝条；然后再安装右或左侧玻璃，按此顺序直到端头，最后将上下口盖缝条钉紧，为了使玻璃和龙骨贴紧、贴平，玻璃就位前先在龙骨表面抹一层薄油灰（油灰略为稠软）。

2．铝合金骨架、塑料骨架安装玻璃

（1）清除表面及槽口内灰尘、油污、杂污，畅通排水孔。

（2）先安装槽里侧的嵌条，同时在下口放两个橡胶垫块，然后按设计在四周安放橡胶垫块。

（3）安装玻璃就位，先放下口，再推入上口。

（4）安装外侧嵌条或橡胶压条，挤紧玻璃，压条与槽口要相互配套。

3．隐框安装玻璃

（1）要求木骨架、钢骨架、铝合金骨架的外皮必须平直、干净无油污，安装前拉线检查平直度。

（2）用打胶枪把胶挤在玻璃背面的四边，或挤在骨架表面，将玻璃贴紧轻压，将挤出的胶及时擦净。

（3）临时固定：在玻璃胶没有完全固化时，用胶带纸把玻璃与骨架粘贴固定。24 h后即可去掉胶纸，擦净玻璃面。

（4）采用螺栓安装镜面玻璃、镀膜玻璃时，玻璃的尺寸和龙骨框格尺寸要配合，玻璃四角打眼用螺栓和龙骨框格固定。龙骨与玻璃之间垫一层橡胶条等软物衬垫，螺栓帽与玻璃之间要有弹性垫圈，并要美化处理，螺栓为不锈钢或铝合金。

（5）当玻璃背面有衬板时，先铺一层油毡防潮层，在其表面弹出龙骨位置线、玻璃排列线及玻璃四角螺栓钻孔点。然后在相应位置将玻璃钻孔，用不锈钢螺丝（铝合金螺丝）加橡胶垫将玻璃固定（拉铆钉也可）。

（6）当用胶黏剂将玻璃粘贴在垫板上时，（垫板为：中密度板、硬纤维板、塑料板、胶合板等），先将垫层板与骨架用螺丝固定找平，螺丝帽不得突出垫板外皮，在垫层板上弹出玻璃的排列线，均匀涂胶后，按线就位自上而下一行一行粘贴玻璃，每块玻璃下边沿用小钉临时托住，表面用胶带纸互相粘贴临时固定，每次粘贴一行；再铺下一行玻璃时，先将小钉拔出，再一块块粘贴玻璃。粘贴完后，四周用边框收边。边框可用金属（铜、铝合金、不锈钢、塑料）或硬木制作。做到线条顺直、线型清秀、割角、压缝、吻合紧密。

4．在隔断墙上安装玻璃，与门窗安装玻璃相同，不再详述，只是应将玻璃挤出的背面油灰清除刮净。

（四）施工注意事项

1．裁割玻璃时，玻璃必须放平，工作台要稳固，表面应有橡胶垫或铺薄毛毡垫。

2．裁割玻璃时靠尺位置应留出裁刀口所占的宽度。

3．裁割压花玻璃时，压花面应向下。

4．楼梯阳台安装有机玻璃、钢化玻璃时，应用压条、嵌条将玻璃紧密固定。

5．玻璃的规格尺寸长边大于 150 mm 或短边大于 100 mm 时下口用两块橡胶垫，并用压条、螺钉、嵌条镶紧固定。用钉子固定，钉子间距不得大于 300 mm，并且每边不少于两个。

6．安装玻璃严禁用锤敲击和撬动，如不合格应取下重安。

7．玻璃安装就位后，其边缘不得和四周框口挤紧，或和连接件接触，要留出适当空隙，一般为 1~2 mm，但不得大于 5 mm。

8．玻璃安装后，嵌条、压条、钉子固定时，应使玻璃四周受力均匀，橡胶压条要和玻璃贴紧。

9．美术玻璃、彩色玻璃、艺术玻璃安装时，图案、花纹拼接要严密不露痕迹。

四、玻璃类装饰装修工程的质量要求及检验标准

玻璃类装饰装修工程的质量要求及检验方法见表4-19。

玻璃工程基本项目的质量要求及检验方法　　　　　　　　　表4-19

项　目	质量等级	质　量　要　求	检验方法
油灰填抹质量	合格	底灰饱满，油灰与玻璃、裁口黏结牢固，边缘与裁口齐平，四角成八字形，表面光滑，无裂缝、麻面和皱皮	目测
固定玻璃的钉子或钢丝卡	合格	钉子或钢丝卡的数量符合施工规范的规定，规格符合要求，不在油灰表面显露	目测
木压条的质量	合格	木压条与裁口边缘紧贴齐平，割角整齐连接紧密，不露钉帽	目测
橡胶垫镶嵌质量	合格	橡皮垫与裁口、玻璃及压条紧贴，整齐一致，并无露在压条外	目测
玻璃砖安装	合格	排列位置正确、均匀整齐，无位移，嵌缝饱满密实，接缝均匀、平直	目测
彩色、压花玻璃拼装	合格	颜色、图案符合设计要求，接缝吻合	目测
艺术、彩绘玻璃拼装	合格	表面洁净，无油灰、浆水、油漆等斑污，有正反面的玻璃，安装方向正确	目测

五、玻璃类装饰质量的常见问题及防治，见表4-20。

玻璃类装饰装修常见工程质量问题及其防治　　　　　　　表4-20

项　目	质量问题	防　治　措　施
油灰	油灰流淌	1. 商品油灰须先经试验合格方可使用 2. 刮抹油灰前，必须将裁口内的杂物清除干净 3. 应掌握适宜的温度刮油灰，当温度较高或刮油灰后有下坠现象时，立即停止并清除改换油灰 4. 选用质量好具有可塑性的油灰，自配油灰不得使用非干性油料配制，油性较多可加粉质填料，拌揉调匀方能使用 5. 出现流淌的油灰，必须全部清除干净，重新刮质量好的油灰

项　目	质量问题	防　治　措　施
油灰	油灰露钉或露卡子	1. 木门窗应选用 19 mm 以内的圆钉，钉钉时，不能损坏玻璃，钉的钉子既要不使钉帽外露，又要使玻璃嵌贴牢固 2. 钢门窗装卡子时，应使卡子槽口卡入玻璃边并固定紧。如卡子露出油灰外，则将卡子长脚剪短再安装 3. 将凸出油灰表面的钉子，钉入油灰内，钢卡子外露应取出来，换上新的卡子卡牢 4. 损坏的油表面灰应修理平整光滑
	油灰黏结不牢，裂纹或脱落	1. 商品油灰应先经试验合格方可使用 2. 油灰使用前将杂物清除并拌揉均匀 3. 应选用熟桐油等天然干性油配制油灰 4. 油灰表面粗糙和有麻面时，用较稀的油灰修补 5. 油灰有裂纹、断条、脱落时，必须将油灰铲除，重抹质量好的油灰
钉压条	木压条不平整有缝隙	1. 不要使用质量硬易劈裂的木压条，其尺寸应符合安装要求，端部锯成 45°角的斜面，安装玻璃前先将木压条卡入槽口内，装时再起下来 2. 选择合适的钉子，将钉帽捶扁，然后将木压条贴紧玻璃，把四边木压条卡紧后，再用小钉钉牢 3. 遇有缝隙、劈裂等弊病的木压条，必须拆除，换上质量较好的木压条重新钉牢

复习题

1. 内墙涂料装饰装修工程的材料选则原则。
2. 各种内墙涂料的施工方法。
3. 简述涂料工程质量的问题及防治。
4. 简述内墙贴面工程质量的检验标准。
5. 简述贴面类工程质量问题及其防治。
6. 简述镶嵌饰面板材类施工工艺。
7. 简述镶嵌饰面板材类工程质量的检验标准、工程质量及防治。
8. 简述内墙裱糊类装饰装修工程的质量检验标准、常见问题及防治。
9. 简述内墙玻璃类装饰装修内墙施工工艺。
10. 简述内墙玻璃类装饰装修工程质量检验标准、常见问题及防治。

第五章 顶棚装饰装修施工技术

顶棚、天棚、天花板、吊顶等都是室内上部空间表面装饰装修的统称，但从构造学角度衡量上述名词的含义还是略有差异。

顶棚、天棚含义较为广泛，是指室内上部空间的面层与结构层的总和，甚至包括整个屋顶构造，如采光屋顶可称谓采光顶棚。

天花板是指室内上部构造中的饰面层，而不反映有无骨架结构，如楼板底面抹灰装饰称为天花板抹灰较确切。

吊顶是指在结构层下部悬吊一层骨架与饰面板装饰层、建筑物结构层拉开一定距离，本身的自重要依赖于建筑物结构层来承担，另外的含义是指施工过程。

所以上述名词有时可通用，有时要根据实际构造状况采用不同名称。本章主要介绍顶棚的施工技术。

顶棚是室内装饰的主要组成部分，其投资比重大约占室内装饰的 30％～50％，因此，顶棚装饰装修一定要按照国家有关规定的等级标准，选定恰当的顶棚装饰构造与材料，切不可盲目提高标准。

第一节 顶棚的作用、类型与有关施工规定

一、顶棚的作用

顶棚是室内装饰的重要组成部分，它既要满足技术要求，如保温、隔热、防火、隔声、吸声、反射光照，又要考虑技术与艺术的完美结合。顶棚最能反映室内空间的形状，营造室内某种环境、风格和气氛。通过顶棚的处理，可以明确表现出所追求的空间造型艺术，显示各部分的相互关系，分清主次，突出重点与中心，对室内景观的完整统一及装饰效果影响很大。

现代建筑中的设备管线较多，而且错综复杂，非常影响室内美观，利用吊顶可将设备管线敷设其内，而不影响室内观瞻。

二、顶棚的分类

（一）按顶棚形式分类

顶棚按形式分类有平滑式（或称整体式）、井格式、悬浮式、分层式等。

1. 平滑式

平滑式顶棚是室内上部整个表面呈较大平面或曲面的较平整的顶棚，它可以是结构层下表面装饰形成，也可以是结构层下面再吊顶形成。

2．分层式

为满足光学、声学和装饰造型的要求，取得空间层次的变化，而将顶棚分成不同标高的两个或几个层次，称分层式顶棚，或称高低错台式。

3．井格式

井格式顶棚，一种是利用井格式楼盖，直接贴龙骨和饰面板，保留原井格形式；一种是在平楼盖下皮，用龙骨做骨架，外贴饰面板，形成矩形、方形、菱形井格，井格内做花饰图案。方形井格装饰在中国古建筑中称为藻井，大尺寸的井格称为平棊，小尺寸的井格称为井阉。

4．悬浮式

为了装饰或满足声学、照明要求，将各种平板、曲板、折板或各种形式的饰物，在不用龙骨情况下直接吊挂在屋顶结构上。板面之间不连接，这种顶棚具有造型新颖、别致的特点，它能使空间气氛轻松、活泼和欢快。

5．结构顶棚

一种结构顶棚是利用某些屋盖、楼盖结构构件优美的形状构成某种韵律，不加掩盖，巧妙地与照明、通风、防火、吸声等设备组合成的顶棚；另一种是采光屋顶利用屋盖结构，设置网格骨架，覆以透光面板（玻璃、有机玻璃等）而组成的采光屋顶，它将屋顶结构、采光、装饰三种功能有机的结合在一起，形成一种特殊顶棚，应用在顶层公共活动房间、单层大跨度房间、单层入口大厅、四季厅和多层旅馆的共享空间的屋顶等。

（二）按顶棚的做法分类

1．直接喷浆顶棚

这是顶棚做法中最简单的一种，一般先在结构板底用腻子刮平，然后喷涂内墙涂料，适用于形式要求比较简单的房间，如库房、锅炉房和采用预制钢筋混凝土楼板的一般住宅。

2．抹灰顶棚

在钢筋混凝土楼板下，抹水泥石灰砂浆或水泥砂浆，表面喷涂内墙涂料或毛面涂料。亦可抹出各种天花装饰线，以增加装饰效果。

以上两种多称为天花板抹灰、天花板喷涂，是借用结构层底面直接装饰。

3．吊顶顶棚

这是顶棚做法中较高档次的主要形式。其特点是采用骨架，使顶棚面层离开结构层，两者之间形成空间，其内可敷设各种设备或管道。其饰面层可用各种形式的板材，以便于做保温、隔热、隔音、吸声、艺术装饰等处理。

（三）按顶棚骨架所用材料分类

1．木龙骨吊顶：吊顶基层中的龙骨由木制材料制成，这是吊顶的传统做法。因其材料具有可燃性，不适用于防火要求较高的建筑物。因木材奇缺，木龙骨吊顶已限制使用。

2. 轻钢龙骨吊顶：轻钢龙骨吊顶是以镀锌钢带、薄壁冷轧退火钢带为材料，经冷弯或冲压而成的吊顶骨架，即轻钢龙骨。用这种龙骨构成的吊顶具有自重轻、刚度大、防火、抗震性能好、安装方便等优点。它能使吊顶龙骨的规格标准化，有利于大批量生产，组装灵活，安装效率高，已被广泛应用。轻钢龙骨的断面多为"U"形，称为"U"型轻钢龙骨；亦有"T"型断面的烤漆龙骨，可用于明龙骨吊顶。

3. "T"形铝合金龙骨吊顶："T"形龙骨是用铝合金材料经挤压或冷弯而成，断面为"T"形。

这种龙骨具有自重轻、刚度大、防火、耐腐蚀、华丽明净、抗震性能好、加工方便、安装简单等优点。用于活动装配式吊顶的明龙骨，其外露部分比较美观。铝合金型材也可制成"U"型龙骨。

(四) 按顶棚饰面板材料分类

按顶棚饰面板材料分类，有板条抹灰吊顶、钢板网抹灰吊顶、胶合板吊顶、纤维板吊顶、木丝板吊顶、石膏板吊顶、矿棉吸声板吊顶、钙塑装饰板吊顶、塑料板吊顶、纤维水泥加压板吊顶、金属装饰板吊顶等，以及使用现代新材料如茶色镜面玻璃吊顶、铝镁曲板吊顶等。

三、顶棚的常见做法

吊顶是顶棚构造做法中的主要构造形式，吊顶是由吊杆（吊筋）、龙骨（搁栅）、饰面层及与其相配套的连接件和配件组成，如图 5-1 所示。

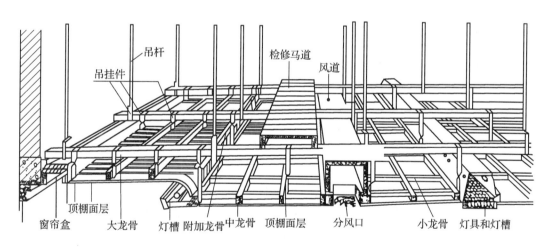

图 5-1　吊顶装配示意图

四、吊顶的有关规定

1. 吊顶工程所用材料的品种、规格、颜色以及基层构造、固定方法应符合设计要求。
2. 饰面板安装前的准备工作应符合下列规定：

（1）在现浇板或预制板缝中，按设计要求设置的预埋件或吊杆应完成。（2）吊顶内的通风、水电管道及上人吊顶内的人行通道应安装完毕；消防管道安装并试压完毕。（3）吊顶内的灯槽、斜撑、剪刀撑等，应根据工作情况适当布置；轻型灯具应吊在主龙骨或附加龙骨上，重型灯具或电扇不得与吊顶龙骨连接，应另设吊钩。

3. 饰面板安装前，应根据饰面板尺寸分块弹线。带装饰图案面板的布置应符合设计要求。墙面与顶棚的接缝应严密并设阴角盖缝条。

4. 饰面板与墙面、窗帘盒、灯具等交接处应严密，不得有漏缝现象。

5. 浮搁置式的轻质饰面板应按设计要求设置压卡装置。

6. 饰面板不得有悬臂现象，遇有悬出时应增设附加龙骨固定。

7. 施工用的临时马道应架设或吊挂在结构受力构件上，严禁以吊顶龙骨作为支撑点。

8. 吊顶施工过程中，土建与电气设备等安装作业应密切配合，特别是预留孔洞、吊灯等处的补强应符合设计要求，以保证安全。

9. 饰面板安装后，应采取保护措施，防止损坏。

10. 各类饰面板不应有气泡、起皮、裂纹、缺角、污垢和图案不完整等缺陷，表面应平整，边缘应整齐，色泽应一致。穿孔板的孔距应排列整齐。暗装的吸声材料应有防散落措施。胶合板、木质纤维板不应脱胶、变色和腐朽。各类饰面板的质量均应符合现行国家标准、行业标准的规定。

11. 吊顶工程用的木龙骨、轻钢龙骨、铝合金龙骨及配件应符合现行国家标准。

12. 安装饰面板的紧固件，宜采用镀锌制品。

13. 胶黏剂的类型应按所用饰面板的品种配套选用。

14. 吊顶工程的木吊杆、木龙骨和木饰面板必须进行防火处理，并应符合有关设计防火规范的规定。

15. 吊顶工程中的预埋件、钢筋吊杆和型钢吊杆应进行防腐处理。

16. 吊杆距主龙骨端部距离不得大于 300 mm，当大于 300 mm 时，应增加吊杆；当吊杆长度大于 1.5 m 时，应设置反支撑，当吊杆与设备相遇时，应调整并增设吊杆。

注：关于吊顶的其他规定详见《建筑装饰装修工程质量验收规范》GB 50210－2001

第二节　U 型轻钢龙骨吊顶施工技术

U 型轻钢龙骨吊顶是指吊顶用的大、中、小龙骨断面形状为 U 型，用 1.2～1.5 mm镀锌钢板（或一般钢板）挤压成型制成的龙骨，作为吊顶骨架，外贴饰面板组成顶棚，故称为 U 型轻钢龙骨吊顶。铝合金 U 型龙骨是由 1.2～1.5 mm 铝合金板带挤压、滚压成型制成龙骨。

一、材料与质量要求

（一）龙骨

1. 大龙骨

按其承载能力分为三级：

（1）轻型级：大龙骨不能承受上人荷载。断面宽度为 30~38 mm。

（2）中型级：大龙骨能承受偶然上人荷载，可在其上铺设简易检修马道。断面宽度为 45~50 mm。

（3）重型级：大龙骨能承受上人检修 0.8 kN 集中荷载，可在其上铺设永久性检修马道。断面宽度为 60~100 mm。

2. 中龙骨

断面为 30~60 mm。

3. 小龙骨

断面为 25~30 mm。

目前国内常用的轻钢龙骨及其配件，按其龙骨断面的形状、宽度分为几个系列，各厂家的产品规格也不完全统一（互换性差），在选用龙骨时要注意选用同一厂家的产品。

各种龙骨的断面尺寸要准确，符合国家标准。

（二）饰面板

饰面板有钙塑泡沫装饰板、PVC 塑料天花板、硬质纤维装饰板、穿孔石棉水泥板、各种玻璃吊顶板、镭射玻璃、石膏装饰吸声板、矿棉装饰吸声板、珍珠岩装饰吸声板、金属吊顶板等装饰板材。

二、U 型轻钢龙骨吊顶做法

U 型轻钢龙骨吊顶由吊杆、大龙骨、中龙骨、小龙骨以及各种支撑和连接件等组成。

（一）基本特征

U 型轻钢龙骨吊顶的构造属于暗龙骨整体式或分层式吊顶，利用吊杆将顶棚骨架及面层悬吊在承重结构上，中间用木顶撑将龙骨调平，与结构层拉开一定距离，形成吊顶隔离空间。在顶层隔离空间可起隔热作用，在楼层可起隔音作用。饰面板可以选用有花饰或有浮雕图案的饰面板。吊顶的艺术图案和造型主要依靠饰面板自身的花饰图案和高低错落的分层造型来实现。如果是大面积整体式平面吊顶，可在饰面板上（一般为纸面石膏或钢板网抹灰）贴壁纸、贴浮雕、装饰图案和线脚进行二次装饰。

（二）U 型龙骨的组成

吊顶的骨架是由大龙骨、中龙骨、小龙骨组成方格，用吊杆挂接悬吊在楼板下皮，它分单层龙骨与双层龙骨两种做法。

1. 单层龙骨

单层龙骨属于轻便做法，其做法是：吊杆（φ4 钢筋吊杆）沿房间短向直接吊卡通长大龙骨或中龙骨，龙骨间距随饰面板材尺寸而定，一般为 500 mm 或 600 mm。垂直方向中龙骨与通长龙骨用支托插接形成方格网，双向龙骨底面作平，其间距也为 500 mm 或 600 mm。单层龙骨节点做法见图 5-2。

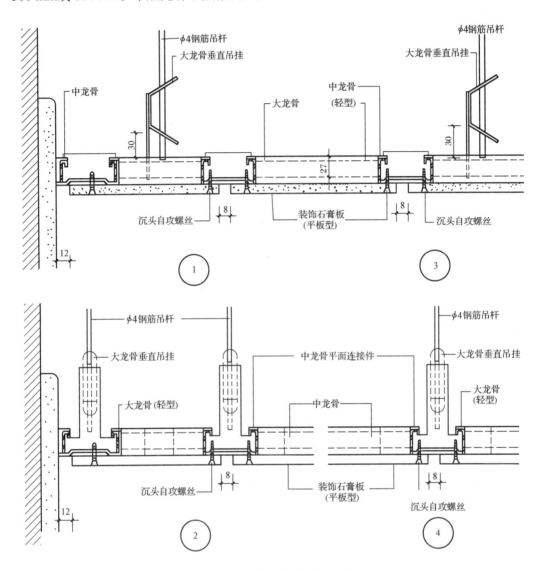

图 5-2　单层龙骨轻便做法示意图

2. 双层龙骨

双层龙骨属于一般做法。其做法是吊杆（φ6～φ8 钢筋吊杆）直接吊卡大龙骨，大龙骨的间距为 1 000～1 200 mm，其底部为中龙骨，用吊挂件挂在大龙骨上，其间距随板材尺寸而定，一般为 400～600 mm。垂直于中龙骨的方向加中龙骨支撑，称为横撑龙骨，其间距也随板材尺寸而定，一般为 400～1 200 mm。中龙骨支撑与中龙骨底要齐平。双层龙骨做法的示意图和节点图分别见图 5-3、图 5-4。

3. U 型龙骨的搭接

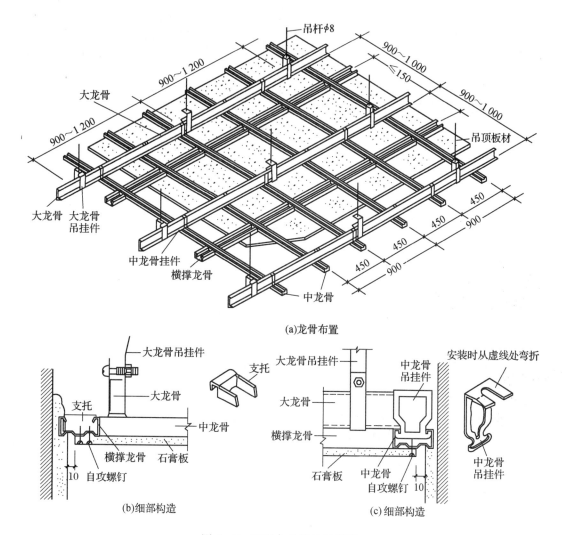

(a)龙骨布置

(b)细部构造　　　　　(c)细部构造

图 5-3　双层龙骨做法示意图

大、中型龙骨的纵向接长，采用插接件对接后用螺栓固定，横向龙骨可以在任意部位与纵向龙骨用螺栓和卡口相接，有可靠的牢固性，见图 5-5。

（三）吊杆与吊点

吊杆一般采用 φ6～φ8 的圆钢制作（木吊顶基层的吊杆有时采用 40 mm×40 mm 或 50 mm×50 mm 的方木）。吊杆间距一般采用 1 200 mm。吊点网格为 1 200 mm×1 200 mm 和 1 200 mm×1 500 mm。吊杆与楼板（屋顶板）的连接方法有以下几种：

1. 吊杆上端绕于钢筋混凝土预制板缝中预埋的吊环上，板缝中浇注 C20 细石混凝土见图5-6 （a）。

2. 将吊杆绕于钢筋混凝土板底预埋件焊接的半圆环上，见图5-6 （b）。

3. 将吊杆焊于预制板板缝中预埋的 φ10 钢筋上，焊缝长 100 mm，板缝中浇注 C20

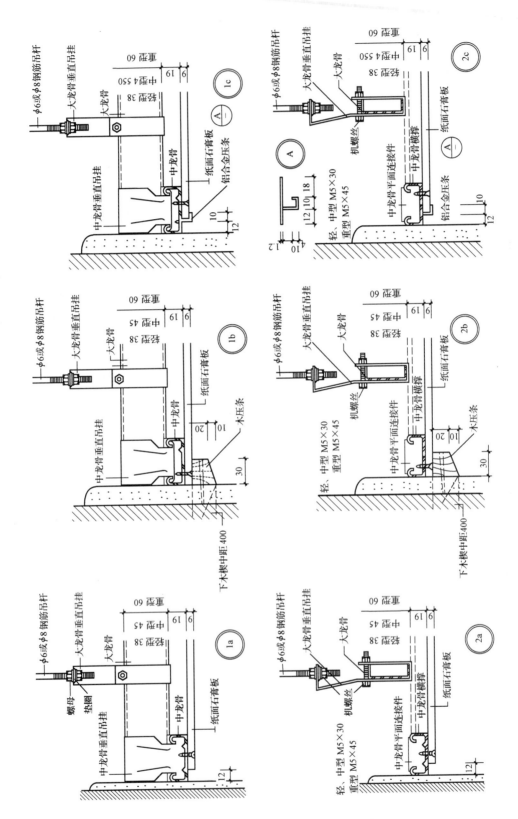

图 5-4 双层龙骨做法节点图

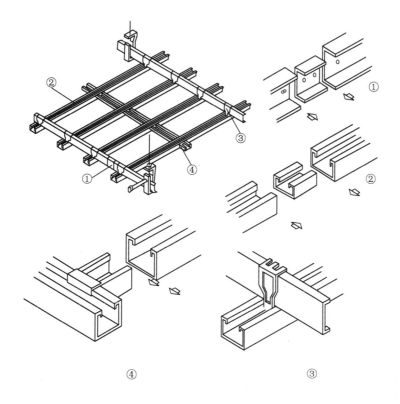

图 5-5 龙骨的对接和大中龙骨的挂接示意图

细石混凝土,见图 5-6 (c)。

4．在预制板的板底做埋件,焊 φ10 连接筋,并把吊杆焊于连接筋上。见图 5-6 (d)。

5．将吊杆缠绕于板底附加的 L50×5 角钢上,角钢与楼板预埋件焊接。见图 5-6 (e)。

6．木顶撑在吊点处上顶结构底面,下顶主龙骨上皮,用作调平。间距为 1 500 mm × 1 500 mm 或 2 000 mm × 2 000 mm。

(四) 饰面板的固定

U 型龙骨吊顶多采用封闭式吊顶,饰面板可以选用胶合板、纸面石膏板、防火纸面石膏板、穿孔石膏吸声板、矿棉吸声板、矿棉装饰吸声板、钙塑泡沫装饰吸声板等轻质板材。采用整张的纸面石膏板做面层应进行二次装饰处理,常用做法为刷油漆、贴壁纸、喷耐擦洗涂料等。金属饰面板,塑料条板、扣板等不需要表面二次装饰。

饰面板与龙骨的连接可采用螺钉、自攻螺钉、胶黏剂。

1．黏结法

采用黏结法时,应注意板材与基层之间的平整,去掉油污并保持干净。

常用的胶黏剂有以下几种:

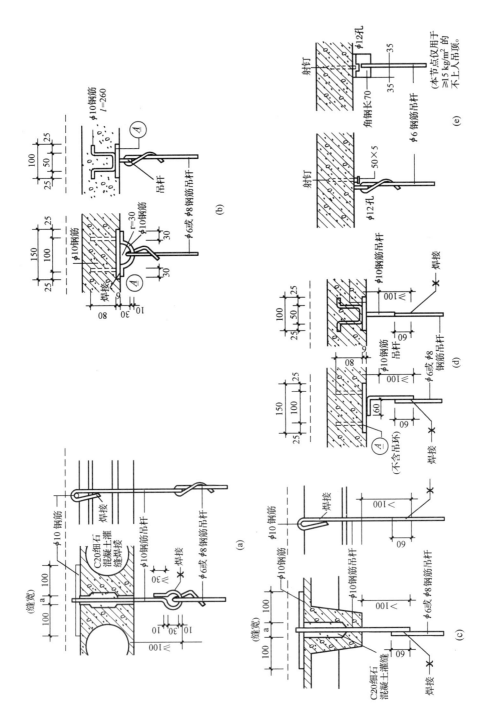

图 5 - 6　吊杆与吊点

（1）4115建筑胶黏剂。这是以溶液聚合的聚醋酸乙烯为基料配以无机填料，经过机械作用而制成的一种常温固化单组分胶黏剂。它适用于黏结木材、石棉板、纸面石膏板、矿棉板、刨花板、钙塑板、聚苯烯泡沫板等。这种胶黏剂具有固体含量高、收缩率低、早强发挥快、黏结力强、防水、防冻、无污染等特点。

（2）SG791建筑轻板胶黏剂。这是以聚醋酸乙烯和建筑石膏调制而成的一种胶黏剂。适用于粘贴纸面石膏板、矿棉吸音板、石膏装饰板等。

（3）XY‑401胶黏剂。这是由氯丁橡胶与酚醛树脂经搅拌使其溶解于汽油的一种混合液，适用于石膏板、钙塑板等板材的黏结。

2．钉子固定法

采用钉子固定法应区分板材的类别，并注意有无压缝条、装饰小花等配件，常用的钉子有圆钉、扁头钉、木螺丝（用于木龙骨）和自攻螺钉（用于轻钢龙骨）等。

采用钉子固定法时，钉子间距应不大于150 mm，在四块板的交角处钉装饰小花；饰面板横、竖缝钉塑料压缝条、木压缝条。

3．卡口镶嵌法

金属面层与基层的连接一般采用卡口连接或扣板钉子连接，见图5‑7。它是采用特制配套龙骨与其相匹配的金属条板镶嵌固定。

三、U型轻钢龙骨吊顶的施工工艺

（一）U型轻钢龙骨吊顶施工工艺流程

弹线→安装吊杆→安装大龙骨→安装中、小龙骨→安装横撑龙骨→检查调整大龙骨系统→安装饰面板→检查修整。

（二）施工操作方法

1．弹线

根据顶棚设计标高，沿内墙面四周弹水平线、作为顶棚安装的标准线，其水平允许偏差为±5 mm，无埋件时，根据吊顶平面，在结构层板下皮弹线定出吊点位置，并复验吊点间距是否符合规定；如果有埋件，可免去弹线。

2．安装吊杆

（1）无埋件时：按吊点位置打眼下胀管，将吊杆上端用螺栓固定。下端套丝配好螺帽，与龙骨吊挂件连接。吊杆距大龙骨端部不得大于300 mm（即大龙骨悬臂长度不得大于300 mm），否则应增设吊杆，以免大龙骨下坠。

（2）有埋件时：按前面的"吊杆与吊点"施工。

当吊杆与设备相碰时，应调整吊点位置或增设吊杆。预埋的吊杆接长时，必须采用搭接焊，搭接长度应大于100 mm，焊缝均匀饱满。

3．安装大龙骨

用吊挂件将大龙骨连接在吊杆上，拧紧螺丝卡牢，并装好木顶撑初步调平。

整个房间的大龙骨安装完毕，以房间为单位用吊杆调节螺丝和顶撑将大龙骨定位调平。

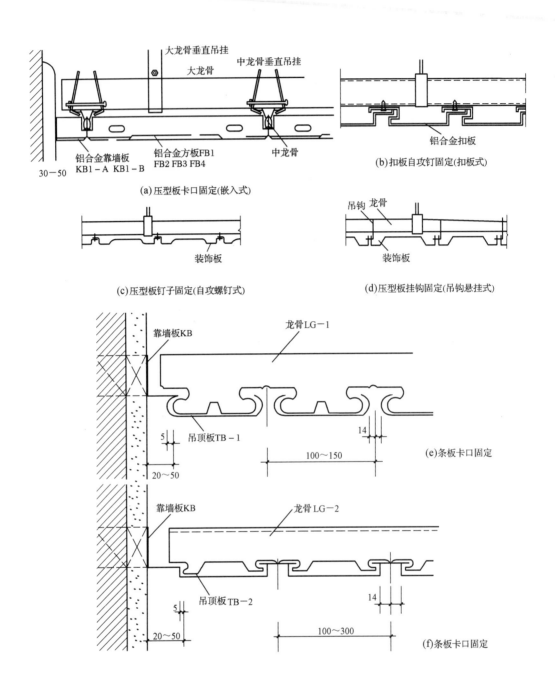

图 5-7　金属饰面板与骨架的固定

定位方法，用 60 mm×60 mm 断面的长方木，在方木上按大龙骨净距和宽度钉一排铁钉，将长方木横放在大龙骨之上，用钉子逐个卡住大龙骨。所用长方木数量依房间大小而定。拉通线调整吊杆螺栓和顶撑将大龙骨调平，并满足起拱高度不少于房间短向跨度的 1/200～1/300 的要求。

4．安装中、小龙骨

用中吊挂将中龙骨固定在大龙骨下面，并与大龙骨垂直。吊挂件的上端要与大龙骨卡住，并用钳子将U型腿插入大龙骨内，中龙骨的间距应按设计规定的尺寸安装，当间距大于800 mm时，应在中龙骨之间增加小龙骨，小龙骨要与中龙骨平行，并用小吊挂件与大龙骨固定。

中、小龙骨应与大龙骨底面紧贴（单层龙骨吊顶除外），并在安装垂直吊挂件时应用钳子夹紧，以防止松紧不一致，造成局部应力集中而使吊顶变形。

5. 安装横撑龙骨

横撑龙骨可用中、小龙骨截取，应与中、小龙骨相垂直地装在饰面板的拼接处，与中、小龙骨处于同一个水平面内。横撑龙骨的端头插件将横撑龙骨与中小龙骨连接在一起。安装时，应保证横撑龙骨要与中、小龙骨底面平顺，以便安装饰面板。然后再安装吊顶周边异型龙骨或铝角盖缝条。

吊顶的灯具口、检修孔、空调口等孔洞，应预留安装位置，根据设备尺寸，将封口的横撑龙骨安装好。

6. 龙骨安装质量检查及调整

（1）重点检查设备检修口周围及检修人员在吊顶上部活动较多的部位，检查强度及刚度，观察加载后有无明显翘曲、颤动。

（2）检查各吊杆、吊点、连接点的连接，有无虚接和漏接问题。

（3）检查龙骨的外形，有无曲翘、扭曲现象，如果发现有质量问题，要及时修理，补装或加固处理。

7. 安装饰面板

在安装饰面板之前，应对板材的质量进行检查。用作基层板的板材，应剔除破损、裂缝、受潮、变形的板，把合格的板材托起平放，防止受潮、变质。用于装饰的板材多为定型饰面板，除了剔除有上述缺陷的板块外，还应对板的花纹色彩进行检查，如果花纹不同或色彩差别较大，应分别放置。饰面板与龙骨的连接有不同的方法，如钉接、粘接、卡接等。

（1）纸面石膏板或石膏装饰板安装：纸面石膏板用自攻螺钉固定。螺钉间距不大于200 mm，钉头嵌入石膏板约0.5～1 mm，钉眼用腻子找平，表面再作二次装修；石膏装饰板用十字沉头自攻螺钉固定，板间留6 mm缝隙，用盖缝条将缝压严。

（2）钙塑凹凸板安装：

用401胶粘贴，在板背面四周涂胶黏剂，待胶黏剂稍干，触摸时能拉细丝后即可按弹线进行就位粘贴，按压密实粘牢。挤出的胶液应及时擦净。待全部板块贴完后，用胶黏剂拌石膏粉调成腻子，把板缝、坑洼、麻面补实刮平。如果板面有污迹，需要用肥皂水洗擦除污，再用清水抹净。

用压缝条固定钙塑凹凸板时，压缝条可以采用木条、金属条以及硬质塑料条等。在钉压缝条之前，要先用钉子将钙塑凹凸板固定就位；钙塑板全部就位后，在其板面上弹出压缝条控制线，然后才能按控制线钉压缝条，钉距应小于200 mm。

用钉子固定钙塑凹凸板时，须采用镀锌圆钉，钉距应小于150 mm，排列整齐；钉帽应与板面齐平，并用与板面颜色相近的涂料涂盖。

用塑料花固定钙塑凹凸板时，可以用镀锌木螺钉将塑料花钉压在板块的四角对接部位，同时沿着板块边缘用镀锌圆钉进行固定，露明的钉帽要用与板面颜色相近的涂料涂盖。

(3) 铝合金条板安装：铝合金条板吊顶的中龙骨，是不同于其他板材的专用龙骨。龙骨及条板规格尺寸和卡口形式是相互配套的。铝合金条板可组合成透缝吊顶或闭缝吊顶，条板安装时，应从边部开始。顺卡口缝方向逐块进行。吊顶内有保温层时，其保温材料与条板同时安装。

四、龙骨安装施工质量要求

（一）龙骨安装工程验收标准

1. 主龙骨吊点间距：应按规定选择，中间部分应起拱，起拱高度应不小于房间短向跨度的 1/200～1/300。

2. 当吊杆与设备相遇时，应适当调整吊点位置或增设吊杆，以保证吊顶的平整。

3. 吊杆应通直并有足够的承载能力，当预埋的吊杆需要接长时，必须搭接焊牢。焊缝长度不得小于 100 mm，焊缝应均匀、饱满。

4. 各龙骨纵向连接件应错位安装，明龙骨系列应校正纵向龙骨的直线度，直线度应目测无明显弯曲。龙骨纵向连接处搭接错位偏差不得超过 2 mm。

5. 明龙骨系列的横撑龙骨与纵向龙骨的间隙不得大于 1 mm。

6. 用手摇动安装的吊顶骨架，应牢固可靠。

（二）龙骨外观质量要求（见表5-1）

轻钢龙骨的吊顶外观质量要求　　　　　　　　　　　　　表 5-1

项　　　　　目	指　　标　　（mm）
龙骨外形	光滑平直
各平面平整度	每米长允许偏差 2
各平面直线度	每米长允许偏差 3
过渡角裂口和毛刺	不许有
涂刷防锈漆或镀锌，喷漆表面流漆、气泡	不许有
镀锌连接件黑斑、麻点、起皮、起瘤、脱落	不许有

五、常见工程质量问题及其防治

（一）吊顶龙骨拱度不均；吊顶轻质板材面层变形；轻质板材面层同一直线上的压缝条或板块明显拼缝，其边棱不在同一条直线上，有错牙、弯曲不方正等现象。

1. 主要原因
(1) 龙骨分布间距不均匀，龙骨不平直。
(2) 未拉通线全面调整龙骨位置。
(3) 饰面板各部位尺寸检查不严。
2. 防治措施

（1）龙骨定位要准确，吊装前要调直。

（2）拉通线整体调整龙骨的平直度，起拱要一致。

（3）全面检查饰面板尺寸。

（二）吸音板面层的孔距排列不均匀，孔眼从不同方向看不成直线，并有弯曲的现象。

1．主要原因

（1）未按设计要求制作板块样板，或因板块及孔位加工精度不高，偏差大而使孔距排列不均。

（2）装板块时操作不当，致使拼缝不直，分格不均匀、不方正等。

2．防治措施

（1）板块应装匣钻孔。即用 5 mm 钢板做成样板，放在被钻板块上面，用夹具螺栓夹紧，垂直钻孔，每匣放 12～15 块，第一匣加工后试拼，合格后继续加工。

（2）板块装钉前，应在每条纵横龙骨上按所分位置弹出拼缝中心线及边线，然后沿弹线装钉板块，如发生超越应予以修正。

第三节　T型金属龙骨吊顶施工技术

T型金属龙骨吊顶，是指吊顶用的中、小龙骨断面为T型（大龙骨断面为U型），统称为T型龙骨吊顶。T型金属龙骨是用 1.2～1.5 mm 镀锌钢板或铝合金板带轧辊滚压制成。也可用铝合金采用挤出法生产T型龙骨。最近新出现的烤漆龙骨是采用镀锌钢板挤压成形的同时在T型翼缘包裹一层烤漆薄金属。制成的T型烤漆龙骨，使吊顶龙骨露明部分由镀锌钢板改为烤漆金属，颜色可由烤漆薄金属而定，是一种较为经济的龙骨。

一、材料与质量的要求

（一）龙骨与配件

T型龙骨由大、中、小龙骨组成。大龙骨为U型断面，分为三级：1．重型级：能承受上人检修 0.8 kN 集中荷载，可在其上铺设永久性马道，大龙骨断面高度为 60～100 mm；2．中型级：承受偶然上人荷载，可在其上铺设简易检修马道，龙骨断面高度为 45～50 mm；3．轻型级：不能承受上人荷载，龙骨断面高度为 38～45 mm。中龙骨断面为T型（安装时倒置），断面高度有 32 mm 和 35 mm 两种，在吊顶边上的中龙骨面为L型。小龙骨的断面为T型（安装时倒置），断面高度有 23 mm 和 32 mm 两种。小龙骨也叫横撑龙骨。

（二）饰面板

T型金属龙骨吊顶的饰面板常采用矿棉板、玻璃纤维板、装饰石膏板、钙塑装饰板、珍珠岩复合装饰板、钙塑泡沫塑料装饰板、岩棉复合装饰板等轻质板材，亦可用纸面石膏板、石棉水泥板、金属压型吊顶板等。

（三）材料质量要求

1．吊顶龙骨饰面板的材料质量要求和 U 型轻钢龙骨相同。

2．除按 U 型轻钢龙骨饰面板质量要求外，对于暗装 T 型龙骨要求其平整度允许偏差为 ±0.5 mm，不得有翘曲和硬折弯。

3．饰面板的侧边凹槽要平直，露明部分不得缺损。

4．饰面板的规格尺寸要精确、方正和对角线允许误差不得大于 1.0 mm。

5．饰面板的色彩、花纹、浮雕等要一致、规整，拼装后花纹图案组合精确无对接痕迹。

6．饰面板无污损、无色变、无翘曲变形。

二、T 型金属龙骨吊顶做法

（一）基本特征

T 型金属龙骨吊顶一种是明龙骨，操作时将饰面板直接摆放在 T 型龙骨组成的方格内，T 型龙骨的横翼外露，外观如同饰面板的压条效果。另一种是暗龙骨，施工时将饰面板凹槽嵌入 T 型龙骨的横翼上，饰面板直接对缝，外观见不到龙骨横翼，形成大片整体拼装图案。T 型龙骨吊顶组成见图 5-8。

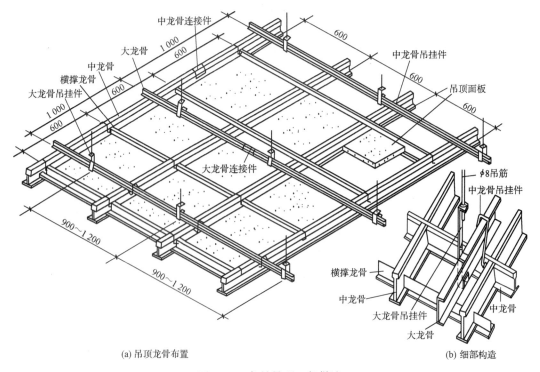

(a) 吊顶龙骨布置

(b) 细部构造

图 5-8　龙骨吊顶一般做法

(二) T 型金属龙骨吊顶组成

1. 吊杆与吊点

吊点和 U 型龙骨吊顶相同，吊杆除 U 型龙骨吊顶所用吊杆外，还可采用 φ4 钢筋、8 号铅丝 2 股、10 号镀锌铁丝 6 股。

2. T 型龙骨的组成

(1) 一般组装：一般组装做法详见图 5-8。这是一种双层龙骨做法，大龙骨多为轻钢 U 形系列，其间距为 1 000～1 200 mm；中龙骨多采用铝合金 T 型龙骨，其间距随饰面板材尺寸而定，一般为 500 mm 或 600 mm，中龙骨和小龙骨处在同一平面上。吊顶饰面板材直接摆放在 T 型或 L 形的翼缘上。

(2) 轻便组装：轻便组装是一种单层龙骨做法，大龙骨与中龙骨均采用铝合金 T 型系列。吊杆可以采用 φ4 铁丝代替。大龙骨与中龙骨安装在同一平面上，其间距均取决于吊顶饰面板尺寸。饰面板可以直接放在大、中龙骨组成的方格内，吊顶轻便做法见图 5-9。

(3) 龙骨的搭接：大、中龙骨采用插卡接头进行纵向连接；采用吊挂件进行相互垂直连接；若小龙骨与中龙骨垂直交接，中龙骨有冲孔，小龙骨端部有特制压型翼板，当插入中龙骨冲孔后即锁住，安装非常方便，插接牢固安全。中、小龙骨下皮取平。

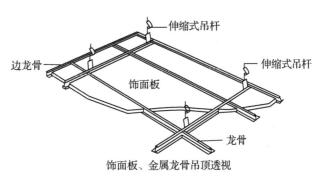

图 5-9　T 型龙骨吊顶轻便做法

3. 饰面板的固定

T 型金属龙骨吊顶的饰面板为活动装配式，与龙骨的连接方法有两种。一种是饰面板浮搁在龙骨横翼上，龙骨横翼露明，见图 5-10。另一种是将饰面板四边凹槽插放在 T 型龙骨横翼上，龙骨不外露，见图 5-11。前者称明式龙骨吊顶，后者称暗龙骨吊顶。

采用明龙骨安装时，T 型龙骨既是吊顶的水平承重骨架，又是吊顶饰面的盖缝条，施工方便，又有纵横分格的装饰效果，适用于公共建筑的吊顶。特别是吊顶内有设备、管道，需要经常打开维修时，尤为方便。

采用暗龙骨安装时，饰面板形成整片式，龙骨不外露，饰面板图案花纹连续。

三、T 型金属龙骨吊顶施工工艺

(一) T 型金属龙骨吊顶施工工艺流程

1. 明式龙骨

弹线→安装吊杆→安装大龙骨→安装中、小龙骨→安装横撑龙骨→检查调整大龙骨

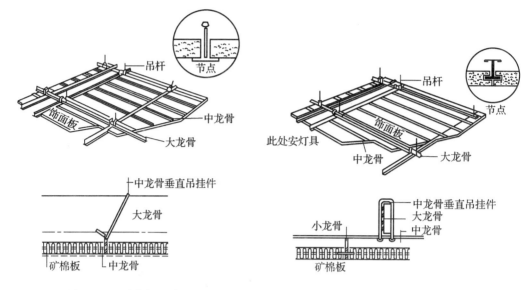

图 5‑10　明式龙骨吊顶　　　　　　图 5‑11　暗式龙骨吊顶

系统→放置饰面板→检查修整。

2. 暗式龙骨

弹线→安装吊杆→安装大龙骨→安装中、小龙骨→检查调整龙骨系统→嵌饰面板→装横撑龙骨→检查修整。

（二）吊顶前的施工准备

吊顶以上的设备与管道必须安装完毕，检查预埋件是否符合要求。进场的铝合金龙骨材料应进行选材、校正。

预先试分格、布置时，应尽量保证龙骨分格的均匀性和完整性，在分格时如出现非标准尺寸的分格（称收边分格）时，应将收边分格布置在四周或吊顶的不显眼部位。

为了便于安装饰面板，龙骨方格内侧净距一般应大于饰面板尺寸 2 mm；饰面板尺寸通常为600 mm×600 mm、600 mm×1 200 mm、500 mm×500 mm。

（三）施工操作方法

1. 弹线

同 U 型龙骨施工。

2. 安装吊杆

同 U 型龙骨施工。

3. 安装大龙骨

当采用双层龙骨时，大龙骨为 U 型，用吊挂件将大龙骨固定在吊杆上，螺栓连接拧紧，大龙骨安装完后，用木顶撑进行调平调直，定位方法与 U 型轻钢龙骨相同。按房间的短向起拱 1/200～1/300。

当采用单层龙骨时，大龙骨 T 型断面高度采用 38 mm，适用于轻型级不上人明龙骨吊顶。有时采用一种中龙骨，纵横交错排列，避免龙骨纵向连接，龙骨长度为2～3个方格。单层龙骨安装方法，首先沿墙面上的标高线固定边龙骨，边龙骨底面与标高线齐平，在墙上用φ20钻头钻孔，孔距500 mm，将木楔子打入孔内，边龙骨钻孔，用木螺丝将龙骨固定于木楔上，也可用φ6塑料胀管木螺丝固定，然后再安装其他龙骨，吊挂吊紧龙骨，吊点采用900 mm×900 mm或900 mm×1 000 mm。最后调平、调直、调方格尺寸。

4. 安装中、小龙骨

当采用双层龙骨时，用吊挂件紧贴大龙骨下皮安装中龙骨并卡紧。当中龙骨间距大于800 mm时，在中龙骨之间平行中龙骨加一道小龙骨，用小吊挂与大龙骨固定。吊挂件要卡紧，防止松紧不一致，造成龙骨不平。

首先安装边龙骨，边龙骨底面沿墙面标高线齐平固定墙上，并和大龙骨挂接，然后安装其他中小龙骨。中、小龙骨需要接长时，用纵向连接件，将特制插头插入插孔即可，插接件为单向插头，不能拉出。

在安装中、小龙骨时，为了保证龙骨间距的准确性，应事先制作一个标准尺杆，用来控制龙骨间距。由于中、小龙骨露于板外，因此，龙骨的表面要保证平直一致。

5. 安装横撑龙骨（用中、小龙骨断面）

在横撑龙骨端部用插接件，插入龙骨插孔即可固定，插件为单向插接，安装牢固。要随时检查龙骨方格尺寸。

当采用暗式龙骨时，每安装一道横撑龙骨，就插入一块饰面板，慢慢推入以防侧面凹槽损坏。然后再安装一道横撑，将龙骨翼缘插入饰面板凹槽内，如此往复安装直到整个房间完成。安装最后一排龙骨，要改为转90°方向插入饰面板和横撑。

6. 安装饰面板

当采用明式龙骨时，龙骨方格调整平直后，将饰面板直接摆放在方格中，由龙骨翼缘承托饰面板四边。也可以用卡子暗挂龙骨上。

7. 安装顶撑：用木方子（30 mm×30 mm、40 mm×40 mm）上端顶紧楼板下皮或屋架下弦下皮；下端与大龙骨（或中龙骨）连接顶紧，中间和吊杆捆紧。顶撑有可调整吊顶平整和加固吊顶的作用。

8. 检查调整

整个房间安装完工后，进行检查，调直、调平龙骨，饰面板拼花不严密或色彩不一致要调换，花纹图案拼接有误要纠正。

T型金属龙骨吊顶的龙骨质量要求（含龙骨安装工程验收标准和外观质量要求）同U型轻钢龙骨吊顶（见上节）。

四、常见工程质量问题及其防治

（一）主龙骨、次龙骨线条不平直

1. 主要原因

（1）主龙骨、次龙骨受扭折，虽经修整，仍不平直；

（2）未拉通线全面调整主龙骨、次龙骨的高低位置；

（3）测吊顶的水平尺有误差，中间起拱度不符合规定。

2．防治措施

（1）凡受扭折的主龙骨、次龙骨一律不宜采用；

（2）挂铅线的钉位，应按龙骨的走向每 1.2 m 射一支钢钉；

（3）拉通线，调整龙骨的高低位置和线条平直；

（4）水平标高应测量准确。

（二）吊顶造型不对称，饰面板布局不合理

1．主要原因

（1）未拉十字中心线；

（2）未按设计要求布置主龙骨、次龙骨；

（3）弹线分格不正确。

2．防治措施

（1）按标高在房间四周水平线位置拉十字中心线；

（2）按设计要求布置主龙骨、次龙骨；

（3）弹线时先从吊顶平面中线向四周分格，余量应平均分配在四周最外边一块。

第四节　木龙骨吊顶施工技术

用木材作龙骨，组成顶棚骨架，表面覆以板条抹灰、钢板网抹灰以及各种饰面板制成顶棚，称为木龙骨吊顶，这是一种传统的吊顶形式。由于木材资源稀缺，防火性能差，因此用木龙骨吊顶应用较少。但由于木材容易加工，便于连结，可以形成多种造型，所以在吊顶造型较为复杂时，仍得到部分应用。

一、材料与质量要求

木骨架材料多选用材质较轻、纹理顺直、含水干缩小、不劈裂、不易变形的树种，以红松、白松为宜。

木龙骨的材质、规格应符合设计要求。木材应经干燥处理，含水率不得大于 15%。饰面板的品种、规格、图案应满足设计要求。材质应按有关材料标准和产品说明书的规定进行验收。

二、木龙骨吊顶的做法

（一）基本特征

木龙骨吊顶属于木骨架暗龙骨整体式或分层式吊顶。在屋架下弦、楼板下皮均可以安装木龙骨吊顶。木龙骨可分为单层龙骨和双层龙骨。大龙骨可以吊挂，也可以两端插入墙内。中、小龙骨形成方格，边龙骨必须与四周墙面固定。各种饰面板均可粘贴和用

钉固定在龙骨上，或用木压条钉子固定饰面板形成方格形吊顶。利用木龙骨刨光露明可拼装成各种线形图案，有方格式、曲线式、多边形等，在龙骨上部覆盖顶板或无顶板形成格式透空吊顶。

（二）木龙骨吊顶各部件组成

1. 吊杆与吊点

木龙骨吊顶的吊杆，采用 40 mm×40 mm 木吊挂、8♯铅丝吊筋和 φ6～φ8 钢筋制作。用铅丝吊筋时必须配合木顶撑（40 mm×40 mm 方木）使用，木顶撑将大龙骨与楼板顶紧，借以将大龙骨固定与调平，又吊又顶。吊点的分布是 900 mm×1 000 mm 方格网。吊杆与上部结构的连接方法有以下几种：（其做法与"U"型龙骨吊顶相似，可参考图 5-6）

（1）在现浇混凝土楼板下设吊杆时，预埋 φ6 或 φ8 钢筋，一端弯折锚固在混凝土内，一端直伸出楼板下皮，或弯成半圆环。吊杆与其焊接或绕于半圆环上。

（2）现浇混凝土楼板内设预埋件，吊杆直接焊在预埋钢板上，埋件钢板厚度大于5 mm。

（3）在预制混凝土楼板缝内设吊环、吊钩或直筋。做法是将 φ6 或 φ8 钢筋吊杆上部弯环（或钩）从板缝中伸出。环内插入 φ10 短钢筋，横放在楼板上皮浇注后浇层时将吊杆锚固。

（4）用胀管螺栓固定吊杆连接件。用冲击钻在楼板下皮钻孔，设胀管螺栓固定角钢（带孔）或扁铁（带孔），吊杆从角钢孔中穿绕。胀管螺栓的使用参数见表 5-2。

膨胀螺栓的使用规定

表 5-2

螺栓规格	M6	M8	M10	M12	M16	备　注
钻孔直径（mm）	φ10.5	φ12.5	φ14.5	φ19	φ23	左列数据系膨胀螺栓与不低于 C15 号混凝土锚固时的技术参考数据
钻孔深度（mm）	40	50	60	75	100	
允许拉力（kg）	240	440	700	1 030	1 940	
允许剪力（kg）	180	300	520	740	1 440	

2. 大龙骨

大龙骨又称主龙骨，其常用断面尺寸为 50 mm×80 mm 和 60 mm×100 mm，间距 1 000 mm×1 500 mm。大龙骨与吊杆的连接方法可用绑扎、螺栓或铁钉钉牢。

3. 小龙骨

木龙骨吊顶，不设中龙骨，小龙骨断面为 40 mm×40 mm 或 50 mm×50 mm，小龙骨与大龙骨垂直钉牢，小龙骨间距一般为 400 mm×500 mm 或根据饰面板规格尺寸而定，小龙骨方格为 500 mm×500 mm 或 400 mm×400 mm。

当吊顶为单层龙骨时不设大龙骨，而用小龙骨组成方格骨架，用吊挂直接吊在结构层下部。小龙骨底面要刨光，龙骨底面要平直，起拱高度为短向宽度的 1/200。

4. 饰面板

石膏板、钙塑板、塑料装饰板、铝合金板、不锈钢板、胶合板等各类饰面板均可采用钉子固定或黏结。也可以用压条固定饰面板。胶合板木压条做法，可利用木压条组合花纹图案，增加吊预装饰艺术效果。

三、木龙骨吊顶的施工工艺

木龙骨吊顶的施工与其他吊顶基本相同，只是在安装龙骨和吊顶边缘接缝处理上有所区别。

（一）施工工艺流程

弹线找平→检查、安装埋件和连接件→安装吊杆和大龙骨→安装木顶撑→安装小龙骨→安装饰面层。

（二）施工操作方法

1. 弹线找平

由室内墙上 500 mm 水平线上，用尺量至顶棚的设计标高，沿墙四周弹一道墨线，为吊顶下皮四周的水平控制线，其偏差不大于 ±5 mm。有造型装饰的吊顶弹出造型位置线。

用胀管螺丝固定吊杆时，根据大龙骨间距及吊点位置，按设计要求在顶棚下皮弹出吊点布置线和位置。

放线之后，应进行检查复核，主要检查吊顶以上部位的设备和管道对吊顶标高是否有影响，是否能按原标高进行施工，设备与灯具有否相碰等等。如发现相互影响，应进行调整。

2. 安装吊杆

根据吊点布置线及预埋铁件位置，进行吊杆的安装。吊杆应垂直并有足够的承载能力，当预埋的吊杆需要接长时，必须搭接焊牢，焊缝均匀饱满，不虚焊。吊杆间距一般为 900～1 000 mm，保温吊顶宜采用 φ8 钢筋。

3. 安装龙骨

（1）安装大龙骨：用吊挂件将大龙骨连接在吊杆上，拧紧螺丝固定牢固（也可用绑扎或铁钉钉牢）。整个房间的龙骨安装完毕，以房间为单位对大龙骨整体地定位调平，并保证大龙骨间距均匀。

（2）安装沿墙龙骨：在房间四周墙上沿吊顶水平控制线，固定靠墙的小龙骨，称为沿墙龙骨。沿墙龙骨用胀管螺栓或钢钉固定。

沿墙龙骨安装后，在其上划出小龙骨间距。

（3）安装小龙骨：小龙骨应紧贴大龙骨安装。吊顶面层为板材时，板材的接缝处必须有宽度不小于 40 mm 的小龙骨或横撑。小龙骨间距为 400 mm×500 mm。

小龙骨和横撑应有一面要刨平、刨光，安装时，刨光的一面应位于下皮相同标高，以使吊顶的面层平顺。钉中间部分的小龙骨时，应起拱。7～10 m 跨度的房间，一般按 3/1 000 起拱；10～15 m 跨度，一般按 5/1 000 起拱。在小龙骨的接头、断裂及大节疤处，均需用双面夹板夹住，并应错开安装。

（4）调整校正：龙骨安装后，要进行全面调整。用棉线或尼龙线在吊顶下拉出十字交叉的标高线，以检查吊顶的平整度及拱度，并且进行适当的调整。调整方法是，拉紧吊杆或下顶撑木，以保证龙骨吊平、顺直、中部起拱。校正后，应将龙骨的所有吊挂件和连接件拧紧、夹牢。

（5）木龙骨底面弹线：在吊好的木龙骨底面上按照吊顶板材的尺寸、留缝宽度，划线并弹出板材方格控制线，以保证装嵌板材时，拼缝一致，线条通直。

4. 安装饰面板

（1）胶合板安装：

安装胶合板时，板块的接缝有对缝（密缝）、凹缝（离缝）和盖缝（无缝）三种形式。对缝：即板与板在龙骨处相对拼接，用粘、钉的方法将板固定在龙骨上，钉距不超过 200 mm。对缝多用于有裱糊、喷涂饰面的面层。凹缝：即在两块板接缝处，利用顶板的造型和长短做出凹槽。凹槽有矩形缝和 V 型缝两种。由板的形状而形成的凹缝可以不必另加处理，只需利用板的厚度所形成的凹缝即可刷涂颜色，也可加钉带凹槽的金属装饰板条，增加装饰效果。凹缝宽度不应小于 6～10 mm，缝宽应一致、平直、光滑、通顺，十字处不得有错缝。盖缝：板缝不直接露在板外，而用木压条盖住拼缝，这样可避免缝隙宽窄不匀的现象，使板面线型更加强烈。木压条必须用优质干燥的木材，规格尺寸一致，表面平整光滑、不得有扭曲现象，钉距一般不大于 200 mm，钉子要两边交错钉，钉帽应打扁，并冲入压条 0.5～1.0 mm，钉眼用油性腻子抹平。

①施工准备：室内吊顶一般选用 4 mm 加厚胶合板或五层板。安装前，应对板材进行选择，对于表面有缺陷的，如有严重碰伤、木质断裂、划伤、失去尖角、木质脱胶起泡以及难以修补等缺陷的，应予剔除。此外，还应复核胶合板或五层板的几何尺寸和形状、如长度、宽度、厚度、以及是否有翘曲变形；对于板面色泽，应选择正面纹理相近和色泽相同的，并分别堆放。

如果饰面板是采用离缝安装，应根据设计要求，进行分格布置。在安装时，应尽量减少在明显部位的接缝数量，使吊顶规整。对此，其布置方法可有两种选择，其一为整块板居中，小块板布置在两侧；其二为整板铺大面，旁边铺小板。离缝安装的板块应按尺寸用细刨刨角，并用细砂纸磨光，达到边角整齐、安装方便的要求。

如果饰面板是采用密缝安装，由于板块较大，所以应将胶合板正面向上，按照木龙骨分格的中心线尺寸，用带色棉线或铅笔在胶合板面画出钉位标志线，作为安装钉位的依据，然后正面向下铺钉安装。对于方形和长方形的板块，应用方尺找方，以保证四角方正，然后进行板边的制作。密缝安装的板块，为便于嵌缝补腻子，减少缝隙的变形量，在板面四周用细刨刨出倒角，使缝的宽度在 2～3 mm 为宜。

当吊顶有防火要求时，应在上述工序完成之后，对板块进行防火处理。方法是，用 2～4 条木方将胶合板垫起，使板的反面向上，用防火漆涂刷三遍，待干后再用。

②安装：上述工作完成之后，即可进行面板的铺钉安装。根据已经裁好的板块尺寸及龙骨上的板块控制线，铺钉工作由中心向四周展开。铺钉时，将板的光面朝下，托起到预定位置，使板块上的画线与木龙骨上的弹线对齐，从板块的中间开始钉钉，逐步向四周展开。钉头应预先砸扁，顺木纹冲入板面 0.5～1.0 mm，钉眼用油性腻子

找平，钉距 80~150 mm，分布均匀，钉长 25~35 mm。如果板块的边长大于400 mm，方板中间应加 25 mm×40 mm 的横撑，使板面平整，防止翘鼓。吊顶中的高空送风口、回风口、灯具需要开口时，可预先在胶合板上画出，待钉好吊顶饰面后再行开出洞口。

（2）塑料凹凸板安装：

塑料凹凸板在木龙骨上的安装，可用压条、钉子或塑料花固定；压条可用木压条、金属延压条或硬质塑料条。

在钉压条前，先用钉子将板固定就位。在已就位的板面上弹压条控制线，按控制线盖钉压条，钉距不小于 200 mm。

用钉子固定钙塑板时，应采用镀锌圆钉或木螺丝，钉距不大于 150 mm。钉帽与板面齐平，并肩排列整齐。露明的钉帽，用与板面同色的涂料点涂。

用塑料花固定塑料板时，在钙塑板的角部对缝处，用镀锌木螺钉，将塑料花固定。

（3）条木饰面板安装：木板条作饰面板吊顶是在某些特殊房间采用。木板条要求用优质木材，如红松、白松、水曲柳等木材。木板条断面尺寸分为 60~120 mm×10~15 mm，长度为 1 500~2 500 mm，应尽量取长板以减少接头。要求接头缝隙严密，尽量做到无接头痕迹，每条接缝要错开。木板条侧面拼缝有凹缝、对缝之分，木板条的两侧一般要刨八字，以增加凹缝的效果。

用木螺丝安装固定，安装前在龙骨上弹线，以保证木板条安装后顺直。木螺丝应冲入木板表面 0.5~1.0 mm，表面抹腻子。木板条安装完后用涂料涂饰。

5. 吊顶边缘接缝处理

木吊顶的边缘接缝处理，主要是指不同材料的吊顶面交接处的处理，如吊顶面与墙面、柱面、窗帘盒、设备开口之间，以及吊顶的各交接面之间的衔接处理。接缝处理的目的是将吊顶转角接缝盖住。接缝处理所用的材料通常是木装饰线条、不锈钢线条和铝合金线条等。

处理接缝的工序，应安排在吊顶饰面完成之后。接缝线条的色彩与质感，可以有别于吊顶的装饰面。用木线条时，一般是先做好盖缝条，后涂饰，使用电动或气动射钉枪来钉接线条。用铁钉钉时，应将钉头砸扁，钉在木线条的凹槽处或者不显眼的部分。用不锈钢线条时，可用衬条粘接固定。

常见的接缝处理形式如下：

（1）阴角处理：阴角是指两吊顶面相交时内凹的交角。常用木线角压住，在木线角的凹进位置打入钉子，钉头孔眼可以用与木线条饰面相同的涂料点涂补孔。

（2）阳角处理：阳角是指两吊顶面相交时外凸的交角，常用的处理方法有压缝、包角等。

（3）过渡处理：是指两吊顶面相接高度差较小时的交接处理，或者两种不同吊顶材料对接处的衔接处理。常用的过渡方法是用压条来进行处理，压条的材料有木线条或金属线条。木线条和铝合金线（角）条可直接钉在吊顶面上，不锈钢线条是用胶粘剂粘在小木方衬条上，不锈钢线条的端头一般做成30°或45°角的斜面，要求斜面对缝紧密、贴平。

四、常见工程质量问题及其防治

（一）吊顶龙骨拱度不匀

1．主要原因

（1）木材材质不好，施工中难以调整；木材含水率较大，产生收缩变形。

（2）施工中未按要求弹线起拱，形成拱度不均匀。

2．防治措施

（1）选用优质木材、软直木材，如松木、杉木。

（2）按设计要求起拱，纵横拱度应吊均匀。

（二）吊顶安装后，经短期使用即产生凹凸变形

1．主要原因

（1）龙骨断面尺寸过小或不直，吊杆间距过大，龙骨拱度未调匀，受力后产生不规则挠度。

（2）受力节点接合不严，受力后产生位移。

2．防治措施

（1）龙骨尺寸应符合设计要求，木材应顺直，遇有硬弯应锯短调直，并用双面夹板连接牢固，木材在吊顶间若有弯度，弯度应向上。受力节点应装钉严密、牢固，保证龙骨的整体刚度。

（2）吊顶内应设通风窗，室内抹灰时应将吊顶入孔封严，使整个吊顶处于干燥的环境之中。

（三）吊顶装钉完工后，部分纤维板或胶合板产生凹凸变形

1．主要原因

（1）板块接头未留空隙，板材吸湿膨胀易产生凹凸变形。

（2）当板块较大，装钉时板块与龙骨未全部贴紧就从四角或四周向中心排钉安装，致使板块凹凸变形。

（3）龙骨分格过大，板块易产生挠度变形。

2．防治措施

（1）选用优质木材，胶合板应选用五层以上的椴木胶合板或选用硬质纤维板。

（2）纤维板应进行脱水处理。胶合板不得受潮，安装前应两面涂刷一道油漆。

（3）轻质板宜加工成小块再装钉，应从中间向两端装钉，接头拼缝留 3～6 mm。

（4）合理安排施工顺序，当室内湿度较大时，宜先安装吊顶木骨架，然后进行室内抹灰，待抹灰干燥后再装钉吊顶面层。

（四）轻质板材吊顶中，统一直线上的分割木压条或板块明拼缝其边棱不在一条直线上，有错牙、错弯等现象，纵横木压条和板块明拼缝分格不均匀、不方正。

1．主要原因

（1）龙骨安装时，拉线找直和方正控制不严，龙骨间距分布不均匀，且与板块尺寸不相符合等。

（2）未按弹线安装板块或木压条进行操作。

（3）明拼缝板块吊顶，板块裁得不方正，或尺寸不准确等。

2．防治措施

（1）按龙骨弹线计算出板块拼缝间距或压条分格间距，准确确定龙骨位置，保证分格均匀。

（2）板材应按分格尺寸裁截成板块。板块要方正，不得有棱角，且挺直光滑。

（3）板块装钉前，应在每条纵横龙骨上按所分位置弹出拼缝中心线，然后沿弹线装钉板块，发生超线予以修整。

（4）应选用软质木材制作木压条，并按规格加工，表面应平整光滑。装钉时，先在板块上拉线，弹出压条分格线，沿线装钉压条，接头缝应严密。

第五节　特殊金属龙骨吊顶的施工技术

由于室内装饰和功能的需要，吊顶的造型不仅仅是整片平滑式的形式，也有做成折线形、圆弧形、高低错台、分层叠落等形式，其做法是先由大、中龙骨组装成各种形式的骨架，再覆盖饰面板，以得到所要求的吊顶形式。其施工技术和其他吊顶施工基本相同。

一、特殊吊顶的形式

（一）高低错台式吊顶

分为带灯槽和不带灯槽两种，高低错台式吊顶一方面是由于形式的需要（如影剧场的观众厅），另一方面是特殊的使用要求所致。高低吊顶的差值按工程需要，一般采取上、下两层大龙骨。灯具安装在角部，通过木方子固定灯具，灯槽内侧要做防火和通风处理。带灯槽的高低吊顶见图5-12。

（二）波形、折线形吊顶

1．波形吊顶

这种吊顶呈高低起伏状，其起伏转折完全由附加大龙骨解决，如图5-13。

2．折线形吊顶

由于声音反射的需要，影剧场观众厅多采用此类吊顶做法。折线的形式和尺寸均依声学设计而确定，其做法依靠附加大龙骨解决，见图5-14。

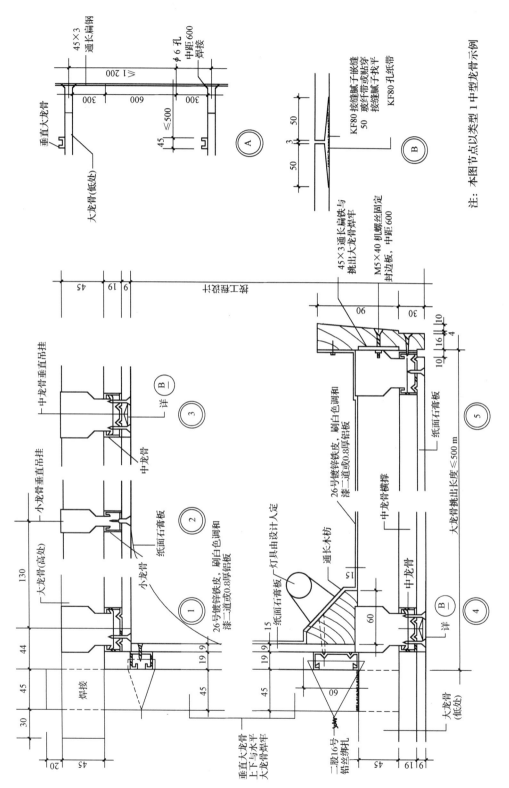

图 5-12 带灯槽的高低吊顶节点图

注：本图节点以类型 I 中型龙骨示例

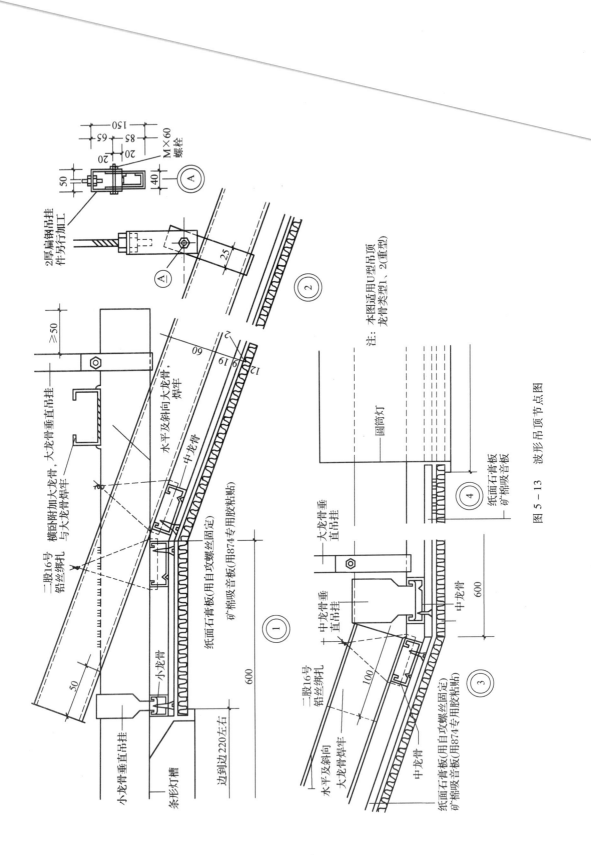

图 5 - 13　波形吊顶节点图

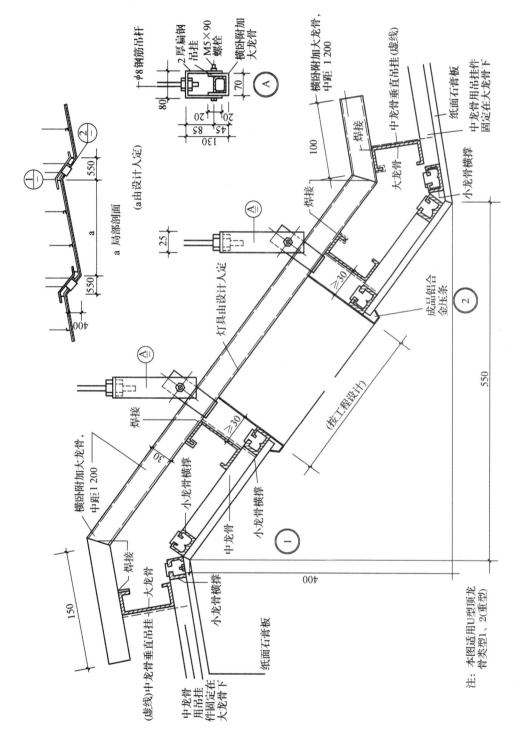

图 5 – 14 折线形吊顶节点图

注：本图适用U型顶龙骨类型1、2（重型）

· 195 ·

（三）藻井式吊顶

藻井是我国古建筑中顶棚的一种形式。现代建筑中仿其形式将古建筑藻井尺度扩大，灯具周围吊顶作立粉彩画，形状为方格状，与其他形式的吊顶交叉排列组合成多种形式的藻井，其凹入深度为 100～600 mm，见图 5-15。

（四）保温吊顶

保温吊顶是在吊顶面层的上部铺设保温材料，如岩棉、聚苯乙烯泡沫板等。

二、特殊吊顶的各部件组成

根据使用要求，有的室内吊顶上设有灯槽、光带、通风口等设施，为了检修安装，在吊顶上部还需设上人检修安装用的马道，这在吊顶工程中经常碰到。

（一）马道

马道为上人吊顶中的人行通道，主要用于吊顶的灯具和其他设备的安装检修、通风口摆放以及安装吊顶面层使用，常见的马道做法有以下三种。

1. 简易马道

这种做法采用 30 mm×60 mm 的 U 型龙骨 2 根，槽口朝下焊于吊顶的大龙骨上皮，其安全装置为马道两侧 ϕ8 吊杆上焊∠30 mm×30 mm×3 mm 角钢做水平扶手，其高度距马道顶面 600 mm。见图 5-16（a）。

2. 上人马道（临时）

这种做法采用 30 mm×60 mm 的 U 型龙骨 4 根，槽口朝下焊于吊顶的大龙骨上皮，U 型龙骨上铺走道板，大龙骨上皮焊栏杆，角钢（∠30 mm×30 mm×3 mm）扶手焊在栏杆上。栏杆间距为 1 000 mm，扶手距马道顶面 600 mm。见图 5-16（b）。

3. 上人马道（永久）

这种做法采用 ϕ8 圆钢每根长 500 mm 按中距 60 mm 两端焊于∠50 mm×50 mm×5 mm 的角钢上做成马道板，焊在大龙骨上皮形成马道，护身栏包括栏杆与扶手均采用∠30 mm×30 mm×3 mm 角钢制作，焊在马道两侧大龙骨上皮。或者在大龙骨上焊角钢骨架，上摆放轻型人造板（如复合镶板）作为马道板，扶手距踏面材料为 600 mm 高，见图 5-16（c）。

上述三种马道的宽度均不宜过大，一般以一个人能通行为宜（不大于 500 mm）。

4. 马道板的布置

作为检修用的马道必须做到四通八达，纵横交错，按照检修的灯位、通风口位置成行成排的设置马道，使检修人员站在马道上进行维修。切忌检修人员脚踏吊顶饰面板或中、小龙骨，以免踏坏吊顶和出现伤人事故。

（二）灯槽和光带

1. 吸顶灯与吊灯

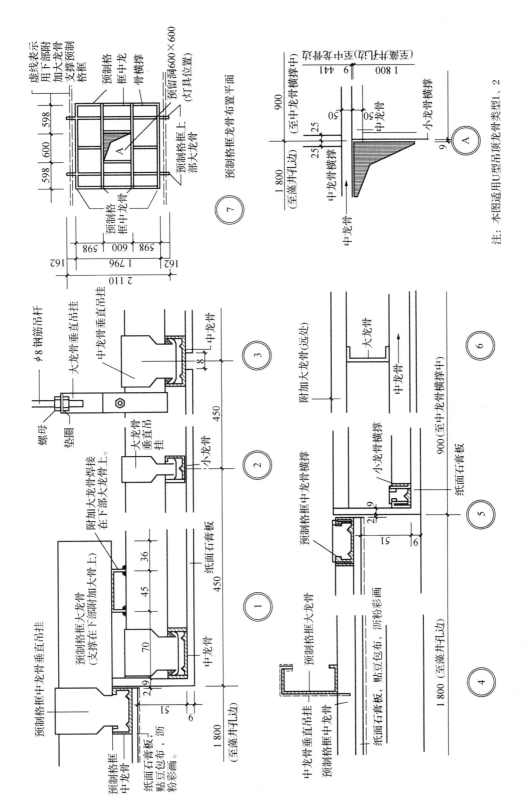

图 5-15 藻井式吊顶节点图

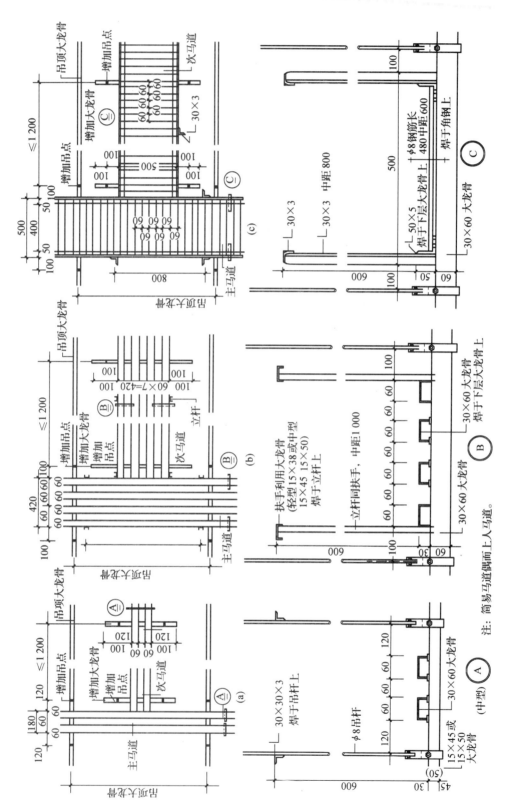

图 5-16　吊顶马道节点图

注：简易马道由两面上人马道。

当灯具重量≤1 kg 时，可直接将灯具固定于吊顶小龙骨上；当灯具重量≤4 kg 时，应将灯具固定于中龙骨上；当灯具重量≤8 kg 时，可将灯具固定于附加大龙骨上，附加大龙骨焊于吊顶大龙骨上；当灯具为 8 kg 以上时，做特制吊杆，直接焊于楼板（屋顶板）下皮预埋件上，或用 2 个胀管螺栓固定。

2．筒体灯

这种灯具镶嵌在顶棚内，底面与吊顶面齐平或略有少量突出，筒体有方形、圆形多种，其直径（或边长）有 140 mm、165 mm、180 mm 等多种。由于灯泡退缩在筒体内，形成了下部亮、上部暗的效果，给人以宁静、优雅的感觉。这种灯具可直接与吊顶面板相连。

3．灯槽下带格片

格片一般采用铝板格框，两端固定于通长木条上，通长木条与中龙骨连接。

4．嵌入式管灯槽

这种灯具也镶嵌于顶棚内，它可以平行于中龙骨（此时应切断大龙骨），也可以平行于大龙骨（此时应切断中小龙骨）。若为方形灯具时，应按灯具尺寸制作灯槽预先固定在附加大龙骨上。

5．光带

光带一般采用日光灯作光源，有直线形和弧形，其宽度为 330 mm 或按工程设计要求制作。遮光板采用有机玻璃，光带灯槽通过附加大龙骨焊于大龙骨上，见图 5－17。

（三）通风口

通风口安装于吊顶预留孔四周附加龙骨上，四周用橡皮垫作减噪声处理。通风口安装时最好不影响吊顶龙骨，必要时也可以切断中小龙骨。通风口有圆口和方口两种形式。U 型和 T 型龙骨的通风口做法基本相同，见图 5－18。

（四）窗帘盒

吊顶中的窗口部位多做窗帘盒，常见的做法有以下三种。

1．独立式

只在窗口部位有。其长度比窗口两侧长 200 mm。

2．连通式

在窗口所在墙的全部。

3．周边式

在房间所有墙的周边。

窗帘盒的宽度有 140 mm（单轨）和 200 mm（双轨）两种。窗帘盒的净高度为 120 mm。一般采用 20 mm 厚的木板制作，它通过角钢与木螺丝固定后，焊于结构的预埋件上，也可以用胀管螺栓固定在墙上，见图 5－19。

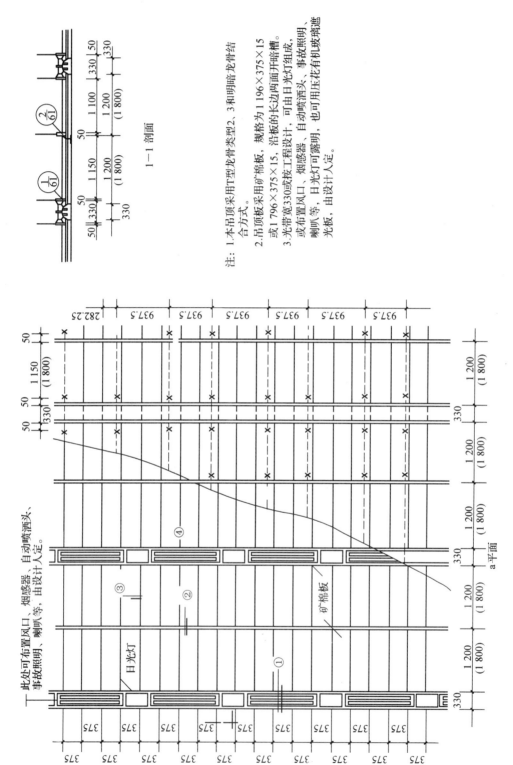

注：1. 本吊顶采用T型龙骨类型2、3和明暗龙骨结合方式。

2. 吊顶板采用矿棉板，规格为1 196×375×15或1 796×375×15，沿板的长边两面开暗槽。

3. 光带宽330或按工程设计，可由日光灯组成，或布置风口、烟感器、自动喷洒头、喇叭等，日光灯可露明，也可用压花有机玻璃遮光板，由设计人定。

此处可布置风口、烟感器、自动喷洒头、事故照明、喇叭等，由设计人定。

1—1 剖面

a平面

图 5—17 直线型光带吊顶布置图

· 200 ·

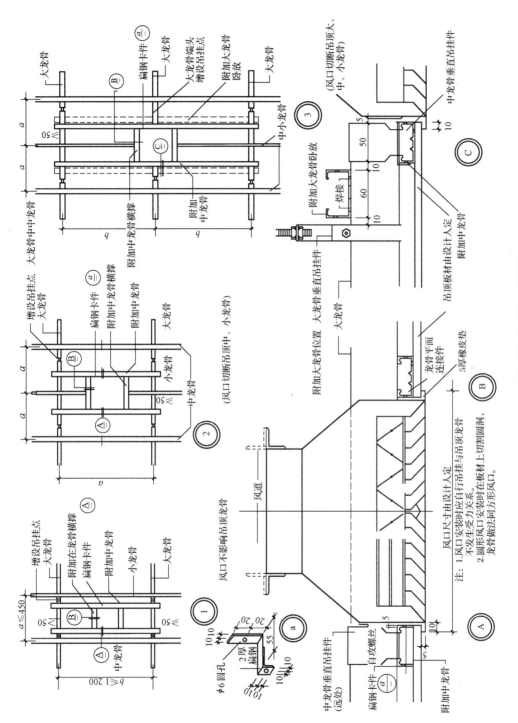

图 5-18 U 型龙骨吊顶通风口节点图

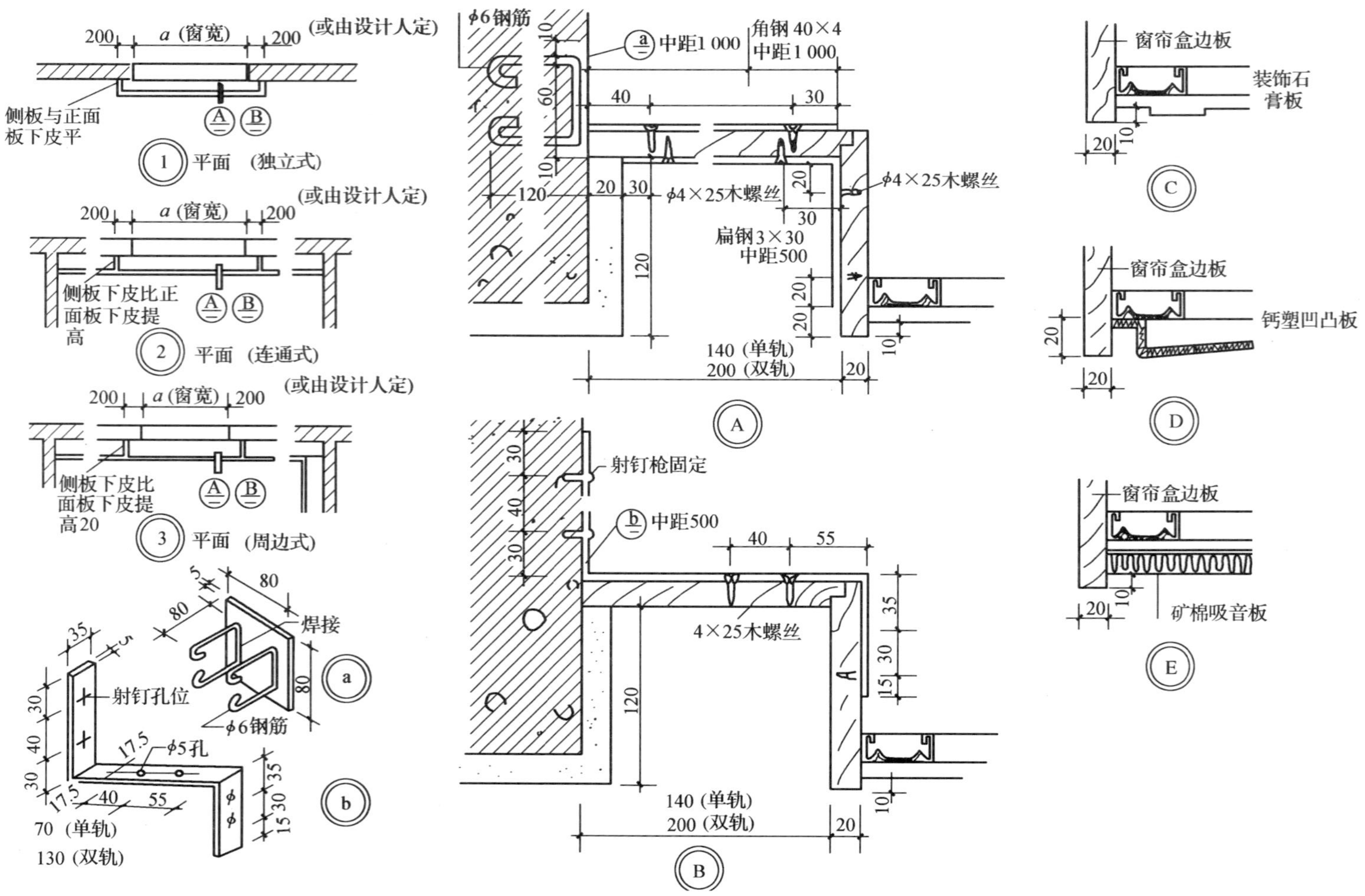

a（窗宽）
(或由设计人定)
侧板与正面板下皮平
1 平面 (独立式)
侧板下皮比正面板下皮提高
2 平面 (连通式)
侧板下皮比面板下皮提高20
3 平面 (周边式)
焊接
φ6钢筋
射钉孔位
φ5孔
70 (单轨)
130 (双轨)
中距1 000
角钢 40×4 中距1 000
φ4×25木螺丝
扁钢3×30 中距500
140 (单轨)
200 (双轨)
射钉枪固定
中距500
4×25木螺丝
窗帘盒边板
装饰石膏板
钙塑凹凸板
矿棉吸音板

图 5－19 窗帘盒节点图

第六节　开敞式吊顶施工技术

开敞式吊顶是将各种材料的条板组合成各种形式方格单元或组合单元拼接块（有饰面板或无饰面板）悬吊于屋架或结构层下皮，不完全将结构层封闭，使室内顶棚饰面既遮又透，空间显得活泼生动，形成独特的艺术效果，具有一定韵律感。当开敞式吊顶采用板状单元体时，还可得到声场的反射效果，为此，它常用作影剧院、音乐厅、茶室、商店、舞厅等室内吊顶。另外，开敞式吊顶可悬吊各种透明玻璃体、金属物、织物等，使人产生特殊的美感情趣。常用的单体有木材、塑料、金属等。形式有方形框格、棱形框格、圆形框格、圆盘和其他异形图案。

一、开敞式吊顶的做法

开敞式吊顶的形式很多，如单条板吊顶、格栅式单体吊顶、方块木与矩形板组合构件吊顶、多角框与方框组合体吊顶等，铝合金格栅式单体构件目前应用较多，其单体尺寸为 610 mm×610 mm，用双层 0.5 mm 厚的薄板加工而成，表面采用阳极氧化膜或漆膜处理，并有抗震、防火、重量轻等优点。

开敞式吊顶在吊顶安装前，应对吊顶结构底面进行处理。一般做法是对吊顶以上部分的建筑表面和设备表面进行涂黑处理。

（一）吊挂件的布置

单体或组合体构件的吊挂有两种方法：

1. 构件本身有一定的刚度时，可将构件直接用吊杆吊挂在结构上。

2. 板材本身刚度不够，直接吊挂容易变形，或吊点太多，费工费时，可将单体构件固定在骨架上，再用吊杆将骨架挂于结构上，见图 5-20 所示。

这两种吊挂方法的吊杆间距均为 1 000～1 500 mm×1 000～1 500 mm。

（二）开敞式吊顶的组装

开敞式吊顶的构造简单，大多采用插接方法连接。

（三）设备及吸声材料的布置

1. 灯具的布置

开敞式吊顶的灯具布置，通常采用以下四种形式：

（1）隐蔽布置：将灯具布置在吊顶上部，并与吊顶保持一定的距离。这种做法，不能形成灯光集中照射，而由单体构件的遮挡形成漫射光。

（2）嵌入式布置：这种布置是将灯具嵌入单体构件中，使灯具下端与吊顶平面保持齐平，嵌入的形式可以是直筒式，也可以是其他形式。

（3）吸顶式布置：将一组日光灯组成的灯具直接固定在吊顶的下面，灯具可以是行列式排列，也可以是交错式排列。由于灯具是在吊顶面以下，故对灯具的选择，可以不受单体构件的尺寸限制。

（4）吊挂式布置：这种布置形式，可选用各种吊灯（如单筒式吊灯、多头艺术吊灯等）进行多种组合。灯具的悬吊方式，可采用吊链直吊式、斜杆式的悬挂方式。

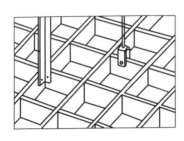

(a)直接吊挂

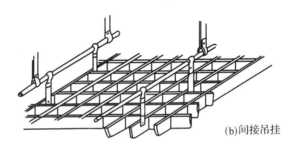

(b)间接吊挂

图 5-20　开敞式吊顶吊挂

2．空调管道口布置

空调管道口的造型布置与开敞式吊顶有着密切的关系，通常采用以下二种布置形式：

（1）布置于吊顶上部：空调管道口布置于开敞式吊顶的上部，与吊顶保持一定的距离。这种布置使空调管道口比较隐蔽，同时，可以降低风口箅子的材质标准，安装也比较简单。

（2）嵌入单体构件内：这种布置是将空调管道口嵌入单体构件内，使风口箅子与单体构件相平，由于风口箅子是显露的，所以对其造型、材质、色彩均要求较高。

3．吸声材料的布置

对于有吸声要求的房间，其开敞式吊顶需布置吸声材料，以使吊顶既具有装饰美感，又能满足声学方面的要求。吸声材料的布置有以下四种方法：

（1）在单体构件内装填吸声材料，组成吸声体吊顶。如将两块穿孔吸声板，中间夹上吸声材料组成复合吸声板，用这样的夹芯复合板再组合成不同造型的单体构件，使开敞式吊顶具有一定的吸声功能。吸声板的位置、数量由声学设计确定。

（2）在开敞式吊顶的上面平铺吸声材料。可以满铺，也可以局部铺放，铺放的面积根据声学设计所要求的吸声面积和位置来决定。为了不影响吊灯的装饰效果，通常将吸声材料用沙网布包裹起来，以防止吸声材料的纤维四处扩散。

（3）在吊顶与结构层之间悬吊吸声材料。为此，应先将吸声材料加工成平板式吸声体，然后将其逐块悬吊。这种做法因其与吊顶相脱离，悬吊形式及数量不受吊顶的限制，较为机动灵活，其吸声效果也比较显著。

（4）将吸声材料做成开敞式吊顶的单元体，按声学设计要求的面积和位置布置吸声单元体，形成开敞式吊顶的组成部分；或者单元体本身就是吸声体，组成开敞式吊顶。如北京月坛体育馆，将吸声体做成圆盘状，高低错落地悬吊在屋架下弦，好似一片片浮萍悬吊在室内空间，既增加了馆内的艺术气氛，又满足了吸声功能的需要，是一项吸声与吊顶有机结合的范例。

二、开敞式吊顶的施工工艺

开敞式吊顶施工一般分为地面拼装单元体和吊装连接及其准备工作。只有准备工作充分，施工速度才快，施工质量才能保证。

（一）开敞式吊顶施工工艺流程

结构面处理→找平、放线→在地面上拼装→饰面处理→吊装固定→拼缝处理→涂饰修整。

（二）施工操作方法

1．结构面处理
吊顶开敞，能够见到吊顶基层结构。应对吊顶以上部分的结构表面涮黑色涂料或按设计要求进行涂刷处理。
2．找平、放线工作包括标高线、吊挂布置线、分片布置线等。
3．开敞式吊顶的安装，多采用在地面上将构件加工成型，并拼装成片。吊装操作一般从墙角开始，分片起吊，高度略高于标高线并临时分片固定。最后将各分片连接处对齐，用连接件固定。
井格式吊顶安装是在结构层下部安装，与大龙骨、中龙骨安装卡槽互相卡接，最后调平。
4．涂饰及校正
整个房间安装完后，要拉线检验，对不符合标准的进行校正和调整，最后涂饰（有的已在地面拼装时完成）。

第七节　玻璃顶棚的施工技术

玻璃顶棚既是屋顶承重结构的一部分，起承重作用，直接承受自重、积雪、积灰等荷载；又是围护结构的一部分，要满足保温、隔热、防水、采光等使用要求，同时也是顶棚的组成部分，对美化空间环境，效果尤为突出。玻璃顶棚将承重、围护、美观融于一体，是一种特殊形式的顶棚。它主要应用于展览厅、图书馆、饭店的共享空间的顶棚，它打破了空间的封闭感，增加了共享空间的采光效果。

玻璃顶棚的支架部分，采用轻钢支架或铝合金支架，玻璃可以采用较厚的单层玻璃、中空玻璃以及钢化玻璃、夹丝玻璃、夹层玻璃、玻璃砖、有机玻璃等。为避免玻璃破碎伤人，其底部应拴挂铅丝网。玻璃与骨架之间应该用硅酮密封膏、氯磺化聚乙烯密封膏或丙烯酸密封膏等密封，见图5-21至图5-23所示。

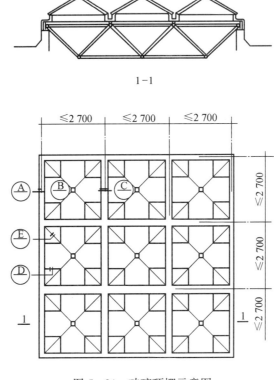

1-1

图5-21 玻璃顶棚示意图

一、玻璃顶的承重结构

玻璃顶的承重结构因暴露在大厅上部空间，故结构断面应尽可能设计得小些，以免遮挡天窗光线。一般都选用金属结构，用铝合金材或钢材制成，其上再安装框格龙骨和镶玻璃。常用的结构类型有井式梁结构、拱架、桁架结构、网架结构等。

二、龙骨框格玻璃顶棚

玻璃顶棚的做法分为三种：一种是玻璃直接镶在结构构件上，一种是采光罩直接安装在结构构件上，一种是在结构上架设龙骨框架，再安装玻璃。这三种做法都是为了解决防水漏雨、玻璃因温度变形与结构构件（框格）因温度变形不一致所带来的裂缝破损以及玻璃破落伤人问题，这些问题造成构造处理上的复杂性。如果用玻璃砖、采光罩、有机玻璃就可以简化上述问题的复杂性。

所以目前玻璃顶棚多采用采光罩的做法。

龙骨框格所用材料有不锈钢、铝合金、塑料、空腹型钢等，它的安装与注意事项与门窗玻璃安装规定相似。若采用隐框式玻璃搭接做法，则可采用材料防水和构造防水双

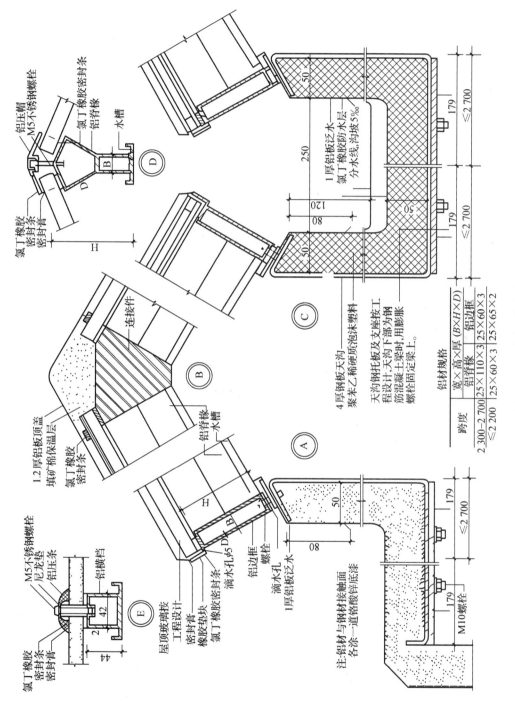

图 5-22 玻璃顶棚节点图

铝压帽
M5不锈钢螺栓
氯丁橡胶密封条
铝脊椽
水槽

氯丁橡胶
密封条
密封膏

1厚铝板泛水
氯丁橡胶防水层
分水线,沟坡5‰

4厚钢板天沟
聚苯乙稀硬质泡沫塑料

天沟钢托板及支座按工
程设计,天沟下部为钢
筋混凝土梁时,用膨胀
螺栓固定梁上。

铝材规格			
跨度	宽×高×厚(B×H×D)		
	铝脊椽	铝边框	
2 300~2 700	25×110×3	25×60×3	25×65×2
≤2 200	25×60×3	25×60×3	

连接件

1.2厚铝板顶盖
填矿棉保温层
氯丁橡胶
密封条

铝脊椽
水槽

M5不锈钢螺栓
尼龙垫
铝压条

铝横档

屋顶玻璃
工程设计
密封膏
橡胶垫块
氯丁橡胶密封条

滴水孔φ5
铝边框
螺栓
滴水孔
1厚铝板泛水

注铝材与钢材接触面
各涂一道铬酸锌底漆

氯丁橡胶
密封条
密封膏

M10螺栓

·207·

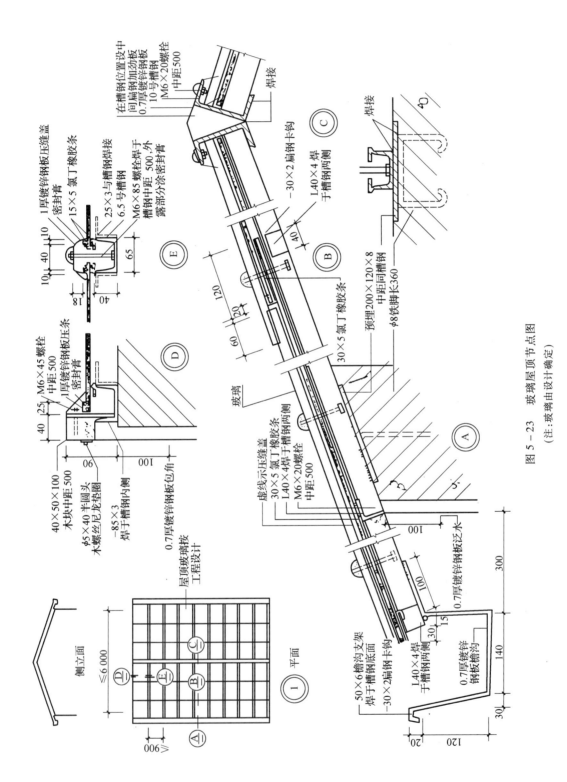

在槽钢位置设中
间扁钢加劲板
0.7厚镀锌钢板
10号镀锌槽钢
M6×20螺栓
中距500

焊接

1厚镀锌钢板压缝盖
15×5氯丁橡胶条
密封膏
25×3与槽钢焊接
6.5号槽钢
M6×85螺栓焊于
槽钢中距500,外
露部分涂密封膏

—30×2扁钢卡钩

L40×4焊
于槽钢两侧

焊接

C

E

B

120

120

60

预埋200×120×8
中距同槽钢
φ8铁脚长360

A

M6×45螺栓
中距500
1厚镀锌钢板压缝盖
密封膏

D

玻璃

30×5氯丁橡胶条

40 25

40×50×100
木块中距500
φ5×40半圆头
木螺丝尼龙垫圈
—85×3
焊于槽钢内侧

06

100

0.7厚镀锌钢板包角

虚线示压缝盖
30×5氯丁橡胶条
L40×4焊于槽钢内侧
M6×20螺栓
中距500

屋顶玻璃按
工程设计

玻璃

100

300

100

30

15

0.7厚镀锌钢板泛水

50×6檐沟支架
焊于槽钢底面
—30×2扁钢卡钩

L40×4焊
于槽钢内侧

0.7厚镀
锌钢板檐沟

120

20

30

侧立面

≤6 000

I 平面

900

D

E

B

A

C

图 5 - 23　玻璃屋顶节点图
(注:玻璃由设计确定)

208

保险的做法，其安装规定按玻璃幕墙安装规定执行。

三、玻璃采光罩

用采光罩做玻璃采光面时，采光罩本身具有足够的强度和刚度，不需要用骨架加强，只要直接将采光罩安装在玻璃屋顶的承重结构上即可。

四、其他玻璃顶

其他形式的玻璃顶则是由若干块玻璃拼成，所以必须设置骨架。大多数的玻璃顶，安装玻璃的骨架与顶层承重结构是分开设计的，即玻璃装在骨架上构成天窗标准单元，再将各单元装在承重结构上。跨度小的玻璃顶可将玻璃直接安装在承重结构上，结构杆件就是骨架。

各种金属骨架断面形式及其与玻璃的镶嵌做法见图5-24所示。

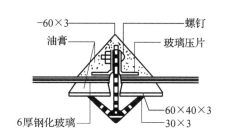

(a)有承水槽,构造简单,防水可靠

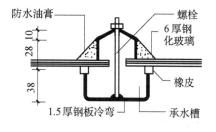

(b)有承水槽,防水可靠油膏

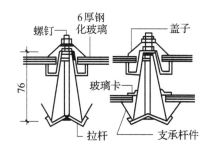

(c)铝制金属横档,防水可靠

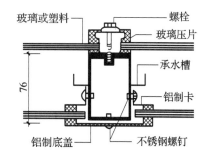

(d)铝制金属横档,防水可靠

图5-24　玻璃顶骨架断面与玻璃安装示意图

第八节　吊顶工程质量要求、检验方法、常见质量问题及其防治

一、工程验收

1. 按有代表性的自然间抽查10%，过道按10延长米，礼堂、厂房等大间按两轴

线为1间，但不少于3间。

2. 检查吊顶工程使用材料的品种、规格、颜色以及基层构造、固定方法等是否符合设计要求。

3. 饰面板与龙骨应连接紧密，表面应平整，不得有污染、折裂、缺棱掉角、锤伤等缺陷，接缝应均匀一致，粘贴的饰面板不得有脱层，胶合板不得有刨透之处。

4. 搁置的饰面不得有漏、透、翘角现象。

二、吊顶饰面板安装质量与检验方法（见表5－3、表5－4）

吊顶饰面板安装允许偏差和检验方法　　　　　　　　　表5－3

项目	允许偏差（mm）										检验方法
	石膏板			矿棉装饰吸声板	木制板		塑料板		纤维水泥加压板	金属装饰板	
	石膏装饰板	浮雕装饰石膏板	纸面石膏板		胶合板	纤维板	钙塑装饰板	聚氯乙烯塑料天花板			
表面平整	3	3	3	2*1	2	2	2	2		2	用2m靠尺和楔形塞尺检查
接缝平直	3	3	3	3	3	3	3	3		1.5*2	拉线5m长或通线、尺量检查
压条平直	3	3	3	3	3	3	3	3	3	3	拉线5m长或通线、尺量检查
接缝高低	1	1	1	1.5*3	1	1	1	1	1	1	用直尺和楔形塞尺检查
压条间距	2	2	2	2	2	2	2	2	2	2	尺量检查

注：*1: 当暗龙骨为"2"、明龙骨时为"3"。 *2: 当暗龙骨时为"1.5"、明龙骨时为"2"。 *3: 当暗龙骨时为"1.5"、明龙骨时为"2"。

吊顶要求及检验方法　　　　　　　　　表5－4

项目		质量要求	检验方法
饰面板表面质量	合格	表面平整、清洁，无明显变色、污染、反锈、麻点和锤印	观察检查
	优良	表面平整、清洁、颜色一致，无污染、反锈、麻点和锤印	
饰面板的接缝或压条质量	合格	接缝宽窄均匀，压条顺直无翘曲	观察检查
	优良	接缝宽窄一致、整齐；压条宽窄一致、平直，接缝严密	
钢木骨架的吊杆、主梁、立筋、横撑	合格	有轻度弯曲，但不影响安装；木吊杆无劈裂	观察检查
	优良	顺直、无翘曲、无变形；木吊杆无劈裂	
顶棚内的填充料	合格	用料干燥，铺设厚度符合要求	观察检查或尺量检查
	优良	用料干燥，铺设厚度符合要求且均匀一致	

三、吊顶龙骨安装允许偏差与检验方法

吊顶龙骨安装允许偏差与检验方法见表 5－5。

吊顶龙骨安装允许偏差和检验方法 表 5－5

项　目		允许偏差（mm）	检查方法
钢木骨架	吊顶龙骨截面尺寸	2	尺量检查（抽查 3 根）
	吊顶起拱高度	短向跨度 1/200±10	拉线、尺量、检查
	吊顶四周水平线	±5	尺量或水准仪检查（以墙面水准线为准）
轻钢、铝合金龙骨及其他形式龙骨	表面平整 开敞式	3	拉线、尺量检查
	隐蔽式	3	
	金属条板	3	
	缝、格平直 开敞式	2	拉线、尺量、检查
	隐蔽式	1	
	金属条板		
	接缝高低差 开敞式	1	直尺和塞尺检查
	隐蔽式	1.5	
	金属条板		
	起拱高度 各类龙骨	短向跨度 1/200±10	
	四周水平标高 各类龙骨		以水平线为准，尺量检查

吊顶龙骨质量要求与检验方法见表 5－6。

吊顶龙骨安装工程质量要求及检验方法 表 5－6

项　目		质量要求	检查方法
钢木龙骨的吊杆及大、中、小龙骨外观	合格	有轻度弯曲，但不影响安装，木吊杆无劈裂	观察检查
	优良	顺直、无弯曲、无变形、木吊杆无劈裂	
吊顶内填充料	合格	用料干燥、铺设厚度符合要求	观察、尺量、检查
	优良	用料干燥、铺设厚度符合要求、且均匀一致	
轻钢龙骨、铝合金龙骨外观	合格	角缝吻合、表面平整、无翘曲、无锤印	观察检查
	优良	角缝吻合、表面平整、无翘曲、无锤印、接缝均匀一致，周围与墙面密合	

四、常见工程质量问题及其防治

不同类型龙骨吊顶的常见工程质量问题因具有各自的特殊性，故已分别安排于各节末尾分别讨论，此处仅列出关于饰面板在施工中可能出现的共性问题及其防治措施。

（一）轻质板材吊顶面层变形

1．现象

轻质板块吊顶装钉后，部分纤维板或胶合板逐渐产生凹凸变形。

2．主要原因

（1）胶合板在使用中会吸收空气中的水分，产生凹凸变形，装钉板块时，板块接头未留空隙，吸湿膨胀后，没有伸胀余地，会使变形程度更为严重。

（2）板块较大，装钉时未能使板块与龙骨全部贴紧，就从四角或四周向中心排钉装钉，板块内储存有应力，致使板块凹凸变形。

（3）吊顶龙骨分格过大，板块易产生挠度变形。分格尺寸按饰面板尺寸确定，胶合板分格不宜超过 450 mm。

3．防治措施

（1）选用优质板材。胶合板宜选用五层以上的椴木胶合板。

（2）胶合板安装前应两面涂刷一道油漆，以提高抗吸湿变形能力。

（二）轻质板材吊顶拼缝装钉不直，分格不均匀、不方正

1．现象

轻质板材吊顶中，同一直线上的分格压缝条或板块明拼缝，其边棱不在一条直线上，有错牙、弯曲；纵横压缝条或板块明拼缝分格不均匀、不方正。

2．主要原因

（1）未弹线便安装板块或压缝条。

（2）龙骨间距分得不均匀，且与板块尺寸不相符。

（3）明拼缝板吊顶，板块不方正或尺寸不准。

3．防治措施

（1）装钉板块前，应弹出拼缝边线，然后按弹线钉板块，发生超线应及时修整。

（2）板块要求方正，不得有棱角，板边应挺直光滑，不合格不安装。

（3）当木压条或板块明拼缝装钉不直且超线较大时，应进行返工修整。

（三）吸音板吊顶的孔距排列不均匀

1．现象

无论什么材质板材，凡带孔吸音板拼装后，出现孔距不等，孔眼横、竖、斜看时，不成直线，或有弯曲及错位现象。

2．主要原因

（1）未按设计要求制作板块样板，或曾有标准样板，但因板块及孔位加工精度不高，偏差大，致使孔洞排列不均。

（2）装钉板块时，操作不当，致使拼缝不直，分格不均匀、不方正，从而造成孔距不匀，排列错位。

3．防治措施

（1）板块应装匣钻孔，即用 5 mm 厚钢板做成样板，将吸音板按设计尺寸分成板块，板边应刨直、刨光。将样板放在被钻板块上面，用夹具螺栓夹紧，垂直钻孔，每匣放 12～15 块。第一匣加工后试拼，合格后再继续加工。

（2）吸音板吊顶的孔距排列不均匀，不易修理，应严格操作，一次装钉合格。

（四）铝合金板吊顶不平

1．现象

吊顶安装后，明显不平，甚至产生波浪形状。

2．主要原因

（1）水平标高线控制不好，误差过大。

（2）龙骨未调平就安装铝合金条板，然后再进行调平，使条板应力不均匀。

（3）龙骨上悬吊重物，龙骨承受不住而发生局部变形。

（4）吊杆固定不牢而局部下沉。

（5）条板变形，未加校正就安装，易产生不平。

3．防治措施

（1）标高线应准确弹到墙上，并控制其误差不大于 ±5 mm。

（2）应在铝合金条板安装前就将龙骨调平。

（3）设备管道直接与结构固定，不应放在龙骨上。

（4）吊杆应固定牢固，施工中要加强保护。

（5）长形条板安装前应检查平、直情况，不妥处要及时调整。

（6）变形的吊顶铝合金条板，一般难于在吊顶面上调整，应取下进行调整。

以上各种材料吊顶时，当吊顶面积较大（超过 20 m²）时，在安装龙骨过程中要注意"起拱"。用吊杆进行调整，这是安装工人必须注意的问题。

复习题

1．按照不同的形式、做法及骨架材料、顶棚分别可归结为哪些类型？

2．吊顶安装的一般规定有哪些？

3．简述 U 型轻钢龙骨吊顶的施工工艺？

4．简述木龙骨吊顶的施工工艺。

5．特殊吊顶的常见形式有哪些？

6．玻璃顶棚有哪些类型？

7．吊顶饰面的常见工程质量问题有哪些？如何防治？

第六章　楼地面装饰装修施工技术

第一节　概　述

楼地面装饰包括楼面装饰和地面装饰两部分，两者的主要区别是其饰面承托层不同。楼面装饰面层的承托层是架空的楼面结构层，地面装饰面层的承托层是室内地基。楼面饰面要注意防渗漏水问题，地面饰面要注意防潮问题，楼面、地面的组成基本都是分为面层、技术构造层、垫层、基层四部分。

楼地面装饰装修的要求

1. 地面与楼面各层所用的材料和制品的种类、规格、配合比、标号、各层厚度、连接方式等，均应根据设计要求选用，并应符合国家和部颁的有关现行标准及地面与楼面施工验收规范的规定。

2. 位于沟槽、暗管等上面的地面与楼面工程，应在该项工程完工经检查合格后方可进行。

3. 铺设各层地面与楼面工程时，其下一层应在符合规范有关规定后，方可继续施工，并应作好隐蔽工程验收记录。

4. 铺设各类面层，一般宜在其他室内装饰工程基本完工后进行。铺设菱苦土、木地板、拼花木地板和涂布类面层时，基层应干燥，尽量避免在气候潮湿的情况下施工。

5. 踢脚板宜在面层基本完工及墙面最后一遍抹灰前完成。木踢脚板，应在木地面与楼面刨（磨）光后安装。

6. 混凝土、水泥砂浆和水磨石面层，同一房间要均匀分格或按图案花纹分格。

7. 在钢筋混凝土板上铺设有坡度的地面与楼面时，应用垫层或找平层找坡。

8. 铺设沥青混凝土面层以及用沥青玛𧝐脂作结合层铺设块料面层时，应将下一层表面清扫洁净，并涂刷同类冷底子油。结合层、块料面层填缝和防水层应采用同类沥青、纤维和填充料配制。纤维、填充料一般采用 6 级石棉和锯木屑。

9. 凡用水泥砂浆作结合层铺砌的地面，均应在常温下养护，一般不少于 10 d。菱苦土面层的抗压强度达到不少于设计强度的 70%、水泥砂浆和混凝土面层强度达到不少于 5.0 MPa。当板块面层的水泥砂浆结合层的强度达到 1.2 MPa 时，方准在其上面行走。达到设计强度后，方可正常使用。

10. 用胶黏剂粘贴各种地板时，室温不得低于 10 ℃，湿作业施工现场环境温度宜在 5 ℃以上。

第二节　石材及陶瓷地砖地面施工技术

一、石材及陶瓷地砖地面的具体材料与质量要求

1. 石材及陶瓷地面面层材料包括：预制水磨石、大理石、花岗石、陶瓷地砖、釉面砖、陶瓷锦砖、劈离砖、人造石板等地面材料，其规格尺寸质量性能均应符合"国标"或"部标"，均应有产品合格证及有关的产品技术资料。必须出示国家颁发的建材"准用证"方可采用。

2. 水泥宜用 42.5 级硅酸盐水泥，白水泥的标号不低于 32.5 级。

3. 粘贴层水泥砂浆宜用粗砂或中砂，灌缝宜用中砂或细砂，过筛砂子含泥量不超过 3%。

4. 颜料选用具有耐磨、耐光的矿物颜料，应一次备足，以免颜色不匀。

5. 天然石材在铺装前应采取防护措施、防止出现污损、泛碱等现象。

二、石材及陶瓷地砖地面的施工工艺

石材及陶瓷地砖地面施工工艺为：基层处理→弹线→试拼、试排→扫浆→铺水泥砂浆结合层→铺板块→灌缝、擦缝。（注：铺锦砖时铺贴后要揭纸）。

（一）弹线

根据水平基准线，在四周墙面上弹出面层标高线和水泥砂浆结合层线。有坡度要求的地面，应弹出坡度线。

（二）试拼、试排

对每个房间的板块，按图案、颜色、纹理试拼。试拼后按两个方向坐标编号，按编号码放整齐。

在地面纵横两个方向，铺两条略宽于板块的干砂带，砂带厚度为 30 mm，在砂带上预排板块，根据大样图，拉线校正方正度，校对板块与墙边、柱边、门洞口及其他复杂部位的相对位置。预制水磨石接缝宽度不大于 2 mm，大理石不大于 1 mm。对于非整块板块，确定相应尺寸和数量，将板块切割好，放在相应位置码好备用。

（三）板块浸水

施工前将板块浸水润湿，并码好阴干备用。铺砌时切忌板块有明水。

（四）拌和砂浆

石材及陶瓷地砖地面施工所用砂浆为干硬性砂浆，配合比为水泥:沙子＝1:3（体积比）。

（五）摊铺砂浆

先刷水灰比为 1:2 的泥浆一道，随刷随铺砂浆。摊铺长度约在 1 m 左右，宽度超过

板块宽度 20~30 mm，用木抹子找平，铺完一段砂浆层，安装一段面板。先从试排板块开始，将干砂带清除，换铺水泥砂浆，纵横两个方向铺好板块作为基准挂线。

（六）铺板块

铺砌时，按基准板块先拉通线，对准纵横缝按线铺砌。为使砂浆密实，用橡皮锤轻击板块，如有空隙应补浆。有明水时撒少许水泥粉。缝隙、平整度满足要求后，揭开板块，浇一层水泥素浆，正式铺贴。每铺完一条，再用 3m 靠尺双向找平。随时将板面多余砂浆清理干净。铺板块采用后退的顺序铺贴。

碎拼大理石地面，先用不规则的并经挑选的大理石板碎块，按图案铺贴，板间缝隙用水泥砂浆或水泥石粒浆填补。

镶铺锦砖地面时，要注意洒水揭纸时间，揭纸后调整缝隙，不留接缝痕迹。

（七）灌缝、擦缝

板块铺完养护 24 d 后在缝隙内灌 1:1 水泥浆，并选择与地面颜色一致的颜料与水泥拌合均匀后嵌缝、擦缝。然后，用棉纱将板面灰浆擦拭干净，铺湿锯末养护，3 d 内不得上人。

（八）镶贴踢脚板

采用粘贴法镶贴。墙角抹底层砂浆硬化后，在踢脚板背面抹水泥素浆 2~3 mm 厚，按高度控制线粘贴。用橡皮锤轻击镶实，靠尺找直，方尺找方。次日，用同色水泥擦缝。

（九）打蜡

水泥砂浆强度达到 70% 以上时，用磨石机装 240~300 号油石或装布轮洒水研磨一遍，然后清洗、晾干、打蜡、擦光。

三、常见工程质量问题及其防治

（一）板块地面空鼓

1．现象
水磨石、大理石板块铺设不牢，用小锤敲击有空鼓声，人走动时有板块松动感。

2．主要原因
（1）基层表面清理不干净或浇水湿润不够，涂刷水泥浆结合层不均或涂刷时间过长，水泥浆风干结硬，不起黏结作用，造成板块面层与基层一起空鼓。

（2）板块面层铺设前，背面浮灰没有刷净和浸水湿润，影响黏结效果。

（3）铺设砂浆应为干硬性砂浆，如果加水较多或砂浆不捣实、不平整，易造成板块层空鼓。

3．防治措施

（1）基层表面必须清扫干净，并浇水湿润，不得有积水。基层表面涂刷纯水泥浆应均匀，并做到随刷随铺水泥砂浆结合层。

（2）板块面层在铺设前浸水湿润，并将石材背面浮灰杂物清扫干净，等板块达到面干饱和时铺设最佳。

（3）砂浆水灰比太大，板块铺贴按平后，没有再揭开板块，有明水时撒水泥粉，或没有浇一遍水泥素浆。

（二）板块面层接缝处不平，缝隙不匀

1．现象

板块面层铺贴后，相邻板块拼接处出现接缝不平、缝隙不匀等现象。

2．主要原因

（1）板块本身厚薄不一，几何尺寸不准，有翘曲、歪斜等缺陷，事先挑选不严，使铺贴后造成拼缝不平，缝隙不匀现象。

（2）铺贴板块面层时不用水平尺找平，铺完一排不用 3m 靠尺双向校正，缝隙不拉通线，造成板块接头不平及缝隙不匀。

（3）板块面层铺贴后，成品保护不好，在养护期内过早上人行走或使用。

3．防治措施

（1）加强对进场板块质量检查，对几何尺寸不准，有翘曲、歪斜，厚薄偏差过大，并有裂缝、掉角等缺陷的板块要挑出不用。

（2）铺贴前，铺好基准块后，由中间向两侧和后退方向顺序铺贴，随时用水平尺和直尺找平，缝隙必须拉通线，不能有偏差。

第三节　木地面铺贴施工技术

一、木地面的材料与质量要求

1．龙骨、剪刀撑、垫木

红白松木，上下面刨平，经干燥防腐处理，含水率不大于 15%。

2．毛地面板材

杉木加工成高低缝，单面粗刨，含水率不大于 15%。

3．硬木地面

水曲柳、柞木、柚木、核桃木等，经机械加工成条板，侧面作企口，宽度不大于 120 mm。

条板的含水率不超过 12%，拼花板含水率不超过 10%。同一批材料，其树种、花纹及颜色应力求一致。

4．胶黏剂

木地板胶黏剂见表 6－1。其性能应满足粘贴木地板的要求。

名　称	特　点	主要性能	应用方法
8123 聚氯乙烯胶黏剂	以氯丁乳胶为基料，加入增稠剂、填充料等配制而成。是一种水乳型胶黏剂，无毒、无味、不燃，施工方便，初粘强度高，防水性能好	1. 外观灰白色、均质糊状 2. 黏度 26 000~80 000 CP 3. 含固量：48±2% 4. pH 值 8~9 5. 抗拉强度 > 0.5 MPa（24 h） 6. 贮存期半年（贮存温度不低于 0℃）	1. 施工时单面上胶，晾置 2 min 后粘贴，余胶即时用湿布擦干净 2. 施工环境温度不得低于 5℃，每 kg 胶黏剂可施工 3 m²
4115 建筑胶黏剂	以溶液聚合的聚醋酸乙烯为基料，配以无机填料经机械作用而制成的一种常温固化单组分胶黏剂特点是固体含量高、收缩率低、早期挥发快、黏结力强、无污染、施工方便、价格较低	1. 外观灰色液状粘稠物 2. 固体含量 60%~70% 3. 黏度 5~35 万 CP（25C） 4. 抗剪强度 7 d（MPa） 木材－木材>8 木材－玻纤水泥板>4 木材－水泥混凝土>3.8 水泥刨花板互粘>6.0 5. 抗拉强度 7 d（MPa） 木材－木材>1 木材－玻纤水泥板>1.8 木材－水泥混凝土>1.0 水泥刨花板互粘>2.0	1. 施胶方式可视不同板材、不同基面，进行点涂、线涂、井字型涂或全涂，施胶量可掌握在 0.2~0.5 kg/m 之间，单、双面涂胶均可 2. 一般黏合 24h 后可承载荷。3~7 d，可达最高粘接强度 3. 刮、涂、抹工具可用抹灰刀，刮板或挤出枪 4. 初始干燥较快，应尽快黏合，长期水浸的地方不宜使用，用后密封保存
5001 脲醛树脂胶	是由尿素与甲醛在催化剂作用下缩聚而成的水溶性树脂溶液。黏结强度良好，耐水性中等而溶剂性良好，成本较低	贮存期 1~6 个月	使用时加氯化剂水溶液（浓度 20%）5%~10%（树脂重量）在常温下固化或加热固化
YJ-l 建筑胶	YJ 建筑胶黏剂是双组分·水乳溶剂型、高分子黏合剂。具有黏结力强，耐水、耐湿热、耐腐蚀性能好、低毒、低污染，可在潮湿的基层上施工，操作清洗方便等优点	1. 黏结强度（MPa） 水泥混凝土>2.7 木板 4~5 石膏板－石膏板拉断 2. 抗压强（MPa）：30~40 3. 弹性模量（MPa）：2.32×10³ 4. 收缩率（乃）：0.2 5. 耐湿热强（MPa）：（70℃，99%RH、7 d 4~5） 6. 抗水渗透性：1~4 mm 厚胶泥浸水 90 d 不透水	1. 配胶： 配合比为：甲组分 100 乙组分 25~30 填　料 250~400 将甲、乙组分胶料称量混合均匀，然后加入填料搅拌均匀即可（填料可用 60~120 目的石英粉） 2. 涂胶：采用粘结面涂刮本胶黏剂，揉挤定位，静置待干即可 3. 施工及养护温度应在 5℃以上，而 15~20℃时施工为佳。施工完毕，自然养护 7 d 可交付使用

二、木地面的铺贴种类

1．空铺式木地板

一般用于底层，其龙骨两端搁在基础墙挑台上，龙骨下放通长的压沿木。当木龙骨跨度较大时，在跨中设地垄墙或砖墩。木龙骨上铺设双层木地板或单层木地板。为解决木地板的通风，在地垄墙和外墙上设 180 mm×180 mm 通风洞，见图 6-1。

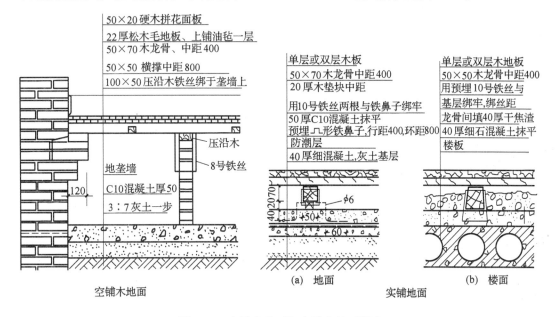

图 6-1　空铺木地面与实铺木地面做法

2．实铺式木地板

是直接在实体基层上铺设的地面，分为有龙骨式与无龙骨式两种。有龙骨式实铺木地板将木龙骨直接放在结构层上，由预埋铁件固定在基层上。在底层地面，为了防潮，须在结构层上涂刷冷底子油和热沥青各一道。无龙骨式实铺木地板采用粘贴式做法，将木地板直接粘贴在结构层的找平层上。实铺式木地板的拼缝形式见图 6-2。

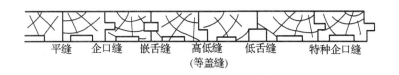

图 6-2　实铺木地板拼缝形式

3．硬木锦砖地面

其做法是将硬木制成厚度为 8～15mm 的小薄片，形状有正方形、六角形、菱形、长条形等形状，规格分为 35 mm×35 mm、40 mm×40 mm、45 mm×45 mm、50 mm×50 mm、55 mm×55 mm、60 mm×60 mm、65 mm×65 mm、70 mm×70 mm 以及长 150～200 mm、宽 40～50 mm、厚 8～14 mm 木长条等规格，可在工厂拼成方联，也可以

散装现场拼方联，再采用胶黏剂直接铺在找平层上。

4. 实铺式复合木地板：在结构找平层上先铺一层泡沫塑料，上铺复合木地板，采用企口缝抹白乳胶或配套胶拼接。板底面不铺胶。

三、实铺木地板施工工艺

有龙骨实铺式木地板的施工工艺流程为：基层清理→弹线、找平→修理预埋铁件→安装木龙骨、剪刀撑→弹线、钉毛地板→找平、刨平→墨斗弹线、钉硬木面板→找平、刨平→弹线、钉踢脚板→刨光、打磨→油漆。

无龙骨粘贴式实铺木地板的施工工艺流程为：基层清理→弹线、试铺→铺贴→面层刨光打磨→安装踢脚板→刮腻子→油漆。

1. 实铺木地板龙骨安装

施工前，应保证基层平整度误差不超过 5 mm，并对基层进行防潮处理，防潮层宜涂刷防水材料或铺设塑料薄膜。另外，应对地板进行选配，将纹理、颜色接近的地板集中用于同一房间或部位。

按弹线位置，用胀管螺栓固定龙骨，螺栓间距为 600 或 1 000 mm，螺栓不得凸出龙骨上皮。龙骨铺钉完毕，检查水平度合格后，钉卡横档木，中距一般 600 mm。

2. 弹线、钉毛地板

在龙骨顶面弹毛地板铺钉线，铺钉线与龙骨成 30°～45°角。铺钉时，使毛地板留缝约 3 mm。接头设在龙骨上并留 2～3 mm 缝隙，接头应错开。

铺钉完毕，弹方格网线，按网点抄平，并用刨子修平，达到标准后，方能钉硬木地板。

3. 铺面层板

拼花木地板的拼花形式有席纹、人字纹、方块和阶梯式等，见图 6-3。

铺钉前，在毛地板弹出花纹施工线和圈边线。铺钉时，先拼缝铺钉标准条，铺出几个方块或几档作为标准。再向四周按顺序拼缝铺钉。每条

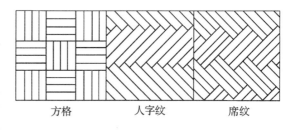

图 6-3 拼花木地板的拼花形式

地板钉 2 颗钉子。钉孔预先钻好。每钉一个方块，应找方一次。中间钉好后，最后圈边。末尾不能拼接的地板应加胶钉牢。

粘贴式铺设双层木地板，拼缝可为裁口接缝或平头接缝，平头接缝施工简单，更适合沥青胶和胶黏剂铺贴。

4. 面层刨光、打磨（此工序可在加工厂完成现场不做）

拼花木地板宜采用刨地板机刨光（转速在 5 000 转/min 以上），与木纹成 45°角斜刨。边角部位用手刨。刨平后用细刨净面，最后用磨地板机装砂布磨光。磨削总量应控制在 0.3～0.8 mm 内。

5. 油漆

将地板清理干净，然后补凹坑，刮批腻子、着色，最后刷清漆（详见地面涂料施工）。木地板用清漆，有高档、中档、低档三类。高档地板漆是日本水晶油和聚酯清漆。其漆膜强韧，光泽丰富，附着力强，耐水，耐化学腐蚀，不需上蜡。中档清漆为聚氨酯，低档清漆为醇酸清漆、酚醛清漆等。

6. 上软蜡

当木地板为清漆罩面时，可上软蜡。软蜡有成品供应，只需用煤油调制成浆糊状后便可使用。大面积可用抛光机上蜡抛光。

7. 粘贴单层木地板：地板面层刨光、油漆、上蜡已在加工厂完成，现场只进行打蜡工序。

铺贴时要求：基层必须平整、无油污。铺设前应在基层刷一层薄而匀的底胶以提高粘结力，铺贴时基层和地板背面均应刷胶，待不粘手后再进行铺贴。拼板时应用榔头、垫木块敲打紧密，板缝不得大于 0.3 mm，溢出的胶液应及时清理，板端接缝要错开，不得在一条支线上。

四、木拼锦砖施工工艺

木拼锦砖，是用高级木材经工厂精加工制成 150～200 mm×40～50 mm×8～14 mm 木条，侧面和端部的企口缝用高级细钢丝穿成方联。可组成席纹地板，每联四周均可用企口缝相接，然后用白乳胶或强力胶直接粘贴在基层上。

（一）木拼锦砖施工工艺流程：

基层清理→弹线→刷胶粘剂→铺木拼锦砖（插两边企口缝）→清理表面→打蜡上光。

（二）施工操作技术

1. 基层清理：将找平层表面积灰油渍均清洗干净，基层必须抄平找直。
2. 弹线：从房间中点弹十字中心线，再按方联尺寸弹分格线。
3. 刷胶黏剂：刷胶厚度在 1～1.5 mm 左右，刷胶靠线要齐，随刷随贴。
4. 铺木拼锦砖：按分格线在房间中心先铺贴一联木锦砖，找平找直并压实粘牢，作为基准砖。然后再插好方联四边锦砖，企口缝和底面均涂胶黏剂，校正校平粘牢见图 6-4 所示。以后依此顺序铺贴，直至房间铺满。

木地板与墙的缝隙为 8～10 mm，用楔挤紧，待胶干后，方可去木楔贴踢脚板。

另一种铺贴顺序是从房间短向墙面开始，两端先铺基准锦砖，拉线控制水平，然后从一端开始，第二联锦砖转 90°方向拼接，第三联与第一联相同，一行铺完后校正平直，再进行下一行，锦砖与墙留缝仍同前述。拼铺三～四行后用 3 m 直尺校平。

5. 铺木踢脚板：木地面一般均铺贴木踢脚板或仿木塑料踢脚板。用木螺丝固定在墙中预埋木砖上，木踢脚板下皮平直与木锦砖表面压紧，缝隙严密。
6. 磨光、打蜡：待木拼锦砖粘贴牢固后（一般 48 h），即可用磨光机砂轮磨光，布轮磨一遍。擦洗干净后刷漆打蜡。

如木拼锦砖表面已刷油漆，铺贴后就不用磨光，只打一遍蜡即可。

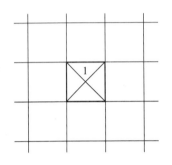
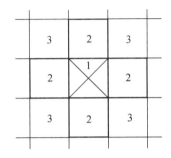

(a) 房心基准方联   (b) 第二步铺方联位置

图 6-4　木拼锦砖铺贴顺序示意图

（1、2、3…铺贴顺序）

五、复合木地板施工工艺

复合木地板是用原木经粉碎、添加胶黏剂、防腐处理、高温高压制成的中密度板材，表面刷高级涂料，再经过切割、刨槽刻榫等加工制成拼块复合木地板。地板规格较为统一，安装极为方便，是中国国内目前较为广泛应用的地板装饰材料。在国外复合木地板已有 20 多年的应用历史。

（一）复合木地板规格和品种

1. 规格尺寸：目前市场上销售的复合木地板无论是国产或进口产品，其规格都是统一的，宽度为 120、150、195（mm）；长度为 1 500、2 000（mm）厚度为 6、8、14（mm），所用胶粘剂有：白乳胶、强力胶、立时得等。

2. 复合木地板品种：

（1）以中密度板为基材，表面贴天然薄木片（榉木、红木、橡木、桦木、水曲柳等），并在其表面涂结晶三氧化二铝耐磨涂料。

（2）以中密度板为基材，底部贴硬质 PVC 薄板作防水层以增强防水性能。其表面仍然涂耐磨涂料。

（3）表层为胶合板，中间设塑料保温材料或木屑，底层为硬质 PVC 塑料板，经高压加工制成地板材料，表面涂耐磨涂料。

上述三种板材按标准规格尺寸裁切，刨槽刻榫制成地板块，每 10 块一捆，包装出厂销售。

（二）复合木地板施工工艺

施工工艺流程为：基层处理→弹线、找平→铺垫层→试铺预排→铺地板→铺踢脚板

→清洗表面。

（三）复合木地板施工操作方法

复合木地板铺贴和普通企口缝木地板铺贴基本相同，只是其精度更高，横端头也用企口缝拼接。

1. 基层处理：基本同前，要求平整度 3 m 内误差不得大于 2 mm。基层应干燥。

基层分为：楼面钢筋混凝土基层、水泥砂浆基层、木地板基层（毛木板）要求仪器找平，不合要求的要修补。木地板基层要求毛板下木龙骨间距要密，一般小于 300 mm。斜 45 度铺装、刨平。

2. 铺垫层：垫层为聚乙烯泡沫塑料薄膜，宽 1 000 mm 卷材，铺时按房间长度净尺寸加 100mm 裁切，横向搭接 150 mm。垫层可增加地板隔潮作用，增加地板的弹性并增加地板稳定性和减少行走时地板产生的噪声。

3. 预排复合木地板：长缝顺入射光方向沿墙铺放。槽口对墙，从左至右，两板端头企口插接，直到第一排最后一块板，切下的部分若大于 300 mm 可以作为第二排的第一块板铺放，第一排最后一块的长度不应小于 500 mm，否则可将第一排第一块板切去一部分，以保证最后的长度要求。木地板与墙留 8～10 mm 缝隙，用木楔调直，暂不涂胶，拼铺三排进行修整、检查平直度，符合要求后，按排拆下放好。

4. 铺贴：按预排板块顺序，接缝涂胶拼接，用木槌敲击挤紧。复验平直度，横向用紧固卡带将三排地板卡紧，每 1 500 mm 左右设一道卡带，卡带两端有挂钩，卡带可调节长短和松紧度。从第四排起，每拼铺一排卡带就移位一次，直至最后一排。每排最后一块地板端部与墙仍留 8～10 mm 缝隙。在门洞口，地板铺至洞口外墙皮与走廊地板平接。如为不同材料时，留 5 mm 缝隙，用卡口盖缝条盖缝。

5. 清扫、擦洗：每完一间待胶干后扫净杂物，用湿布擦净。

6. 安装踢脚板：复合木地板可选用仿木塑料踢脚板、普通木踢脚板和复合木地板（市场配套销售）安装时，先按踢脚板高度弹水平线，清理地板与墙缝隙中杂物，标出预埋木砖位置，按木砖位置在踢脚板上钻孔（孔径比木螺丝直径小 1～1.2 mm），用木螺丝固定。踢脚板接头尽量设在拐角处。

7. 施工注意事项

（1）购进复合木地板，放入准备铺装的房间，需 48 h 后方可拆包铺装。

（2）复合木地板与四周墙必须留缝，以备地板伸缩变形，地板面积超过 30 m² 中间要留缝。

（3）如果地板底面基层有微小不平，可用橡胶垫垫平。

（4）拼装时从缝隙中挤出的余胶应随时擦净，不得遗漏。

（5）复合木地板铺装 48 h 后方可使用。

（6）预排时并计算最后一排板的宽度，如小于 50 mm，应削减第一排板块宽度，以使二者均等。

（7）铺装前将需用木地板混放一起，搭配出最有整体感的色彩变化。

（8）铺装时用 3 m 直尺随时找平找直，发现问题及时修正。

（9）铺装时板缝涂胶，不能涂在企口槽内，要涂在企口舌部。

8．铺装复合木地板操作顺序可参考图6-5至图6-14所示。

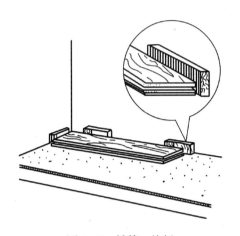

图6-5　铺第一块板

图6-6　正确抹胶

图6-7　不正确抹胶

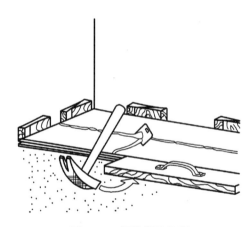

图6-8　板槽拼缝挤紧

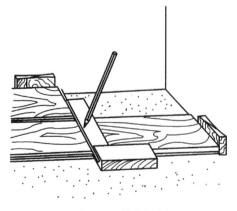

图6-9　横向切割

图6-10　靠墙处填木板挤紧

图 6-11 纵向切割

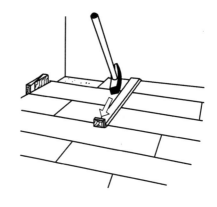

图 6-12 铺最后条板

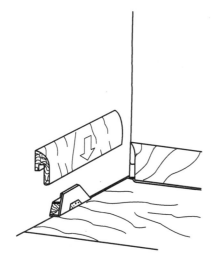

图 6-13 安装踢脚板

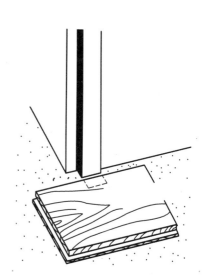

图 6-14 门框外板切槽

六、可拆装木地板施工工艺

近期市场出现了可拆装式木地板，产品有复合木地板和实木拼块地板，其施工方法与复合木地板相同，可免去涂胶工序。实木拼装地板采用实心板（有桦木、水曲柳、橡木等）经干燥处理，裁割成地板块，规格有宽为 80 mm、100 mm、120 mm，长为 600 mm、900 mm、1 200 mm，厚为 80 mm、100 mm、120 mm 三种，板切四周做企口缝槽和舌榫，表面涂耐磨涂料。拼装方法与复合木地板相同，免涂胶工序。实木板块要求干燥处理，并掺入一些防腐剂，保证木板耐潮湿不变形。企口刻槽、做舌榫加工精确。

其优点具有施工简便拼装速度快、耐磨、防虫蛀、造价低，缺点是因为不涂胶，板块之间不黏合，人行走时有噪音（轻声），不宜铺装在有龙骨的地板上。

七、常见工程质量问题及其防治

(一) 行走时响声大

1．现象：人行走时，地板有响声，发出地板从胶黏剂上揭下来又粘上去的声音。

2．主要原因

（1）带龙骨的普通木地板是因为木龙骨安装时，地面不平，龙骨下用木楔垫嵌，由于木楔未固定牢靠，一经走动，木楔滑动，造成龙骨松动，行走时，木地板就会有响声。

（2）木龙骨含水率较高，安装后收缩，使锚固铁丝扣松动或预埋螺丝等不紧固，松动后，走动时面层产生响声。

（3）施工时，用冲击钻在混凝土楼板上打洞，洞内打入木楔，龙骨用圆钉钉入木楔，时间久后，木楔与圆钉松动，就会有响声。

（4）复合木地板的响声大是由于胶黏剂的涂刷量少和早期黏力小，黏结地板时没有及时进行早期养护，地板的尺寸稳定性不好或基层不平造成。

3．普通木地板防治措施

（1）控制木材含水率。木龙骨含水率应不大于12％。

（2）采用预埋铁丝和螺钉锚固木龙骨，木龙骨的铁丝要扎紧，螺钉要拧紧。

（3）锚固铁件埋设要合理，间距不宜过大。一般锚固铁件间距顺木龙骨方向不大于800 mm，顶面宽不小于100 mm，且弯成直角，用双股14号铁丝与木龙骨绑扎牢固，然后用翘棒翘起木龙骨，垫好木垫块。木垫块表面要平整，并用铁丝与木垫块垫牢。

（4）如采用木龙骨直接固定在地坪预埋木块上，预埋小木块的间距不宜过大，一般顺木龙骨不大于400 mm，木龙骨横断面锯成八字形。安装时，拉好龙骨表面水平线，龙骨下垫实木块，木垫块表面要平，用铁钉将木龙骨钉牢。木龙骨安装完毕后，木龙骨间用细石混凝土或保温隔声材料浇灌，浇灌高度应低于木龙骨面20 mm以上，以便于通气。浇捣后，要待细石混凝土强度达到100％，才能铺设木地板。

（5）在混凝土楼板上应用冲击钻打洞，用膨胀螺栓或铁件固定。

4．复合木地板防治措施

（1）选用较厚板材。

（2）基层的平整度在2 mm以内。

（3）使用的胶黏剂要有早期强度，而且不能浸入苯乙烯类材料。

（4）要充分涂抹胶黏剂，黏结初期要充分挤压粘牢。

(二) 面层起鼓、变形

1．现象

木地板局部拱起。木地板收缩后缝隙偏大，影响美观和使用。复合木地板局部翘鼓，拼缝加大，表面损伤。

2．普通木地板主要原因

（1）面层木地板含水率偏高或偏低。偏高时，在干燥空气中失去水分，断面产生收缩，而发生翘曲变形；偏低时，铺后吸收空气中的水分而产生起拱。

（2）木龙骨之间铺填的细石混凝土或保温隔声材料不干燥，地板铺设后，造成吸收潮气起鼓、变形。

（3）未铺防潮层或地板四周未留通气孔，面层板铺设后内部潮气不能及时排出。

（4）毛地板未拉开缝隙或缝隙过少，受潮膨胀后，使面层板起鼓、变形。

3．复合木地板产生上述现象的主要原因

（1）基层没有充分干燥或地板表面的水分沿缝隙进入板下，引起地板受潮膨胀。

（2）安装时，基层未充分找平，使地板表面有凹凸。导致使用一段时间后各板块磨成厚薄不均，使各板块变形大小不一，以致出现拼缝加大或大小不均。

（3）复合木地板表面被烫或被硬物磕碰，造成表面有损伤，影响美观。

4．普通木地板防治措施

（1）控制木地板含水率，其含水率应不大于12％。

（2）木龙骨间浇灌的细石混凝土或保温隔声材料必须干燥后才能铺设地板。

（3）合理设置通气孔。木龙骨应做到孔槽相通，与地板面层通气孔相连。地板面层通气孔每间不少于2处，通气孔不要堵塞，以利于空气流通。

（4）木地板下层板（即毛地板）板缝应适当拉开，一般为2～5mm。表面应刨平，相邻板缝应错开，四周离墙10～15mm。

5．复合木地板的防治措施

（1）基层充分干燥，以防地板受潮膨胀起鼓。

（2）安装时，充分找平基层，平整度不大于2mm。

（3）使用中注意防止硬物碰撞和烫伤地板表面。

（4）将起鼓的木地板面层拆开，在毛地板上钻若干通气孔，晾一星期左右，待木龙骨、毛地板干燥后再重新封上面层。此法返工面积大，修复席纹地板铺至最后两档时，要两档同时交错向前铺钉。最后收尾的一方块地板，一头有榫另一头无榫，应互相交错并用胶黏剂粘牢。

（三）板缝不严

1．现象

木地板面层板缝不严，板缝宽度大于0.3mm。

2．主要原因

（1）地板条规格不合要求。地板条不直，宽窄不一，企口窄、太松等。

（2）拼装企口地板条时缝太虚，表面上看结合严密，刨平后即显出缝隙；或拼装时敲打过猛，地板条回弹，钉后造成缝隙。

（3面层板铺设接近收尾时，剩余宽度与地板条宽不成倍数，为凑整块，加大板缝，或将一部分地板条宽度加以调整，经手工加工后，地板条不很规矩，因而产生缝隙。

（4）板条受潮，在铺设阶段含水率过大，铺设后经风干收缩而产生大面积"拔缝"。

3．防治措施

（1）地板条的含水率应符合规范要求，一般不大于 12%。

（2）地板条拼装前需经严格挑选，有腐朽、疖疤、劈裂、翘曲等疵病者应剔除，宽窄不一、企口不符合要求的应经修理后再用。地板条有顺弯应刨直，有死弯应从死弯处截断，修整后使用。

（3）铺钉前，房间应弹线找方，并弹出地板周边线。踢脚板周围有四形槽的，周围先钉四形槽。

（4）长条地板与木龙骨垂直铺钉，当地板条为松木或为宽度大于 70 mm 的硬木时，其接头必须在龙骨上。接头应互相错开，并在接头的两端各钉一枚钉子。长条地板铺至接近收尾时，要先计算一下差几块到边，以便将该部分地板条修成合适的宽度。装最后一块地板条时，可将其刨成略有斜度的大小头，以小头插入并楔紧。

（5）木地板铺完应及时苫盖，刨平磨光后立即上油或烫蜡，以免"拔缝"。

（6）缝隙小于 1 mm 时，用同种材料的锯末加树脂胶和腻子嵌缝。缝隙大于 1 mm 时，用相同材料刨成薄片（成刀背形），蘸胶后嵌入缝内刨平。如修补的面积较大，影响美观，可将烫蜡改为油漆，并加深地面的颜色。

（四）表面不平整

1．现象

走廊与房间、相邻两房间或两种不同材料的地面相交处高低不平，以及整个房间不水平等。

2．主要原因

（1）房间内水平线弹得不准，使每一房间实际标高不一，或木龙骨不平等。

（2）先后施工的地面，或不同房间同时施工的地面，操作时互不照应，造成高低不平。

另外，由于操作时电刨速度不匀，或换刀片处刀片的利钝变化使木板刨的深度不一，也会造成地面不平。

3．防治措施

（1）木龙骨经检验后方可铺设毛地板或面层。

（2）施工前校正、调整水平线。

（3）地面与墙面的施工顺序除了遵守先湿后干作业原则外，最好先施工走廊面层，或先将走廊面层标高线弹好，各房间由走廊的面层标高往里找，以达到里外交圈一致。相邻房间的地面标高应以先施工的为准。

（4）使用电刨时，刨刀要细要快，转速不宜过低（每 min 在 4 000 转以上），行走速度要均匀，中途不要停。

（5）人工修边要尽量找平。

（6）两种不同材料的地面如高差在 3 mm 以内，可将高处刨平或磨平，但必须在一定范围内顺平，不得有明显痕迹。

（7）门口处高差为 3~5 mm 时，可加过门石处理。

（8）高差在 5 mm 以上时，需将木地板拆开，调整木龙骨高度（砍或垫），并在 2m 以内顺平。

（五）拼花不规矩

1．现象
拼花地板对角不方、错牙、端头不齐、圈边宽窄不一致。

2．主要原因
（1）有的地板条不合要求，宽窄长短不一，使用前未挑选，安装时未套方。
（2）铺钉时没有弹设施工线或弹线不准。

3．防治措施
（1）拼花地板条应挑选，规格应整齐一致，分类、分色装箱。
（2）房间应先弹线后施工，席纹地板弹十字线，人字地板弹分档线，各对称边留空一致，以便圈边。但圈边的宽度最多不大于 10 块地板条。
（3）铺设拼花地板时，宜从中间开始，各房间人员不要过多，铺设第一方或第一趟检查合格后，继续从中央向四周铺钉。
（4）局部错牙，端头不齐在 2 mm 以内者，用小刀锯将该处锯一小缝，按"地板缝不严"的方法治理。
（5）一块或一方地板条偏差过大时，将此方（块）挖掉，换上合格的地板条并用胶补牢。
（6）错牙不齐面积较大不易修补的，可用加深地板油漆的颜色进行处理。
（7）对称两边圈边宽窄不一致时，可将圈边加宽或作横圈边处理。

（六）地板表面戗茬

1．现象
木地板戗茬，出现成片的毛刺或呈现异常粗糙的表面，尤其在地板上油、烫蜡后更为明显。

2．主要原因
（1）电刨刨刃太粗，吃刀太深，刨刃太钝或电刨转速太慢。
（2）电刨的刨刃太宽，能同时刨几根地板条，而地板条的木纹有顺有倒，倒纹易戗茬。
（3）机械磨光时所用砂布太粗，或砂布绷得不紧有皱褶。

3．防治措施
（1）使用电刨时刨口要细，吃力要浅，要分层刨平。
（2）电刨的转速不应小于 4 000 r/min，速度要匀。
（3）机器磨光时砂布要先粗后细，要绷紧绷平，停留时先停转。
（4）人工净面要用细刨认真刨平，再用砂纸打光。
（5）有戗茬的部位应仔细用细刨手工刨平。
（6）如局部戗茬较深，细刨不能刨平时，可用扁铲将该处剔掉，再用相同的材料涂胶镶补。

第四节　塑料地面的施工技术

塑料地面主要包括塑料地板砖地面和塑料地板革地面。塑料地板砖与塑料地板革的主要区别在于材料规格不同和硬度不同。塑料地板砖一般规格较小，以 305 mm×305 mm居多，成箱包装供应，表面较硬；塑料地板革一般较宽，宽度在 2 000 mm 以上，成卷供应，表面较软。当前塑料地板的质量尚存一些问题，新研制的塑料地板质量大大提高，不久即可面市。

虽然同属于塑料地面，但由于材料的不同其地面构造与施工工艺也不尽相同。

一、塑料地面的材料与质量要求

（一）塑料地板砖

施工时按其出厂合格证主要检查长宽尺寸及对角线尺寸是否精确可靠，有无划痕掉角。有拼花的地板砖还要检查花纹图案是否清晰，拼对花纹图案是否精确。

（二）塑料地板革

施工时按其出厂合格证主要检查宽度是否一致，边线是否顺直，厚薄是否均匀，有无划痕，花纹图案是否清晰，拼对花纹图案时是否精确。

（三）胶黏剂

1. 塑料地板常用的胶黏剂见表6-2。

塑料地板常用胶黏剂　　　　　　　　　　　　　　　表6-2

类　　别	胶黏剂名称	主要性能和特点
乙烯类胶黏剂	聚醋酸乙烯乳胶	1. 无毒性、无味、耐老化、耐油、胶接强度高，价格便宜 2. 初粘强度较小
氯丁橡胶型胶黏剂	XY-401胶、404胶 FN-303胶熊猫牌202胶	1. 黏结强度高，初粘力大 2. 施工中须采用有机溶剂（如苯、汽油等） 3. 对人体刺激性较大，有一定毒性，施工中应加强通风防护，价格较贵
环氧树脂胶黏剂	熊猫牌717胶 HN-302胶	1. 黏结强度较高，并具有一定的耐水、耐碱、耐油等性能 2. 有一定毒性，脆性较大，初粘强度不高，价格较贵
聚胺酯—聚异氰酸酯胶黏剂	熊猫牌404胶、405胶 即101胶 JQ-1、2胶	1. 黏结强度较高，胶膜柔韧性好，耐水、耐油、耐老化、成本较低 2. 有一定毒性，施工现场应注意通风 3. 101胶的蓄热性较差，固化速度较慢。固化前对温度、湿度较敏感

类　　别	胶黏剂名称	主要性能和特点
聚乙烯醇类胶黏剂	106胶 107胶	1. 属水乳型胶液，胶的稳定性较好，干后不易潮解，防霉性较好，操作方便，价格较便宜 2. 温度较低时（10℃以下）容易冻结 3. 施工时，基层应润湿
聚氯乙烯塑料胶黏剂	化建—4胶黏剂	1. 初粘力大（粘接后5 min定位），黏结强度高（7 d剪切强度为6 MPa以上）。具有耐水、耐酸、耐碱、耐油、耐冻、耐湿热等性能 2. 除粘接各种聚氯乙烯塑料制品外，对水泥砂浆、混凝土、木材等均可粘接 3. 属溶剂型胶黏剂，有一定毒性，操作时应保证空气流通，并远离火源 4. 价格低于同性能产品，用量为200～250 g/m²，可用丙酮作稀释剂处理基层或清洗胶刷等工具
安全型地板胶 ①水乳丙稀酸压敏胶 ②水乳改性丙烯酸压敏胶 ③水乳丁苯改性胶乳	916安全地板胶 920强力胶	1. 初始强度高，无毒 2. 不易燃不易爆 3. 耐火、耐水、耐酸碱

2. 塑料地板胶黏剂应按下列原则选用：

（1）应考虑胶黏剂与塑料地板的化学成分，不可滥用；

（2）应根据施工条件选择干燥时间适中及初期强度适宜的胶黏剂；

（3）应根据使用条件和施工环境选择水溶型或有机溶剂型胶黏剂；

（4）应根据使用条件选用耐水、耐油、耐酸碱的胶黏剂。

（四）塑料焊条

当塑料地板之间有焊接要求时，应选用含有增塑剂的普通硬焊条或不含增塑剂的圆形、三角形焊条。

二、塑料地面的做法

铺贴塑料地板砖和地板革，要求基层平整、光滑，有一定强度，并用相互配套的胶黏剂粘贴面层。地板也可以不用胶黏剂而整片浮铺，铺塑料地板时，先在地面基层或楼板上抹20 mm厚1:2.5水泥砂浆找平层压平抹光，干硬后，在找平层上和塑料地板背面均匀刷涂XY409地板胶粘剂粘贴，用胶辊轧实，表面擦上光蜡，铺塑料地板革时也可浮铺，在墙角处钉木压条固定。

三、塑料地面的施工工艺

塑料块材地面施工工艺流程为：基层处理→弹线→预铺→刮胶→粘贴地面→粘贴踢

脚板→养护。

塑料卷材地面施工工艺流程：基层处理→松卷→弹线→预铺裁剪→刮胶→粘贴→接缝弹线→接缝切割→接缝粘贴压平。

塑料地面焊接施工工艺流程：基层处理→弹线→预铺→刮胶→粘贴→焊接坡口→施焊→切削→修整。

（一）基层及板块处理

1．水泥砂浆或混凝土基层的质量应满足表6-3要求。

塑料地面对水泥砂浆（含混凝土）基层质量要求　　　　　表6-3

质量要求	基层强度（MPa）	表面起砂	表面起皮起灰	空鼓	表面平整度（mm）	表面光洁度	裂缝	阴、阳角方正度	地面与墙边、柱边的平整度和直角度	油渍、尘灰、砂粒	基层含水率（%）
质量要求	水泥砂浆:15.0 混凝土:20.0	无	无	无	2m靠尺检查不大于2	手模无粗糙感	无	用方尺检查合格	合格	无	不大于8；用刀刻划基层表面灰口发白

2．软质PVC塑料地板宜放在75℃的热水中浸泡10~20 min，使板面松软伸平后，取出晾干待用。半软质PVC塑料地板一般用丙酮:汽油＝1:8混合溶液进行脱胶、除蜡再用。

（二）塑料块材地面施工工艺

1．弹线

根据地面标高和设计要求，在房间基层上弹线分格，以房间中心为中心，弹出相互垂直的两条定位线。定位线有十字型、对角型和T型。然后按板块尺寸，每隔2-3块弹一道分格线，以控制贴块位置和接缝顺直，见图6-15。

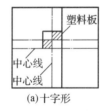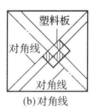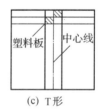

(a)十字形　　　　(b)对角线　　　　(c) T形

图6-15 塑料地板的弹线分格

弹线分格时，注意塑料板的尺寸、颜色、图案的整齐性，距离墙边留出200~300 mm作为镶边。

2．试铺：按弹线及设计预拼花纹，进行试铺。确定镶边块板尺寸进行切割。

镶边板块切割方法见图6-16。在已铺设的地砖上，齐头垫一块白铁皮和一整块砖，再在上面放一整块地砖并抵住墙面，沿另一端压尺割下板A，板A即为填空地砖。

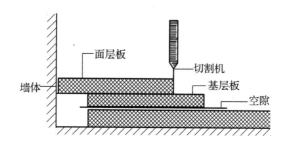

图 6‑16 镶边板块切割示意图

3．刮胶：用水乳型胶黏剂铺塑料地板时，用锯齿形刮板涂胶，见图 6‑17。塑料板背面用硬塑刮板纵涂一遍，晾至不粘手时，用短毛刷横涂一遍，稍干即可铺贴。

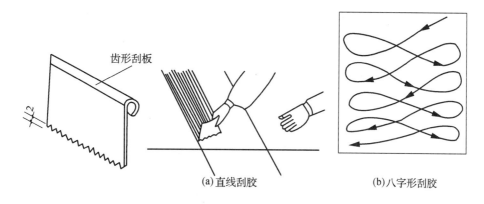

(a) 直线刮胶   (b) 八字形刮胶

图 6‑17 地面基层上刮胶

用溶剂型胶黏剂粘贴时，只在基层上用锯齿形刮板均匀刮胶一道，在常温 10～35 ℃时，静停 5～15 min，不粘手时即可铺贴。

胶黏剂涂层厚度不宜超过 1 mm。一次涂刷面积不宜过大，以免干涸，失去黏结力。

4．铺贴：从十字中心或对角线中心开始，逐排进行。T 形可从一端向另一端铺贴。排缝一般留 0.3～0.5 mm。

铺贴时，双手斜拉塑料板先与分格线或已粘贴好的地板对齐挨紧，再将左端与分格线或已粘好板边比齐，用手按压，随即用橡皮辊从中央向四周滚压，以排除空气。

铺贴中，每粘贴一块，应及时将板缝内挤出的胶液用棉纱清理干净。

5．贴踢脚板：弹踢脚板上皮水平线，按线从阴角开始铺贴，方法同地面。

（三）塑料卷材地面铺贴施工工艺

先按房间的形状和尺寸以及卷材的长度、图案，确定铺贴顺序，选定横向铺贴或纵向铺贴，并将卷材初步裁开。裁截卷材时要考虑拼花搭接长度及施工操作，一般来说若房间不太大，可比房间实铺长度加长 50～100 mm 即可。

1．涂胶黏剂：涂刷胶黏剂时，基层与卷材涂刷厚度要均匀，不能太薄或太厚。一般每斤胶可同时涂基层和卷材约各 3 m²。涂胶后要晾胶，以摸胶面不粘手为宜。一般常温下施工，晾胶时间约 10～20 min。晾后铺贴的卷材黏结力强。

2. 铺贴：按预先弹完的线，四人各提起卷材一边，先放好一端，再顺线逐段铺贴。若离线偏位，立即掀起调整正位放平。放平后用手和滚筒从中间向两边赶平，并排尽气泡。如有个别气泡，可插入细针头将气泡排出，再压实粘牢。

3. 裁缝：卷材边缝搭接不少于 20 mm，沿定位线用钢板直尺压线并用裁刀裁割。一次割透两层搭接部分，撕上下层边条，并将接缝处掀起部分铺平压实、粘牢。

4. 塑料地板的焊接

塑料地板接缝需焊接时，两相邻边切成"V"形槽以增加焊接牢固性，见图 6-18。

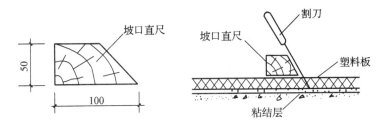

图 6-18 坡口切割

焊条的成分和性能应与被焊塑料地板相同，用等边三角形或圆形焊条。

焊缝冷却至常温，将突出面层的焊包用刨刀切削平整，切勿损伤两边的塑料板面。

四、塑料地面铺贴应注意的问题（详见 GB 50210-2001）

1. 基层清理：基层表面无油污浮沙，含水率应低于 10%，阴阳角要方正，有时可刮腻子填补局部缺陷。旧水泥地面要用铁刷刷洗，去净油污见到新茬后再刮 107 胶水泥浆腻子，用砂纸磨平。新水泥地面表面应洗净，并用 107 胶水泥腻子刮平。

2. 弹线分格要从中心控制线开始向四周延伸。方格尺寸按地板砖尺寸。

3. 刮胶黏剂：采用乳液型胶黏剂时，地板砖和找平层同时都涂胶黏剂，溶剂型胶黏剂只在找平层上涂胶即可，但要涂胶后 5～15 min，手触不粘时再贴地板砖。

4. 铺地板砖时要贴紧，板块下不得存有气泡，用胶辊滚压几遍为宜。胶黏剂涂贴的板面应大于 80%。挤出的多余胶要随时擦净。

5. 铺贴地板砖一般在 2 d 后方可使用。平时应避免 60 ℃以上的物品与地板砖、地板革接触，并应避免一些溶剂洒落在地面上；以防地板砖、地板革起化学反应。

五、常见工程质量问题及其防治

（一）面层空鼓

1. 现象：塑料板面层起鼓，有气泡或边角起翘。

2. 主要原因

（1）基层表面不清洁，有浮尘、油脂等，使基层与板之间形成小的隔离层，影响了胶结效果，造成塑料板面有起鼓现象。

（2）基层表面粗糙，或有凹凸孔隙。粗糙的表面形成很多细孔隙，涂刷胶黏剂时，导致胶粘层厚薄不匀。粘贴后，由于细孔隙内胶黏剂多，其中的挥发性气体将继续挥发，当积聚到一定程度后，就会在粘贴的薄弱部位起鼓或使板边翘起。

（3）涂刷胶黏剂，面层黏结过早或过迟，也易使面层有起鼓、翘边现象。胶黏剂涂刷需掺一定量的稀释剂，如丙酮、甲苯等，待稀释剂挥发后，用手摸胶层表面感到不粘手时再粘贴。如粘贴过早，稀释剂未挥发完，还闷在基层表面与塑料板面之间，积聚到一定程度，就会在面层粘贴的薄弱部位起鼓。面层粘贴过迟，则粘性减弱，也易造成面层空鼓。

（4）粘贴方法不对，粘贴时整块下贴，使面层块板与基层间有空气，排不出，也易使面层起鼓。

（5）在低温下施工，胶黏剂不易涂刮均匀，黏结层厚度增加，影响黏结效果，引起面层空鼓。

（6）胶黏剂质量差或过了使用期，已变质，影响黏结效果。

3．防治措施

（1）基层表面应平整、光滑、无油脂及其他杂物，不得有起砂、起壳现象。麻面和凹处，用水泥拌107胶制成腻子嵌平，凸起的地方应铲平。

（2）涂刷胶黏剂，应待稀释剂挥发后再粘贴。铺贴时一般应先涂刷塑料板粘贴面，后涂刷基层表面。塑料板粘贴面上胶黏剂应满涂，四边不要漏涂，确保边角粘贴密实。

（3）塑料板铺贴应在环境温度不低于15℃、相对湿度不高于70%下进行施工。

（4）铺贴方向应从一角或一边开始，边粘贴边用手抹压，将粘贴层中的空气全部挤出。铺贴过程中，不得用手拉抻塑料板，当铺贴好一块后，还应用橡皮锤从中心向四周轻轻拍打，排除气泡，以增强粘贴效果。

（5）严禁使用变质的胶黏剂。

（6）起鼓的面层应沿四周焊缝切开后予以更换。基层应做认真清理，用铲子铲平，四边缝应切割整齐。新贴的塑料板在材质、厚薄、色彩等方面应与原来的塑料板一致。待胶黏剂干燥硬化后再行切割拼缝，并进行拼缝焊接施工。

（二）表面不平呈波浪形

1．现象：塑料地板铺贴后表面平整度差，目测表面呈波浪形。

2．主要原因

（1）基层表面平整度差，有凹凸不平等现象。

（2）操作人员在涂刮胶黏剂时，用力有轻有重，使涂刮的胶黏剂有明显的波浪形。在粘贴塑料板时，胶黏剂内的稀释剂已挥发，胶体流动性差，粘贴时不易抹平，使面层呈波浪形。

（3）胶黏剂在低温下施工，不易涂刮均匀，流动性和黏结性差，胶粘层厚薄不匀，铺贴后就会出现明显的波浪形。

3．防治措施

（1）严格控制粘贴基层的表面平整度，对凹凸度大于±2 mm的表面要作平整处理。

（2）使用齿形刮板涂刮胶黏剂时，胶层的厚度薄而均匀。涂刮时，基层与塑料板粘贴面上的涂刮方向应纵横相交，铺贴面层时，粘贴面的胶层均匀。

（3）施工时，温度应控制在15～30℃，相对湿度应不高于70％。

（4）修补方法可参照"面层空鼓"处理方法。

（三）翘曲

1．现象：面层发生翘曲变形。

2．主要原因

（1）塑料板本身收缩变形翘曲。

（2）胶黏剂与塑料板材不配套。

（3）因气温过低、过高，胶黏剂黏结力减弱。

3．防治措施

（1）选择不翘的产品；卷材应松卷摊平静置3～5 d后再使用。

（2）应选择与塑料板材成分、性能相近的胶黏剂。

（3）施工气温应保持在10℃左右、且不得低于5℃；高温或低温季节，涂胶后手触胶面不感到粘手后要立即粘贴，以防干涸。

（四）错缝

1．现象：缝格不顺直。

2．主要原因

（1）板材尺寸不标准，直角度差。

（2）铺贴方法不当。

3．防治措施

（1）按标准选材，剔除几何尺寸和直角度不合格的产品。

（2）铺贴时，隔几块就要按控制线铺贴，消除累计误差。

（五）凹陷

1．主要原因

（1）胶黏剂中的溶剂使塑料地板软化。

（2）基层局部不平。

2．防治措施

（1）选用不使塑料地板砖软化的胶黏剂，并先做试验，合格后方可使用。

（2）基层凹陷处应填平修整。

（六）焊缝焦化或脱焊

1．现象：焊缝烧焦，或焊条融化物与塑料板黏结不牢，有脱落现象。

2．主要原因

（1）焊条质量差。

（2）焊接操作未控制好。

3．防治措施

（1）选用与塑料地板配套的焊条。

（2）施焊前选择合适的焊接参数，先小块试焊，其焊缝经检验合格后方可正式焊接。施焊过程中，还需试焊，进行检验，以保证焊缝质量。

（七）褪色、污染、划伤

1．主要原因

（1）块材颜色稳定性差。

（2）胶液未擦净。

（3）因钉鞋或硬物造成损伤。

2．防治措施

（1）选择颜色稳定性好的块材。

（2）每粘贴一块，用棉纱擦除胶污；铺贴完毕，用溶剂全面擦拭一遍。

（3）严禁穿钉鞋操作，避免硬物划伤表面。

第五节　涂布地面的施工技术

一、材料与质量要求

涂布地面所用的材料是地面涂料，目前国产地面涂料有 50 多种，有单色和复色，颜色丰富，可以分块分色，也可以印花组成各种图案。

涂布地面具有适应性强、价格低廉、花色品种多、施工简便等特点，尤其对旧水泥砂浆面层的装饰改造最为适宜。而且，由于地面涂料的物理性能不同，涂布地面还可满足除装饰外的其他要求。有的涂料具有弹性，松软舒适、隔声减震；有的涂料耐酸碱腐蚀、耐油污。对于洁净室、精密仪器室、计算机房、客轮等要求绝缘、防静电的房间，使用涂布地面尤佳。涂布地面可避免水泥砂浆地面的冷、硬、裂、起灰等缺陷。涂于木地板则有良好的保护作用，对室内环境有明显的改善。地面涂料的品种有聚氨酯弹性彩色地面涂料、（BS‐707）苯乙烯丙烯酸酯地面涂料、PG‐838 丙烯酸彩色地面涂料、BT‐02 苯乙烯丙烯酸酯地面涂料、777 型水性地面涂料（聚乙烯醇类）、S80‐31 聚氨酯地板漆等。

涂布地面的基层要批刮腻子。腻子的配制要和所有地面涂料相配套。一般用滑石粉、熟石灰等按比例加水或加涂料配制。

二、涂布地面的做法

基层构造做法和塑料地面相同，找平层应平整坚硬。涂布地面的面层做法应根据采用的地面涂料不同有所区别。涂刷的遍数从 2 遍到 9 遍不等。厚质复合层地面涂料或弹性地面涂料涂刷 3 遍即可。

1．普通涂料地面:基层干燥后刮 107 胶水泥腻子,干后打磨平整,涂料刷 2～3 道即完成。

2．厚质涂料地面：基层清理干净平整,干燥后刮腻子（也可不刮腻子）,刷涂料结合层、中间层和罩面层。总厚度可达 2.0～3.0 mm。聚氨酯彩色弹性地面的做法：先刷一遍聚氨酯涂料结合层；干后刷中间层（也称骨架层）,用聚氨酯彩色涂料刷 2～3 道,干后可刻花、轧花,用砂纸打磨后再刷一道聚氨酯清漆罩光,干硬后打蜡即完成。厚质涂料地面的各层涂料要相互匹配。

三、涂布地面的施工工艺

（一）工艺流程

不同的地面涂料有不同的施工工艺,但主要工序基本相同,其施工工艺流程为：基层处理→批刮腻子→刷底层涂料→打砂纸→刷面层涂料→刷罩光面层涂料或打蜡。

（二）施工操作方法和注意事项

1．基层处理

用钢丝刷除去残留砂浆、积灰、油渍及其他污物,用溶剂擦洗,用水冲净。旧水泥地面油污过多时,用碳酸钠溶液擦洗,用水冲净。批刮腻子、修补、抹平缺陷,铲平凸起部分。打一遍砂纸,用湿抹布将浮灰除净,达到基层平整清洁。

2．面层涂料刷涂

刷头蘸涂料,刷子横向刷漆。干后,刷第二遍涂料,刷子纵向刷漆。刷涂时每刷长度不得超过 1 m,不能多次往复涂刷。要根据涂料品种性能进行涂刷,室温应在 5 ℃ 以上,每遍涂刷间隔时间应按涂料产品说明执行。涂料的稠度要适当,过稠要加稀释剂稀释,涂刷前要把涂料搅拌均匀。施工时,注意劳动保护,加强室内通风、防火,完工后要保护环境,防风沙,防污染。制作图案分格分块要先弹线,涂刷要靠线,一种色块涂完待固化后,再涂另一种色块,以免颜色互相渗透、模糊。

四、几种典型地面涂料的施工工艺

（一）环氧树脂类地面涂料施工工艺

1．工艺流程:基层处理→刷地层涂料→批刮腻子→刷中层涂料→刷面层涂料→罩光清漆。

2．施工要点:

(1)用加入固化剂的树脂溶液,将地面满涂一遍。

(2)第二天找补腻子,把基层上的孔眼、裂缝嵌平。

(3)将涂料均匀倒在基层上,用刮板平稳地摊平,涂层厚度 1.0～1.5 mm。涂刷方向,通常从室内推向门口方向,一次配料不宜太多,以 5 kg 为宜。可做成类似大理石花纹。涂刷后,应保持清洁,防止污染。夏天 4～8 h 可固化,冬天则要 1～2 d 才能固化。

(4)在已固化好的表面上,涂刷一层不加溶剂的环氧树脂清漆,以提高其耐污染性,静置固化 7 d 以上。

(5)交付使用前,打蜡上光,提高装饰效果和耐污染性。

(二)聚氨酯弹性地面涂料施工工艺

1.工艺流程

基层处理→涂刷底涂料→批刮腻子修补→刮头遍厚涂料→刮二遍厚涂料→刷罩面涂料。

2.施工要点

(1)聚氨酯弹性地面的施工方法同环氧树脂涂料地面。

(2)施工时,将涂料倒入画好的方格内,用胶皮刮板刮平、抹光。施工顺序由内向外,减少接茬。两周后可交付使用。

(3)聚氨酯有毒,施工时要戴口罩、手套,切忌溅入眼内。施工现场严禁烟火,并应有良好的通风。

(4)施工完毕,及时将工具用二甲苯清洗干净,并用醋酸乙酯将手上的污物擦净,再用肥皂水洗净。

五、常见工程质量问题及其防治

(一)表面粗糙、有疙瘩

1.主要原因

(1)混凝土或抹灰基层表面污物未清理干净;凸起处未处理平整,砂纸打磨不够或漏磨。

(2)工具未清理干净,有杂物混在材料中。

(3)操作现场周围有扬尘或污物,落在刚涂刷的表面上。

(4)混凝土或抹灰基层表面太干燥,施工环境温度较高。

2.防治措施

(1)基层表面污物应清理干净,特别是混凝土或抹灰的接茬棱印,要用铁铲或电动砂轮磨光;腻子疤等凸起处要用细砂纸打磨平整。

(2)使用的材料要过筛,保持材料清洁,所用的工具和操作现场也应洁净,以防止污物混入材料内。

(3)基层表面太干燥,施工现场温度太高时,可使用较稀的涂料涂饰。

(4)基层表面粗糙时,可用细砂纸打磨光滑,或用铲刀将小疙瘩铲除平整,并用较稀的涂料修饰一遍。

(二)起皮、涂膜部分开裂或有片状的卷皮

1.主要原因

(1)混凝土或抹灰基层表面太光滑,或有油污、尘土、隔离剂等未清除干净,涂膜附着不牢固;涂料粘性太小;涂膜表面厚,容易起皮。

(2)基层腻子粘性太小,而涂膜表层粘性太大,形成外硬里软的状态,涂膜遇潮湿,表层开裂卷皮。

2.防治措施

(1)混凝土基层表面的灰尘应清理干净,如有隔离剂、油污等,应用5%－10%烧碱溶液刷1～2遍,再用清水洗净。

(2)涂刷层不宜太厚,只要盖住基层,涂膜丰满即可。

(3) 基层聚合物浆的粘性不能太小,而涂膜表层粘性也不能太大,以聚合物浆有较强的附着力,涂膜又不掉粉为宜。

(三)腻子裂纹

1.主要原因

(1)腻子粘性小,稠度大。

(2)凹陷较大时,刮抹的腻子有半眼、蒙头等缺陷,造成腻子不生根或一次抹腻子太厚,形成干缩裂纹,甚至脱落。

2.防治措施

(1)调制腻子时,稠度要适合,胶液应略多些。

(2)基层表面尤其是凹陷处,要清理干净,并涂一遍胶黏剂,以增加腻子的附着力。

(3)半眼、蒙头腻子必须挖除,处理后再分层刮腻子,直至平整。

(四)腻子翻皮、翘起或呈鱼鳞状皱褶

1.主要原因

(1)腻子粘性较小或过稠。

(2)混凝土或抹灰基层的表面有灰尘、隔离剂、油污等。

(3)在很光滑的表面及在表面温度较高的情况下刮抹腻子。

(4)腻子刮得过厚,基层过于干燥。

2．防治措施

(1)调制腻子时加入适量胶液。

(2)混凝土或抹灰基层表面的灰尘、隔离剂、油污等必须清除干净。

(3)基层表面较光滑时,要涂一遍胶黏剂,再刮腻子。

(4)每遍腻子不宜过厚,不可在潮湿或高温的基层上刮腻子。

第六节　活动地板的施工技术

活动地板又名装配式地面,是一种架空地面。由面板块、桁条（龙骨）、可调支柱、底座组合而成,见图6－19。也可不设桁条,面板块直接安装在可调支柱上,见图6－20。

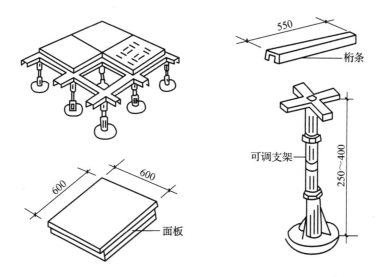

图 6-19 活动地板构造

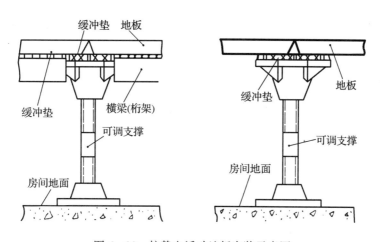

图 6-20 抗静电活动地板安装示意图

活动地板的面板有抗静电和不抗静电两种,构造上分为有桁条和无桁条两种。面板材质有铝合金、不锈钢压型板或铝合金框表面贴、全塑板或高压刨花板表面贴塑装饰面等。

地板与楼面之间的高度,一般为 250～1 000 mm。架空之间可敷设各种电缆、管线、空调送风。面板可设通风口。具有平整、光洁、装饰性好,预制、安装、拆卸方便等优点。适用于仪表控制室、计算机房、变电控制室、广播室、电话交换机房、洁净室、自动化办公室等房间。

一、材料与质量的要求

1.活动地板:地板基体应无开裂,面层与基体无脱胶。活动地板的规格和技术性能见表 6-4。

名　　称	说　　明	规格(mm)	技术性能
SJ-6 型升降地板	由可调支架、桁条、面板组成。面板底面用合金铝板,四周由 25♯角钢锌板作加强,中间由玻璃钢浇制成空心夹层,表面由聚酯加抗静电剂、填料制成的抗静电塑料贴面	品种: 普通抗静电地板、 特殊抗静电地板 板面尺寸: 600×600、500×500 板厚:30 支架可调高度 230～350	电性能: 系统电阻 SJ-6Ⅱ05—108(Ω) SJ6Ⅲ1010—1014(Ω) 机械性能: 均布载荷:1 200 kg/m², 集中载荷:300 kg/m² 阻燃性:自熄
活动地板	由铝合金复合石棉塑料贴面板块、金属支座等组成。塑料贴面块分防静电和不防静电两种。支座由钢铁底座、钢螺杆和铝合金托组成	面板尺寸 450×450×36 465×465×36 500×500×36 支座可调范围 250～400	面板剥离强度(MPa):5 均布荷载,≤1 200 kg/m² 集中荷载:300 kg/m² 防静电固有电阻: 1.0×10⁶～1.0×10¹⁰ Ω

2.可调支柱:支柱应有足够的刚度和强度,可调部分灵活,不锈蚀。

3.桁条:尺寸准确,刚度强度符合设计要求,桁条纵横之间、桁条与立柱之间连接简便、稳妥、牢固。

4.底座:底座应有一定的重量以增强其稳固性。底座的底面应平整稳固并与地面之间有足够的摩阻力。

二、活动地板的做法

1.在底层地面设活动地板

在底层地面设活动地板时,底层地面的构造做法仍然是常规做法,表面为水泥砂浆抹面,抹平压光,待干硬后放线安装活动地板支柱和纵横桁条,表面铺活动地板,活动地板架空高度由设计确定。

2.在楼面上设活动地板

在楼面上设活动地板的做法:先在楼板上用 1:2 水泥砂浆抹面找平,干硬后安装活动地板。

三、活动地板的施工工艺

施工工艺流程为:基层处理→弹线支柱定位→拉线目测水平→固定支柱(架)和底座→安装桁条(龙骨)→仪器找平、调平→铺设活动地板。

1.弹线:按设计要求,在基层上弹出支柱(架)定位方格十字线,测量底座水平标高,在墙面四周弹好水平线。

2.在十字线交点固定底座。

3.安装支柱:按支柱顶面标高,纵横方向拉水平通线,调整支柱顶面标高,用水平尺校准支柱托板,锁紧顶面活动部分。

4.安装桁条(龙骨):支柱顶面调平后,弹安装桁条线,从中央开始安装桁条。安装完毕,测量桁条水平度、方正度,各种管线就位。

5.安装活动地板:在桁条上,按面板尺寸弹出分格线,按线安装面板,调整好尺寸,使之顺直,缝隙均匀。面板与墙缝隙用泡沫塑料条填实,活动地板安装表面要平稳,不起翘,通风孔板块就位准确。

6.活动地板的施工多数由地板生产厂家的专业施工队进行,质量有保证。

四、安装活动地板注意事项

1.一般活动地板表面可打蜡;而抗静电地板(计算机房、电动机房等)切忌打蜡。

2.地板上放置重物处,其地板下部应加设支架。

3.金属活动地板要有接地线,以防静电积聚和触电。

4.活动地板上皮应尽量与走廊地面保持一致,以利设备的进出。

5.活动地板下有管道设备时,应先铺设管道设备,再安装活动地板。

五、常见工程质量问题及其防治

(一)相邻两块高低不平

1.主要原因

面板薄厚不一致;可调支柱钢头不平。

2.防治措施

严格选料,剔除不合格面板、钢头;同一房间选用厚度相同的板块。

(二)板面不实,行走时有响声

1.主要原因

可调支柱顶面标高不一致,桁条不平。

2.防治措施

桁条安装后,应测量其上表面同一水平度和平整度,使之在同一标高。

(三)错缝

1.主要原因

(1)面板尺寸不标准,直角度差;

(2)板条受潮,含水率过高;

(3)企口榫太松。

2.防治措施

(1)同一房间应选用尺寸相同的面板;

(2)地板条的含水率一般不大于12%;

(3)安装最后一块地板条时,可将其刨成略有斜度,以小头插入并楔紧。

（四）铺贴房间面层出现大小头

1．主要原因

(1)房间本身平面尺寸不方正；

(2)受铺放面板缝隙影响。

2．防治措施

(1)作内墙抹灰时，房间的纵横净尺寸应调整一致；

(2)铺面板时，严格按施工弹线控制，缝隙应一致。

第七节　地毯的铺设施工技术

地毯的铺设一般有两种方法：固定式和不固定式。

一、材料与质量的要求

1．地毯

在选用地毯材时，应充分考虑其使用场所、施工方式、材料尺寸、花色、价格、耐用度、美观等因素。具体地讲，应注意以下环节：

(1)基本条件的满足：如防火、防静电性能；

(2)根据具体环境及各种要求，选择功能相配的地毯品种；

(3)配合室内设计，构筑和谐美观的气氛。

常采用的地毯种类有纯毛地毯、混纺地毯、合成纤维地毯、橡胶绒地毯、塑料地毯等，根据要求选用。

2．胶黏剂

常用胶黏剂由天然乳胶和增稠剂、防霉剂配制而成。黏结力强，要与地毯材质相匹配。

3．夹板倒刺板

在 4～6 mm×24 mm×1 200 mm 三合板条上斜钉两排铁钉作固定地毯用，见图 6－21。

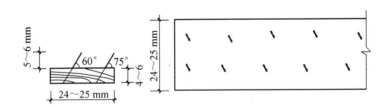

图 6－21　夹板倒刺板

二、地毯的铺设方式及细部处理

1．固定式：一种是用倒刺板固定。即在房间四周钉倒刺板，将地毯背面挂住固定，或用钢钉压条固定。压条固定多用于弹性地毯。另一种是粘贴，将地毯用胶黏剂粘贴在找平层地面上。粘贴法多用于单层地毯。再一种是用铝合金压条固定，将 21 mm 宽的一面用螺钉固定在地面内,再将地毯毛边塞入 18 mm 宽的一面口内,将弹起的压片轻轻敲下,压紧地毯,见图 6–22。

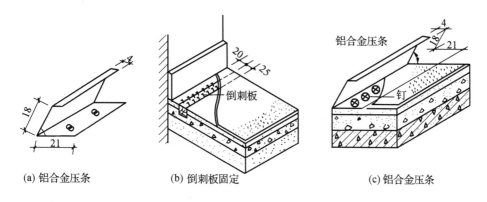

(a) 铝合金压条   (b) 倒刺板固定   (c) 铝合金压条

图 6–22　地毯地面固定方法

2. 不固定式:将地毯裁边、黏结拼成一整块,直接摊铺在地面上。拼缝下衬一条 100 mm宽麻布条粘贴,对齐压平。用胶量 0.8 kg/m²。

3. 地毯在门口或与其他材料相交接处的处理方法,可用铝合金"L"形倒刺收口条和铝合金压条固定,见图 6–23。

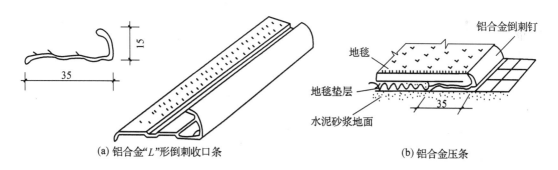

(a) 铝合金"L"形倒刺收口条   (b) 铝合金压条

图 6–23　地毯收边处理

三、铺设工艺

地毯铺设的工艺流程为:

固定式:清理基层→裁割地毯→钉倒刺条板→接缝缝合→铺设→修整清洁。

不固定式:清理基层→裁割→接缝缝合→铺贴→清洁

1. 裁割

裁割地毯按房间尺寸加长 20 mm 下料。地毯宽度应扣除地毯边来计算。

大面积地毯用裁边机裁割,小面积地毯用手工裁刀,从地毯背面裁切,植绒地毯应从环毛的中间切开,将裁好的地毯卷起编号备用。

2. 固定

沿墙边和柱边用钉子固定倒刺板,倒刺板距踢脚板下皮 8 mm,钉距300～400 mm,见

图 6 - 24。

楼梯踏步处地毯的铺设固定有三种做法：一种是用倒刺板固定，见图6－25；第二种是用胶黏剂粘贴固定；第三种是在踏步阳角处用压条固定，阴角用压毯圆管（铜、不锈钢）两端穿套环固定。

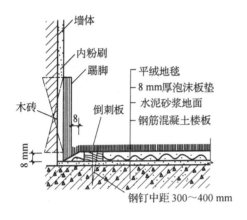

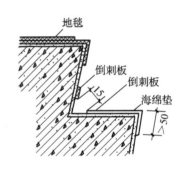

图 6 - 24　倒刺板安装　　　　图 6 - 25　踏步地毯固定

3.拼缝

纯毛毯的拼缝有两种方法：一种是在地毯背面对齐接缝，用直针缝合结实，再在缝合处涂刷 50～60 mm 宽的一道白胶，黏结牛皮纸或麻布条。另一种是用塑料带纸黏结保护接缝，再将正面铺平，用弯针在接缝处做绒毛密实的缝合修饰。

化纤地毯，一般有麻布衬底。先在地面上弹一条直线，沿线铺一条麻布带，带上涂胶黏剂，将地毯拼上，接缝对齐、粘平。

4.铺设

第一种方法是，将地毯就位，先固定一遍，用大撑子承脚顶住对面墙和柱，用扒齿扒住地毯，安装连接管，通过撑头杠杆伸缩，将地毯张拉平整。

第二种方法是，先将地毯的一长边固定在沿墙倒刺板条上，地毯毛边塞入踢脚板下面空隙内，然后用小地毯撑子置于地毯上，从一个方向向另一长边推移，使地毯拉平拉直。接着将地毯另一长边固定在倒刺板上，割掉多余部分。最后再用同样方法固定短边。

5.修整、清洁

铺设完毕，修整后将收口条固定，最后用吸尘器清扫一遍。

四、常见工程质量问题及其防治

(一)卷边、翻边

1.现象：地毯边缘翻卷。

2.主要原因

(1)地毯固定不牢。

(2)黏结不牢。

3.防治措施

(1)墙边、柱边应钉好倒刺板,用以固定地毯。

(2)黏结固定地毯时,选用优质地板胶,刷胶要均匀,铺贴后应拉平压实。

(二)表面不平,打皱、鼓包

1.现象:地毯铺设不平整,有皱褶、鼓包现象。

2.主要原因

(1)地面本身凹凸不平。

(2)铺设时两边用力或用力快慢不一致,使地毯摊开过程中方向偏移,地毯出现局部皱褶。

(3)地毯铺设时未绷紧,或烫地毯时未绷紧。

(4)地毯受潮后出现胀缩,造成地毯皱褶。

3.防治措施

(1)地面表面不平面积不应大于 4 mm^2。

(2)铺设地毯时,必须用大撑子撑头,小撑子或专用张紧器张拉平整后方可固定。

(3)铺设后应避免地毯受潮。

(三)显露拼缝,收口不顺直

1.现象:地毯搭接缝隙明显,收口不平顺。

2.主要原因

(1)接缝绒毛未做处理。

(2)收口处未弹线,收口条不顺直。

(3)地毯裁割时,尺寸有偏差或不顺直,使接缝处出现细缝。

(4)烫地毯时,未将接缝烫平。

3.防治措施

(1)地毯接缝处用弯针操作使绒毛密实缝合。

(2)收口处先弹线,收口压条钉直。

(3)根据房间尺寸裁割,不得偏小或偏大。

(4)烫地毯时,在接缝处应绷紧拼缝,严密后再烫平。

(四)发霉

1.现象:地毯表面有霉污点。

2.主要原因

(1)首层地面未做防潮处理。

(2)地面铺地毯时含水率过大。

3.防治措施

(1)首层地面必须做防水层防潮。

(2)地面含水率不得大于8%。

第八节　地面工程施工质量要求与检验方法

现将国家制定的地面工程施工质量标准摘录如下：

一、基层工程

1.基土必须均匀密实,填料的土质必须符合设计要求和施工规范规定。

2.垫层、构造层（保温层、防水、防潮层、找平层、结合层）的材质、强度（配合比）、密实度等必须符合施工规范规定。

3.防水(潮)符合地下防水工程有关规定,必须与墙体、地漏、管道、门口等处结合严密,无渗漏。

4.基层表面的允许偏差和检验方法见表6-5。

基层表面的允许偏差和检验方法表　　　　表6-5

项目	允许偏差(mm)								检验方法
	基土	垫层				找平层			
	土	砂砂石碎(卵)石碎砖	灰土三合土炉渣混凝土	毛地板		用水泥砂浆做结合层,铺设板块面层及防水层	用胶黏剂做结合层铺设拼花木板、塑料板、硬质纤维板面层	用玛蹄脂做结合层,铺设地漆布、拼花木板、板块、硬质纤维板	
				地漆布、拼花木板面层	其他种类面层				
表面平整度	15	15	10	3	5	5	2	3	用2m靠尺和楔形塞尺检查标高
标高	0	±50	±20	±10	±5	±8	±4	±5	用水准仪检查
坡度	不大于房间相应尺寸的2/1 000,且不大于30								用坡度尺检查
厚度	在个别地方不大于设计厚度的1/10								尺量检查

二、整体楼、地面工程

1. 各种面层的材质、强度（配合比）和密实度必须符合施工规范规定。

2. 面层与基层的结合必须牢固无空鼓。

3. 整体楼面、地面工程的质量要求及检验方法见表6-6。

整体楼面、地面工程质量要求及检验方法 表6-6

项 目			质量要求	检查方法
面层表面质量	水泥砂浆面层	合格	表面无明显脱皮和起砂等缺陷，局部虽有少数细小收缩裂纹和轻微麻面，但其面积不大于800 cm²，且在一个检查范围内不多于2处	观察检查
		优良	表面洁净，无裂纹、脱皮、麻面和起砂等现象	
	水磨石面层	合格	表面基本光滑，无明显裂纹和砂眼，石粒密实，分格条牢固	观察检查
		优良	表面光滑、无裂纹、砂眼和抹纹；石粒密实，显露均匀，颜色图案一致，不混色，分格条牢固，顺直和清晰	
	107胶水泥色浆涂抹面层合格	优良	表面基本光滑，无抹纹和裂纹	观察检查
		优良	表面光滑，颜色协调，无抹纹和裂纹	
地漏和供排除液体用的带有坡度的面层的质量		合格	坡度满足排除液体要求，不倒泛水，无渗漏	观察或泼水检查
		优良	坡度符合设计要求，不倒泛水，无渗漏，无积水；与地漏（管道）结合处严密平顺	
踢角线的质量		合格	高度一致，与墙面结合牢固，局部空鼓长度不大于400 mm，且在一个检查范围内不多于2处	用小锤轻击、尺量和观察检查
		优良	高度一致，与墙厚度均匀，与墙面结合牢固，局部空鼓长度不大于200 mm，且在一个检查范围内不多于2处	
楼梯踏步和台阶的质量		合格	相邻两步宽度和高度差不超过20 mm，齿角基本整齐，防滑条顺直	观察或尽量检查
		优良	相邻两步宽度和高度差不超过10 mm，齿角整齐，防滑条顺直	
楼地面镶边的质量		合格	各种面层邻接处的镶边用料及尺寸符合设计要求和施工规范规定	观察或尺量检查
		优良	各种面层邻接处的镶边用料及尺寸符口设计要求和施工规范规定；边角整齐光滑，不同颜色的邻接处不混色	

4. 整体楼、地面面层的允许偏差和检验方法见表6-7。

整体楼面、地面面层的允许偏差及检验方法 表6-7

项 目	允许偏差（mm）					检验方法
	细石混凝土、混凝土（原浆抹面）	水泥砂浆	普通水磨石	高级水磨石	107胶水泥色浆涂抹	
表面平整度	5	4	3	2	3	用2 m靠尺和楔形塞尺检查
踢脚线上口平直	4	4	3	3	3	拉5 m线，不足5 m拉通线和尺量检查
缝格平直	3	3	3	2	2	

三、木质楼、地面工程

1. 木质板楼、地面工程质量要求及检验方法见表 6‑8。

木质板楼、地面面层的质量要求及检验方法 表 6‑8

项　目			质量要求	检查方法
木质板面层表面质量	长条、拼花硬木地板面层	合格	面层刨平磨光，无明显刨痕、戗茬；图案清晰，清油面层颜色均匀	观察、手摸和脚踩检查
		优良	面层刨平磨光，无刨痕、戗茬和毛刺等现象；图案清晰；清油面层颜色均匀一致	
	薄木地板面层	合格	面层刨平磨光，无明显刨痕、戗茬，板面无明显翘鼓	观察、手摸和脚踩检查
		优良	面层刨平磨光，无刨痕、戗茬，板面无翘鼓	
	硬质纤维板面层	合格	图案尺寸符合设计要求，板面无明显翘鼓	观察、手摸和脚踩检查
		优良	图案尺寸符合设计要求，板面无翘鼓	
木质板面层板间接缝的质量	木板面层	合格	缝隙基本严密，接头位置错开	观察、手摸和脚踩检查
		优良	缝隙严密，接头位置错开，表面洁净	
	拼花木板面层	合格	接缝对齐，粘、钉严密	观察检查
		优良	接缝对齐，粘、钉严密；缝隙宽度均匀一致，表面洁净，黏结无溢胶	
	硬质纤维板面层	合格	接缝均匀，无明显高差	观察检查
		优良	接缝均匀，无明显高差，表面洁净，黏结面层无溢胶	
踢脚线的铺设		合格	接缝基本严密	观察检查
		优良	接缝严密，表面光滑，高度、出墙厚度一致	

2. 木质板楼、地面面层的允许偏差和检验方法见表 6‑9。

木质板楼、地面面层的允许偏差和检验方法 表 6‑9

项　目	允许偏差（mm）					检验方法
	木龙骨	硬木长条木板	拼花木板	薄木板	硬质纤维板	
表面平整度	3	2	2	2	2	用 2m 靠尺和楔形塞尺检查
踢脚线上口平直	—	3	3	3	3	拉 5m 线，不足 5m 拉通线和尺量检查
板面拼缝平直	—	3	3	3	3	拉 5m 线，不足 5m 拉通线和尺量检查
缝隙厚度不大于	—	0.5	0.2	0.2	2	尺量检查

四、活动地板

1．活动地板的支柱（架）、桁条的型号、规格、材质均必须符合设计要求。

2．活动地板的支柱（架）位置正确，顶面标高一致；桁条连接必须牢固、平直、无松动和变形。

3．板块面层必须铺贴牢固、无松动、无空鼓（脱胶）、曲翘。

4．活动地板质量要求和检验方法见表 6-10。

活动地板质量要求及检验方法表　　表 6-10

项　目		质量要求	检验方法
板块面层表面质量	合格	色泽均匀，粘、钉基本严密，板块无裂纹、掉角、缺棱等缺陷	观察检验
	优良	图案清晰，色泽一致，周边顺直，粘、钉严密，板块无裂纹、掉角和缺棱	
接缝质量	合格	接缝均匀无明显高差	观察检验
	优良	接缝均匀一致，无明显高差，表面洁净，黏结面层无溢胶	
踢脚线铺设质量	合格	接缝基本严密	观察检验
	优良	接缝严密，表面光洁，高度、出墙厚度一致	

5．活动地板的支柱（架）和面层的允许偏差和检验方法见表 6-11。

活动地板支柱（架）面层允许偏差及检查方法　　表 6-11

项　目	允许偏差（mm）	检验方法	项　目	允许偏差（mm）	检验方法
支柱（架）顶面标高	±4	用水平仪检查	板面缝隙宽度	0.2	尺量检查
板面平整度	2	用 2m 靠尺和楔形塞尺检查	大于踢脚线上口平直	3	拉 5m 线，不足 5m 拉通线和尺量检查
板面拼缝平直	3	拉 5m 线，不足 5m 拉通线和尺量检查			

五、地毯铺设

1．地毯的品种、规格、色泽、图案应符合设计要求，其材质应符合现行有关材料标准和产品说明书的规定。

2．地毯表面应平整、洁净、无松弛、起鼓、皱褶、翘边等缺陷。

3．地毯接缝黏结应牢固、接缝严密，无明显接头、离缝。

4．颜色、光泽一致，无明显错花、错格现象。

5．地毯四边与倒刺板嵌挂牢固、整齐。门口、进口处收口顺直，稳固。

6．踢脚板处塞边严密，封口平整。

复习题

1．楼地面装饰装修的一般要求有哪些？

2．简述石材及陶瓷地砖地面的施工工艺。

3．木地面有哪些铺贴种类？

4．简述复合木地板的施工工艺。它与有龙骨实铺木地面有哪些不同点？

5．木地面常见的工程质量问题有哪些？

6．木地面表面不平整的主要原因是什么？如何防治？

7．安装活动地板有哪些注意事项？

8．简述地毯铺设的施工工艺。

9．整体楼面、地面工程各部位工程质量的检查、检验方法有哪些？

第七章 其他装饰装修配件施工技术

其他装饰主要是指上文没有论述的部分及建筑物中某些部位的装饰，如各类不同材料门窗及其附件、柱装饰、隔墙装饰、花墙装饰、窗帘盒、暖气罩、栏杆台阶等，它们的施工工艺基本上与内外墙装饰相同，此处仅介绍一些不同的施工要点。

第一节 木门窗制作与安装施工技术

一、概述

门窗是建筑物的重要组成部分，既有功能作用又有美学作用。

(一) 门窗的作用

门是人们进出房间和室内外的通道口，兼有采光和通风的作用。窗的主要作用是采光、通风。门窗在建筑立面造型、比例尺度、虚实变化等方面同样有着重要作用。对门窗的具体要求应根据不同的地区、不同的建筑特点、不同的建筑等级等有较详细和具体的规定，应满足防水、防火、防风沙、隔声、保温等方面的要求。

(二) 制作门窗所用的材料

制作门窗所用的材料有木材、铝合金、塑料等。为了节省木材、保护环境，一般外窗严禁使用木材。铝合金门窗具有关闭严密、质轻、耐久、美观、不腐蚀、不需要油漆涂刷等优点，但造价高。塑料门窗质轻、关闭严密、美观光洁，不需要油漆涂刷、耐腐蚀、导热系数小。型材内腔如加上钢衬筋，也称塑钢门窗。其刚度完全可以满足门窗的力学性能要求，是我国大力推广的一种门窗材料。尽管造价偏高些，随着生产的不断扩大，达到经济规模时，造价会逐渐降低。而且从平时维修少的情况考虑，其综合经济效益还是较好的。尤其是塑料的原材料充足，塑料门窗的应用将会越来越普遍。

门窗用玻璃为普通平板玻璃，厚度为 $3\sim5\,mm$，平板玻璃的透光率与厚度关系见表 7-1；平板玻璃尺寸范围见表 7-2；最大允许面积见表 7-3、7-4。

普通平板玻璃的透光率

表 7-1

厚度/mm	透光率/%
2	88
3~4	86
5~6	82

普通平板玻璃尺寸（mm）

表 7-2

厚度	长度		宽度	
	最小	最大	最小	最大
2	400	1 300	300	900
3	500	1 800	300	1 200
4	600	2 000	400	1 200
5	600	2 600	400	1 800
6	600	2 600	400	1 800

四边支撑普通浮法玻璃的最大许用面积（单位：m²）

表 7-3

风荷载标准值/KPa	普通浮法玻璃厚度						
	3 mm	4 mm	5 mm	6 mm	8 mm	10 mm	12 mm
0.75	1.92	3.23	4.82	6.70	8.49	11.68 *	15.27 *
1.00	1.44	2.42	3.62	5.03	6.37	8.76	11.45 *
1.25	1.15	1.94	2.89	4.02	5.09	7.00	9.16
1.50	0.96	1.61	2.41	3.35	4.24	5.84	7.63
1.75	0.82	1.38	2.07	2.87	3.64	5.00	6.54
2.00	0.72	1.21	1.81	2.51	3.18	4.38	5.72
2.25	0.64	1.07	1.61	2.23	2.83	3.89	5.09
2.50	0.57	0.97	1.44	2.01	2.54	3.50	4.58
2.75	0.52	0.88	1.31	1.82	2.31	3.18	4.16
3.00	0.48	0.80	1.20	1.67	2.12	2.92	3.81
3.25	0.44	0.74	1.00	1.54	1.96	2.69	3.52
3.50	0.41	0.69	1.03	1.43	1.82	2.50	3.27
3.75	0.38	0.64	0.96	1.34	1.69	2.33	3.05
4.00	0.36	0.60	0.90	1.25	1.59	2.19	2.86
4.25	0.33	0.57	0.85	1.18	1.49	2.06	2.69
4.50	0.32	0.53	0.80	1.11	1.41	1.94	2.54
4.75	0.30	0.51	0.76	1.05	1.34	1.84	2.41
5.00	0.28	0.48	0.72	1.00	1.27	1.75	2.29

注：* 表示国内非常规大板面的玻璃尺寸。

风荷载标准值 kPa	半 钢 化 玻 璃 厚 度					
	3 mm	4 mm	5 mm	6 mm	8 mm	10 mm
0.75	3.08 *	5.17 *	7.73 *	10.73 *	13.59 *	18.69 *
1.00	2.31	3.88	5.79 *	8.05 *	10.19 *	14.01 *
1.25	1.84	3.10	4.63	6.44 *	8.15 *	11.21 *
1.50	1.54	2.58	3.86	5.36	6.79 *	9.34 *
1.75	1.32	2.21	3.31	4.60	5.82	8.01 *
2.00	1.15	1.94	2.89	4.02	5.09	7.00
2.25	1.02	1.72	2.57	3.57	4.53	6.23
2.50	0.92	1.55	2.31	3.22	4.07	5.60
2.75	0.84	1.41	2.10	2.92	3.70	5.09
3.00	0.77	1.29	1.93	2.68	3.39	4.67
3.25	0.71	1.19	1.78	2.47	3.13	4.31
3.50	0.66	1.10	1.65	2.30	2.91	4.00
3.75	0.61	1.03	1.54	2.14	2.71	3.73
4.00	0.57	0.97	1.44	2.01	2.54	3.50
4.25	0.54	0.91	1.36	1.89	2.39	3.29
4.50	0.51	0.86	1.28	1.78	2.26	3.11
4.75	0.48	0.81	1.22	1.69	2.14	2.95
5.00	0.46	0.77	1.15	1.61	2.03	2.80

注：＊表示国内非常规大板面的玻璃尺寸。

另外在一些大型公共建筑、商业建筑中采用无框玻璃门扇也较普遍。一般是采用 11～15 mm 厚的钢化玻璃制作，其他玻璃应用规定查阅有关规范。

（三）门窗的开启形式

门窗的开启形式是根据使用要求、洞口尺寸的大小、不同的地区等条件所确定的。如旋转门只能应用在高级办公楼、宾馆、饭店的主要出入口处。

门的开启形式有：平开门（内、外开）、推拉门、弹簧自由门、折叠门、旋转门、卷帘门等，详见图 7-1（a）所示。

窗的开启形式有：平开窗（内、外开）、推拉窗、中悬窗、立转窗、提拉窗、百叶窗等，详见图 7-1（b）所示。

（四）门窗的各部位名称

门窗的各部位名称与材质无关，国内南北地区的称谓不统一，现依北方地区通用的称谓介绍如下，如图 7-2。

二、普通木门窗的制作

木门窗是应用最广泛，历史最悠久的建筑配件，可以说它是和秦砖汉瓦同时出现

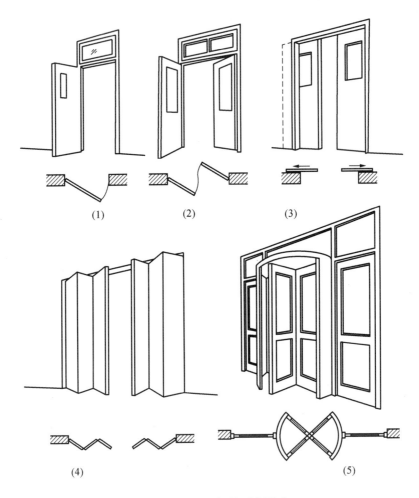

(1)　　　　　　(2)　　　　　　(3)

(4)　　　　　　　　　　　(5)

图 7-1（a）　门的开启形式
（1）平开门　（2）弹簧门　（3）推拉门　（4）折叠门　（5）转门

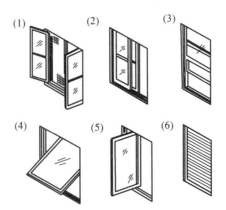

图 7-1（b）　窗的开启形式
（1）平开窗　（2）推拉窗　（3）提拉窗　（4）中悬窗　（5）立转窗　（6）百叶窗

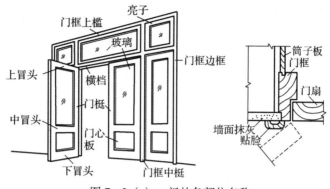

图 7-2（a） 门的各部位名称

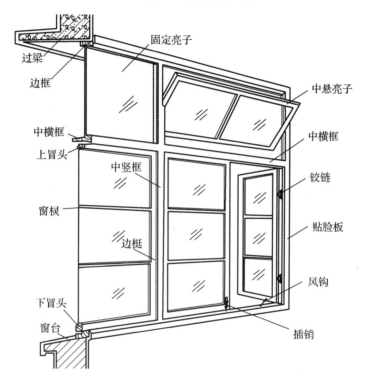

图 7-2（b） 窗的各部位名称

的。根据建筑等级。使用性质、使用功能、质量标准等要求，木门窗在用料、制作、油漆以及立面造型上都有很大的区别。如重要的纪念性建筑、高级别墅的内门，可以采用楠木、菲律宾木等高级木材；中高档建筑可选用水曲柳、红松、美国松等；普通木门窗可选用白松、黄花松、低等红松等木材。

（一）木门窗各部位用料的断面形式和尺寸

门窗用料的断面形式是根据各门窗杆件（骨架）在门窗中所起的功能作用而设计的，将矩形断面用裁口的方法制作而成。门窗是由框、扇、亮子、五金配件四部分组成，框的断面见图 7-3。

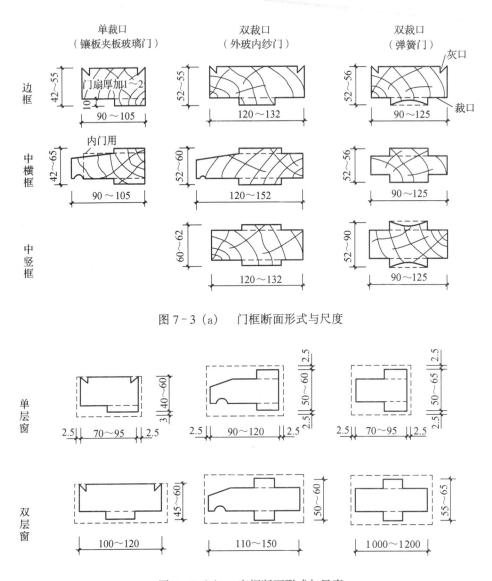

图 7-3 (a)　门框断面形式与尺度

图 7-3 (b)　窗框断面形式与尺度

门窗扇和框的断面裁口一般为 10 mm × 10 mm 或 8 mm × 10 mm，框的裁口是为了门窗扇的关闭定位、挡风沙、减少冷空气的侵入；扇的裁口是为了装玻璃、装窗纱。灰口线、防变形槽等裁口为 8 mm × 10 mm。框的外侧防变形槽为 8 mm × 8 mm。门窗扇断面起线（或裁八字）是为了减少杆件笨重感。

上述门窗框、扇的断面是最基本的形式。由于门窗形式的变化，开启方式的变化，其断面形式也有不同，但都是由基本断面形式演变而来。

(二) 门窗组合断面

平开门组合断面见图 7-4，平开窗组合断面见图 7-5，双层窗组合断面见图 7-6。

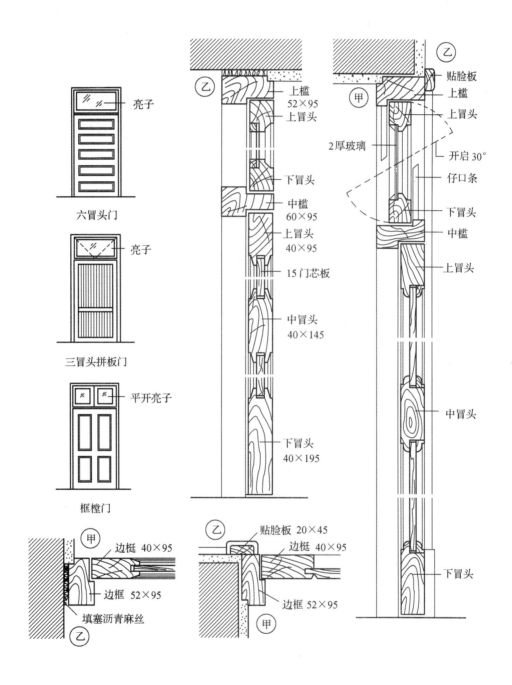

亮子

六冒头门

亮子

三冒头拼板门

平开亮子

框樘门

乙
上槛
52×95
上冒头

下冒头

中槛
60×95
上冒头
40×95

15门芯板

中冒头
40×145

下冒头
40×195

甲
边梃 40×95

边框 52×95

填塞沥青麻丝
乙

乙
贴脸板 20×45
边梃 40×95

边框 52×95
甲

乙
贴脸板
上槛
上冒头

2厚玻璃

开启30°
仔口条

下冒头

中槛

上冒头

中冒头

下冒头

图 7-4（a） 平开门组合断面图（镶板门）

259

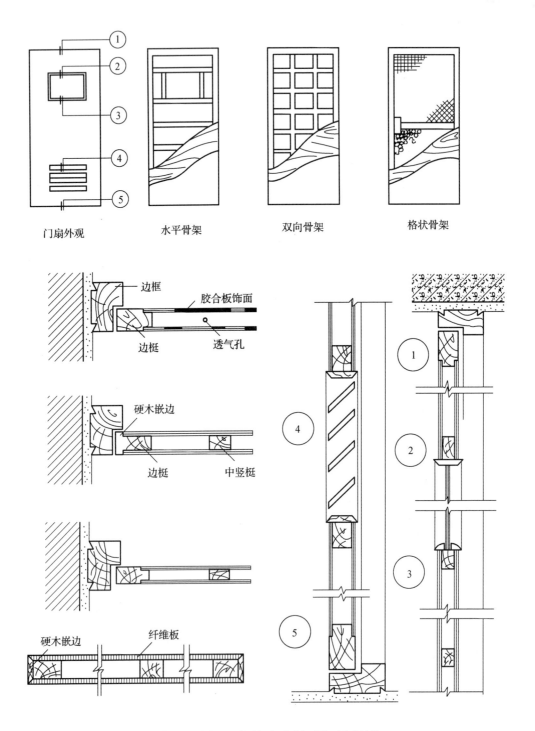

门扇外观　　　　水平骨架　　　　双向骨架　　　　格状骨架

图 7-4（b）　平开门组合断面图（夹板门）

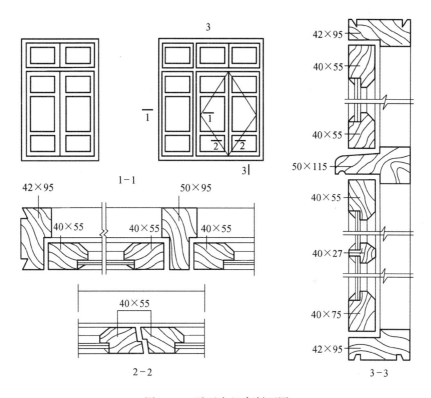

图 7-5 平开窗组合断面图

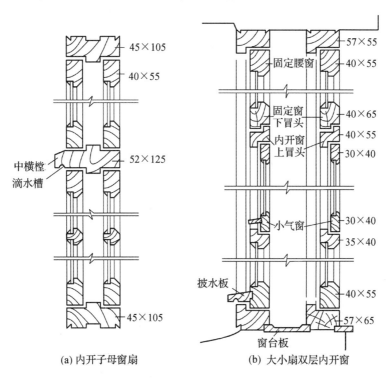

(a) 内开子母窗扇 　　(b) 大小扇双层内开窗

图 7-6 双层窗组合断面图

（三）木门窗制作

1．木门窗制作工艺过程

（1）配料：它包括备料、选料和配料。制作木门窗的木材是将原木或板材经干燥处理后，再将板材按需要分割成毛坯方料。在装饰市场销售的木材有板材或各种断面的方料，为家庭装饰装修提供了方便。木材的材质要求其含水率应＜15％。选料是选择毛料无节疤、无裂纹、平直、木质密度均匀的优质木料。配料应根据来料规格，按门窗各杆件的断面和长短规格搭配使用，以减少木材的损耗。为此要提前将门窗用料分类统计列表，即加工下料单。

（2）下料：市场供应的板材或方料的长度多为4米或6米。按下料单进行长短搭配下料。下料长度公式如下：

门框上槛（有羊角）长度＝门窗框设计宽度＋120 mm×2 mm

门框上槛（无羊角）长度＝门窗框设计宽度＋30～40 mm×2 mm

窗框上下槛同门框上槛。

门窗扇上下冒头及边料长度＝门窗的宽度（或高度）＋30～40 mm×2 mm

边料、中梃长度＝门窗扇、框设计高度＋30 mm×2 mm

横梃长度＝门窗设计宽度＋30～5 mm×2 mm

（3）刨料：毛料断面尺寸均预留出刨光消耗量，一般每面预留3 mm。（图7-4虚线部分）门窗框料三面刨光（外侧靠墙的面为毛面只是略找平直）门窗扇料四面刨光。刨光时先刨好一个基准面，其他三面以此面找90°刨光，达到设计断面尺寸。

（4）画线：在刨光料上先画一件榫眼标准定线，然后以此为准批量画线，以保证榫眼位置正确和组装精度。

（5）打眼、开榫、拉肩：这是制作时的标准工序，不得前后颠倒。打眼的空洞尺寸按榫的尺寸确定，可以略为加大（一般不加尺寸），以保证榫眼结合得紧密牢固。眼、榫、拉肩各个平面之间一定保证90°的精确性。只有精度高才能保证门窗组装后的平整度。

（6）裁口、起线：裁口、起线要平直，起线最简单的是刨八字。眼珠线或其他线纹用特制刨刀来完成。

（7）组装：组装次序是先内后外，先左右后上下。先试装后正式装。正式组装前，先在榫头涂乳胶，然后插入榫眼，装牢装紧。调整平整度，用木楔子打入榫孔挤紧。存放一h后将露出的榫头锯平，然后刨光找平。

上述各工序在加工厂生产时都采取机械化生产流水作业，各工序有定型模板，有严格的检验制度，以保证木门窗产品质量的优质率。使门窗生产形成工厂化和商品化。如果在现场加工，仍然是机械加工为主，或机械加工门窗杆件，人工组装整体门窗成品。不管任何一种加工方式，质量检验是不可缺少的。

2．制作要点

配料时要先配长料,后配短料;先配框料,再配扇料,长短搭配。

要合理确定加工余量,一面刨光留3 mm,两面刨光留5 mm。

刨料时先刨正面(大面),后刨侧面,再刨背面和另一侧面。对于木节,应先削平,再刨光。

画线时，光面作为正面，有缺陷的作为背面；画线的顺序应先画横线，再画分格线，最后画顺线。线粗为 0.3 mm，要求均匀清晰。

打眼时要选用等于眼宽的凿刀。凿出的眼，顺木纹两侧要直，不得错凿。打眼顺序为先打全眼，再打半眼；全眼先打背面，再打正面。眼的正面留半条墨线，反面不留线。

裁口、起线必须方正、平直、光滑、深浅一致，不得起刺或凹凸不平；裁口遇有节疤时，应先剔平后刨光。

3. 组装要点

拼装时，一般是先里后外，榫头对准孔眼，轻轻打入，要留余量，待全部拼合后再轻轻敲实。

所有的榫头都应该加楔，利用加楔调整门窗组装的平整度和加强榫头的牢固性；窗扇拼装完毕后，裁口应在同一平面上；为防止门窗框在运输中的变形，应加八字撑或水平拉条。

三、木门窗安装施工技术

木门窗的安装方式有立口和塞口两种，见图 7-7。"立口"适宜砌体建筑，先立门窗框后砌墙体。这里仅介绍塞口安装方式。即墙体预留门窗洞口，后安装门窗框。它适宜各种材料的墙体，尤其是今后取消了黏土砖墙体，塞口安装方法将广泛采用。

（一）门窗安装方法

门窗框与墙体的连接根据材料不同采用不同的连接方式。

1. 门窗安装位置：门窗在墙体的位置有墙中（立中）和偏里（或偏外）称偏口等，见图 7-8。

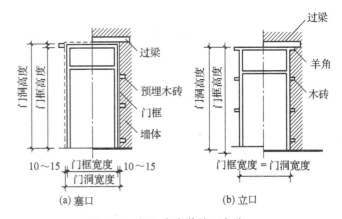

图 7-7　门、窗安装施工方法

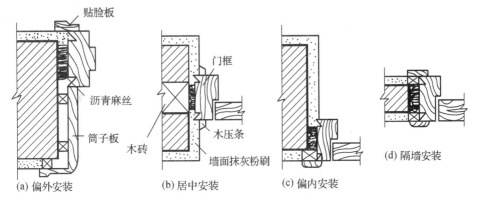

图 7-8　木框安装位置图

2. 砖砌墙体：

门框的上槛、窗框的上下槛均作羊角砌入墙内（或以塞口方式嵌入墙内）。中间每隔 600 mm 预砌木砖。打入长钉相连，见图 7-9（a）。

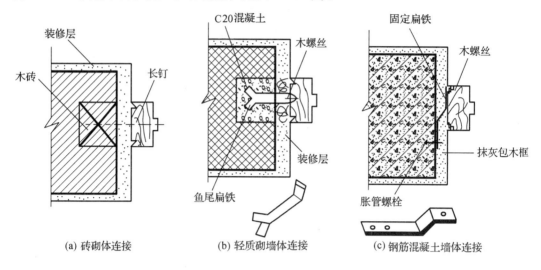

(a) 砖砌体连接　　(b) 轻质砌墙体连接　　(c) 钢筋混凝土墙体连接

图 7-9　木门、框与墙体连接图

3. 轻体砌块墙体：

在洞口两侧墙体砌部分黏土砖(三皮 240 mm、三皮 120 mm 交叉砌筑)，预埋木砖或不砌黏土砖,在预留木砖处墙体留 120 mm×120 mm 孔洞,将框外侧扁铁埋入洞内灌混凝土,如图 7-9(b)所示。

4. 钢筋混凝土墙体:门窗框不设羊角,墙体预埋木砖。钉长钉连接。也可以在框外侧装扁铁(30 mm×120 mm)和墙内预埋铁件焊接,如图 7-9(c)所示。

(二)安装施工过程

1. 木门窗安装施工工艺流程图如下所示:

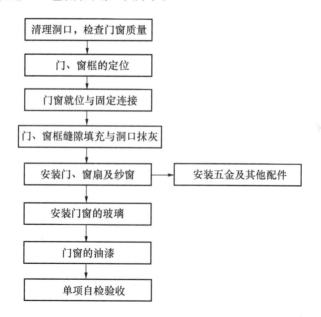

2.施工准备

(1)工具机具的准备:包括常规木工工具、备用木楔、紧固件、勾缝材料等。

(2)洞口尺寸的校验:洞口的垂直度、平整度、对角线误差都应在施工规定之内,否则应加以调整修补。检查预埋木砖,预埋件的位置和数量。门窗框外侧是否涂刷防腐剂和扁铁是否配齐。

3.弹线定位:按门窗设计位置定位,弹中线,然后再弹出门窗外皮定位线,以便安装就位。

4.就位:分清门窗内外面。从室内将门窗垂直推入洞内,按线就位,用楔子临时固定,并调整垂直度,将木楔打紧。

5.固定连接:框与墙体连接用长钉打入预留木砖内钉牢。门窗两侧固定点不少于3个,或间距不大于600 mm。

6.勾缝:门窗框与洞口墙体的缝隙先填塞沥青麻丝或泡沫塑料条,内外侧再用水泥砂浆抹平。

7.安装门窗扇:待勾缝砂浆有一定强度后,以及室外装饰装修完成后,进行扇的安装。先试装后修整平整度和留好框扇之间缝隙(一般为2.0 mm左右)。画出合页位置,剔槽装合页。检查扇的开合度。

8.装玻璃:提前裁割玻璃,大小块搭配好,以减少玻璃损耗度,用木压条和钉子、油灰固定。

9.油漆:待室内外全部装修完工再油漆木门窗。其施工操作技术见本书126页。

(三)木门窗安装施工注意事项

1.安装前的校验

(1)洞口净尺寸与门窗框满外尺寸之差应符合留缝隙的规定。缝隙过大或过小要修整洞口达到要求。(2)检查预留木砖是否合格。

2.门窗框与墙体的连接点,两侧各不少于3点。

3.门窗框安装一定要达到牢固,并满足水平、垂直度的要求。当门窗框调整就位与木砖钉牢后,羊角处的缺口要封堵严密。

4.油漆操作一定要在室外装修完成后开始。

5.清漆的操作方法应注意底漆、面漆,每涂一遍打磨一次,并且砂纸由粗到细(详见本书126页)。

四、装饰木门窗的制作与安装施工技术

装饰木门窗是指将木门窗扇的表面采用雕刻、起线、彩绘、粘贴等工艺制作一些花饰图案,将门窗进一步美化,使门窗更具有艺术性。其风格和造型是由装饰装修设计所确定的。

(一)装饰门的立面形式

装饰门扇花饰图案多种多样,它是和建筑空间设计相协调统一的。目前常见的装饰门的立面形式如图7-10所示。装饰门有实心板门,也有镶板门和塑料板贴面门。

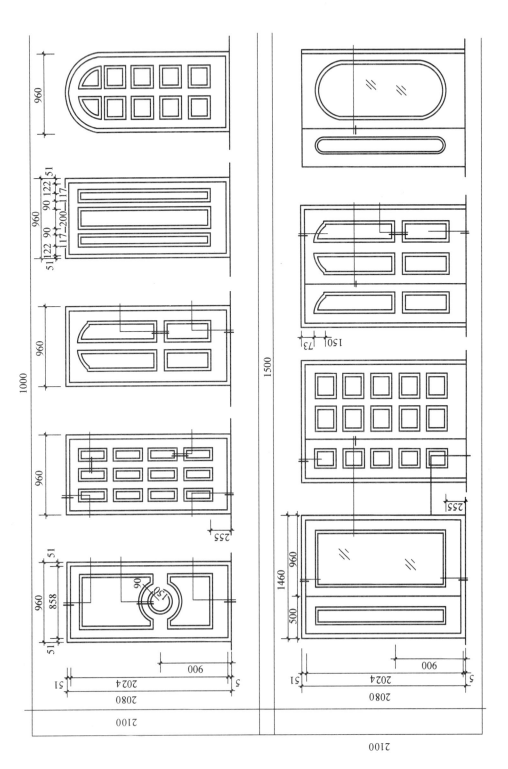

图 7 - 10　装饰门的立面形式图

（二）装饰门的制作

装饰门是以普通木门为基层（或为骨架）表面制作花饰而成。

1.门芯板雕刻:将实木门芯板雕刻成几何图案、雕刻花饰,嵌入门扇的边框中。

2.门芯板贴花饰:采用木雕工艺,按门芯板的分块制作雕花,粘贴在门芯板上。可以人工雕刻和机械雕刻。

3.用胶合板高温高压制成凹凸花饰板。

4.以花饰玻璃嵌入门扇代替门芯板。玻璃可以刻花、压花、彩绘。

5.用仿木PVC塑料压花板做门扇饰面。按门扇尺寸将PVC塑料薄板模压（或注塑）,用胶黏剂贴在门扇表面或门扇木骨架表面。塑料面层取古代繁雕工艺,有仿紫檀木、仿本色木纹等色调,这种门有木板门的优良特征,还具有防潮、阻燃、防变形等的特点,可以达到逼真的木质门装饰效果。

（三）装饰窗的立面形式

装饰窗的立面形式很多,窗的外形有正方邢、矩形、多边形、菱形、椭圆形、弧形等。窗芯的花饰有窗棂的不规则图案组合,窗芯雕花等形式,见图7-11。

（四）装饰窗制作

窗框制作和普通窗制作相同,窗芯的花饰制作有:

1.窗棂的图案组合:窗棂之间有榫接,凹槽插接和粘接。为了内侧镶玻璃,窗棂内侧面组合后必须在一个平面上,与窗框必须榫接。

2.窗芯雕刻花饰:花饰雕刻可手工也可机械化,凡和窗框交接处必须做榫头插入框内,内侧表面必须成一平面,和窗框裁口取平,以便镶嵌玻璃。

3.窗棂嵌彩色玻璃:窗棂有裁口,窗棂之间必须榫接。窗棂有弧线,有直线、斜线相交。玻璃按窗棂分格的形式尺寸、色块设计裁割和镶嵌。

（五）装饰门窗的安装施工技术:

装饰门窗的安装施工方法和普通木门窗的安装施工相同,只是要求更加严格,更加细心。

五、古建筑木门窗的制作与安装施工技术

（一）古建筑木门窗的立面形式

以门窗扇雕花、起线、密格窗棂为主要特征。古建筑槛窗、隔扇见图7-12（a）所示,或在门窗洞口上部设垂花（有雨罩的功能）,见图7-13;外檐门窗组合形式,见图7-14,其他隔扇门及窗口形式见图7-15、图7-16。

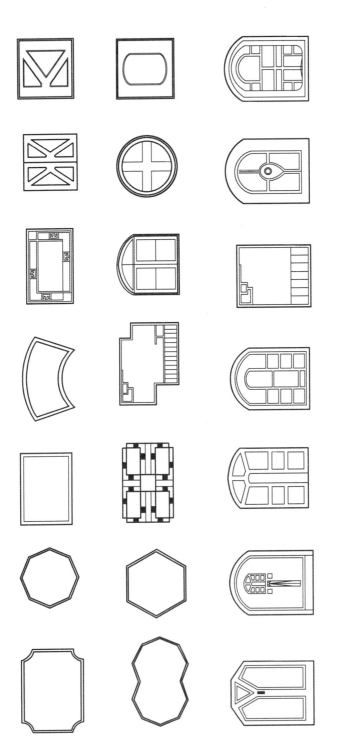

图 7 - 11　装饰窗的立面形式示意图

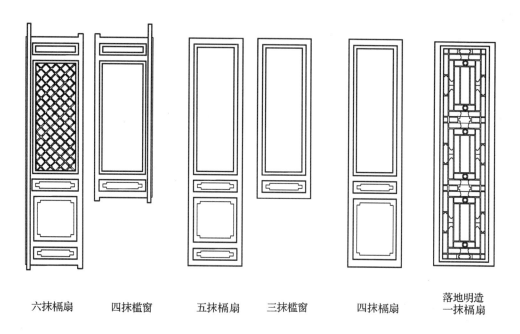

六抹槅扇　　　四抹槛窗　　　　五抹槅扇　　　三抹槛窗　　　　四抹槅扇　　　落地明造
　　　　　　　　　　　　　　　　　　　　　　　　　　　　　　　　　　　一抹槅扇

图 7-12　槛窗、隔扇示意图

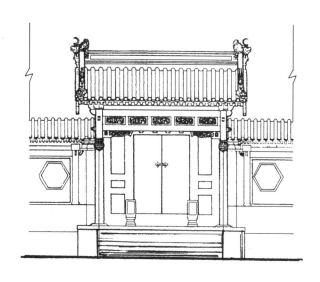

图 7-13　垂花门示意图

（二）古建筑木门窗的制作

　　它和普通的木门窗制作相近似，特殊部分是花饰为木雕。窗棂为密方格榫接，门窗芯花饰多为花草图案，镂空木雕，手工制作为主。

（三）古建筑木门窗的安装施工技术

基本上与普通木门窗相近，在古建筑木制作工程中另有其特殊的安装施工方法，这里不再赘述。

第二节　塑料门窗组装与安装施工技术

塑料门窗是继木、钢、铝合金门窗后发展起来的又一新型门窗。塑料门窗具有自重轻、密闭性好、耐老化性强、耐腐蚀性好等优点，同时塑料门窗表面光洁、线条挺拔、造型美观，具有良好的装饰性。由于断面组合、缝隙搭接处理严谨，其隔声、隔热、气密性、造价等各个方面较一般门窗都有一定的优势，故在各类建筑上得到广泛的应用。

一、塑料门窗异型材

（一）塑料门窗异型材简介

塑料门窗生产分为两大过程，首先生产塑料门窗异型材，其次将异型材组装成门窗。

塑料门窗异型材生产过程：异型材的主要原料为聚氯乙烯（PVC）或改性聚氯乙烯，或者其他树脂类材料，辅以填料或助性剂和改性剂，经过按一定配合比加热混合等工序，制成粉状或颗粒状塑料，经过挤出工艺，生产出门窗需要的各种断面异型材，以供应组装厂制成门窗。目前我国门窗异型材是以硬质聚氯乙烯塑料异型材为主，其化学名称代号为"UPVC"。

（二）塑料门窗异型材断面特点

异型材断面是根据门窗形式、洞口尺寸、功能要求而设计的，由于挤出异型材的断面不可变更性，一种断面只适宜一种门窗类型，所以断面的品种很多。

塑料门窗异型材是以门窗框断面的宽度尺寸划分系列，如 45 系列、58 系列、60 系列、80 系列、85 系列等等。其含义是指框料断面宽度尺寸分别为 45 mm、58 mm、60 mm、80 mm、85 mm 等。凡是和某种框料配套的门窗扇料等异型材，不论断面宽度尺寸大小均为该框料系列，例如与 80 系列配套的推拉扇断面虽然宽度为 45 mm，但仍然称为 80 系列，其他以此类推。

塑料门窗异型材断面形状尺寸系列目前全国尚未统一，不同生产厂的产品难以配套使用，即便是同一系列也有微小差别，这是由于引进生产设备和技术的来源不同所致，故在选购异型材时要从一个生产厂家进货，或者问明异型材系列的配套情况和互换代替的范围，否则会在组装时带来困难，或组装质量难以保证。

（三）塑料门窗异型材断面形式

国内各生产厂都有自己生产的异型材系列产品，只是大同小异，各有所长。购货时一定要选择大型的、信誉好的厂家，才能保证产品质量。

图 7－14、图 7－15 中塑料门窗各种断面都注明了其用途，由此可见异型材断面的特点较复杂，每一个扣槽，每一个凸起，都有它本身的功能，不同系列间的互换性很差。

异型材的空腔设置是经过设计和断面刚性的计算确定的，其断面外壁厚度按国家规

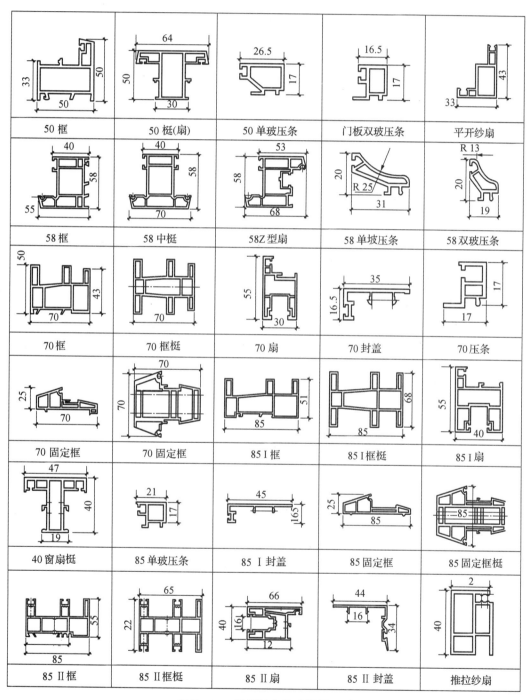

图 7－14　塑料门窗异型材断面图

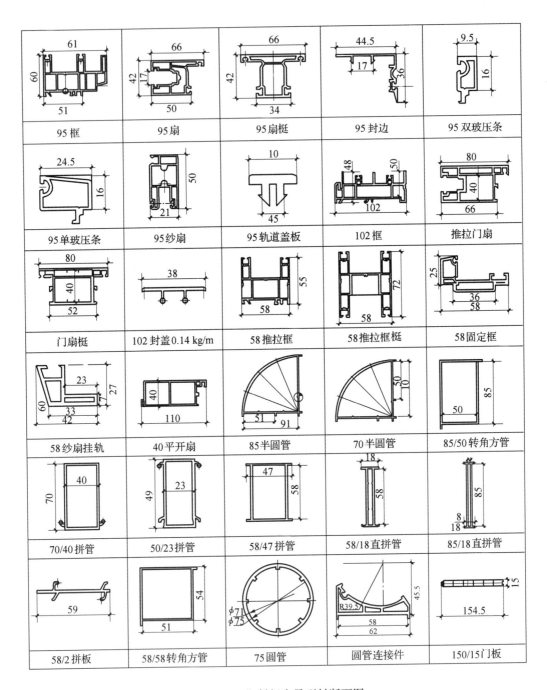

图 7-15 塑料门窗异型材断面图

定为 1.5～3.0 mm。

(四) 塑料门窗组装断面节点

见图 7-16、图 7-17、图 7-18、图 7-19。

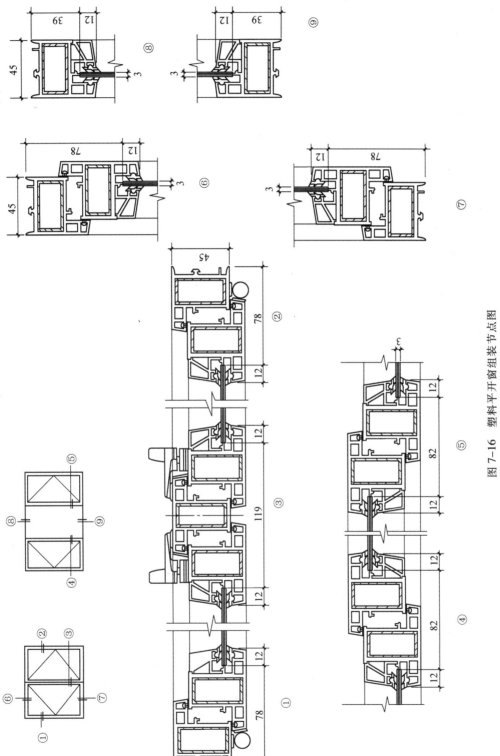

图 7-16 塑料平开窗组装节点图

注：玻璃装配尺寸按窗框采光边的每边搭接量为 12 mm 计算。

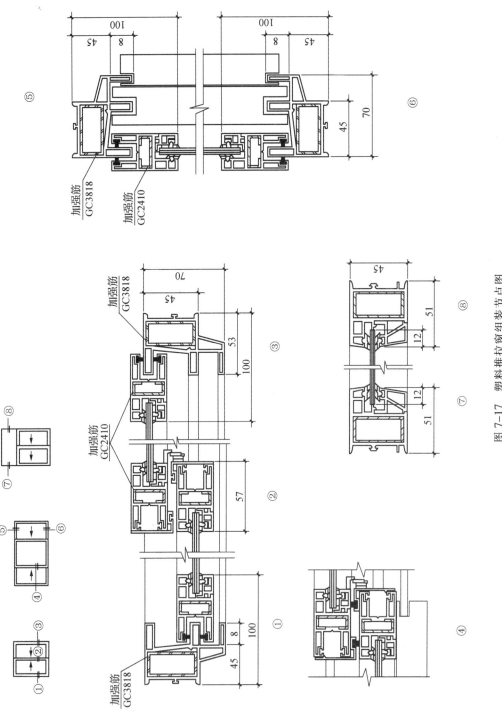

图 7-17 塑料推拉窗组装节点图

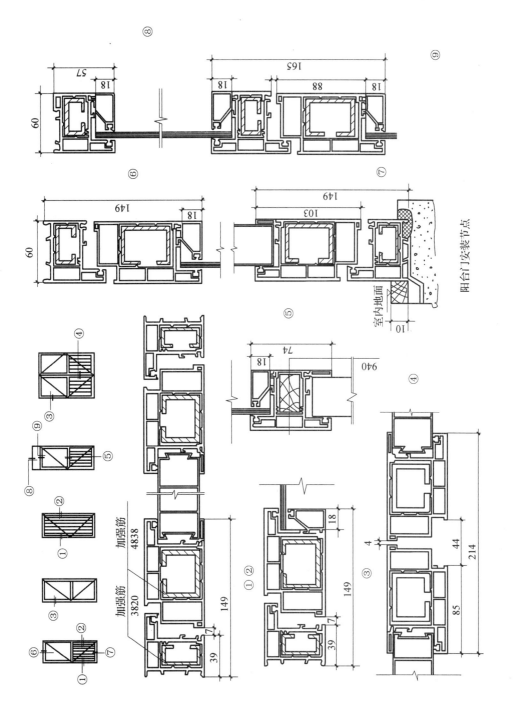

图 7-18 塑料平开门组装节点图

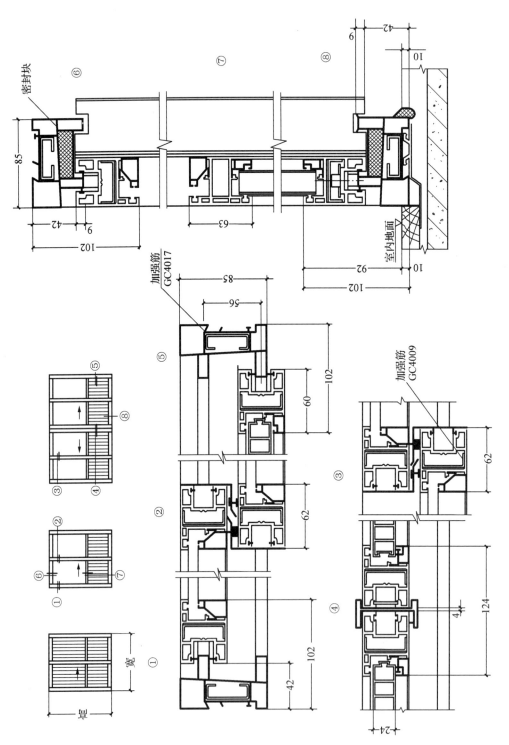

图 7-19 塑料推拉门组装节点图

二、塑料门窗的组装技术

(一) 组装工艺过程

塑料门窗组装制作技术和钢门窗不尽相同，它是采用热熔焊接的方法将塑料异型材组装成门窗，其工艺过程见图7-20。

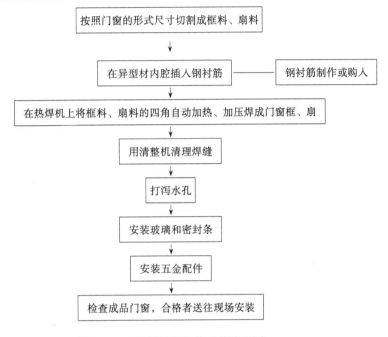

图7-20　塑料门窗组装工艺流程图

(二) 组装生产方式

塑料门窗一般由专业加工厂组装成整体门窗出售，产品质量较好，它适合大批量生产。如果施工单位有这方面的设备和技术力量，也可以自办加工厂或在现场组装生产，按需生产，自产自用，以降低成本。还有的专业厂家在厂内只组装框、扇，到施工现场安装门窗前将玻璃和五金配件组装好，以减少在搬运时玻璃受损。

(三) 组装注意事项

1. 异型材必须按系列配套选购，并由一个生产厂家进货或某一类型门窗用一个生产厂产品。

2. 切割下料尺寸必须精确，要计算热熔量严格按下料单、工艺卡执行。

3. 在热焊机上加热加压的参数要按异型材材质报告单确定。参数过高或过低对门窗热熔焊口质量均有影响。

4. 各工序之间严格执行自检制度，本工序不合格产品杜绝转入下道工序。

5. 生产中要轻拿轻放，严禁损伤异型材表面的光亮，避免划痕。

三、塑料门窗的安装施工技术

(一) 安装施工准备工作

塑料门窗安装前的准备工作要非常充分和完备，这样才能提高施工效率，才能保证施工质量。

1. 机具与工具的准备

塑料门窗安装前要准备好施工机具、工具和量具。安装用机具主要有：焊接设备、切割机、冲击钻等。工具有：螺丝刀、橡皮锤等。量具有：水平尺、卷尺、吊线锤、定位器、木楔。

使用前应检查各种机具的功能，有无损伤、运行是否正常。需要维修保养的应提前擦洗、维修、调试、更换易损伤零件，使机具工作性能处于正常状态，以免使用时出现故障而影响安装效率。

2. 安装前的技术检查

(1) 塑料门窗安装前，应按设计图纸的要求检查门窗的数量、品种、规格、开启方向、外型等；门窗五金件、密封条、紧固件、盖缝条、连接型材等应齐全，塑料门窗制品应附带产品说明书及质量检验报告和出厂合格证，并且按照规范和产品合格证书对尺寸、平整度等进行逐项复验，合格后方可安装。

(2) 要审核塑料门窗材质报告。门窗采用的异型材、密封条等原材料的质量，直接影响到门窗的力学性能和物理性能。因此，门窗原材料应符合现行国家标准《门窗框用硬聚氯乙烯型材》和《塑料门窗用密封条》的有关规定。

(3) 门窗紧固件、五金件及增强钢衬筋的锈蚀，会影响门窗的美观及使用寿命，紧固件尺寸及有关技术条件也会影响门窗的装饰质量和安装强度，因此，上述各类门窗附件均要求表面做防腐处理。其金属镀层一般采用镀锌，也可采用其他金属，其厚度应符合现行国家标准《螺纹紧固件电镀层》的有关规定。紧固件的尺寸、螺纹、公差、十字槽及机械性能等技术条件应符合国家标准《十字槽、自攻螺丝》、《十字槽、沉头、自攻螺丝》的有关规定。

(4) 用于平开门的滑插铰链不能使用铝合金材料，因其材质脆软、易断裂、变形，使塑料门窗不易关严，不能安全使用，应采用不锈钢材。

(5) 塑料门窗处于有氯、氯化氢、氮的氧化物、硫化氢、二氧化硫等腐蚀性气体作用下的恶劣环境时，会使金属附件腐蚀、损坏。此时应根据需要选用特制的非金属材料的五金件及紧固件。此种塑料门窗称为"全防腐型"塑料门窗。

(6) 塑料门窗固定铁片一般采用 Q235－A 冷轧钢板，为防其锈蚀、损坏，除其表面需做镀锌处理外，国家标准 JGJ 103－96 中对固定铁片的厚度和长度做出了相应规定。

门窗的构造尺寸应考虑门窗洞口构造尺寸、安装间隙及墙体饰面材料的厚度，清水墙及混水墙等各种情况。门窗框和洞口之间的间隙一般为 15～20 mm，若采用釉面砖、大理石或花岗岩等材料时，由于其厚度较大，门窗框与洞口间每边的间隙也应加大，见

表 7 - 5。

洞口与窗框间隙允许尺寸　　　　　　　　　　　　表 7 - 5

墙体饰面材料	洞口与窗框间隙（mm）
清水墙	10
墙体外饰面抹水泥砂浆或贴马赛克	15～20
墙体外饰面贴釉面瓷砖	20～25
墙体外饰面贴大理石或花岗岩板	40～50

（7）检查墙体固定点的牢固性：塑料门窗安装的固定点必须牢固可靠有一定的强度，一方面墙体的预埋件要牢固、可靠，另一方面连接件和门窗框也要牢固。

（8）墙体洞口的检验与清理：

①墙体洞口的检验，墙体预留洞口尺寸应力求准确，其洞口的高度、宽度与垂直度有详细规定。门窗安装前应按照施工验收规范，校验洞口尺寸，超出偏差的应进行补救和修理，墙体洞口允许偏差见表 7 - 6。

洞口宽度或高度尺寸允许偏差（mm）　　　　　　　表 7 - 6

洞口宽度或高度	<2 400	2 400～4 800	>4800
未粉刷墙面	±10	±15	±20
已粉刷墙面	±5.0	±10	±15
洞口垂直度	±3.0	±3.0	±5.0

②墙体洞口的清理和修补：

对于安装门窗洞口的墙体要先清扫洞口内皮的表面灰沙、毛刺，剔除多余的灰块，填补凹凸不平的表面。不同的墙面用不同的清理方法。

混凝土墙体要用水泥砂浆填补蜂窝麻面，超出的尺寸要剔平。固定点预埋件要剔露。

清水墙应将露出的灰缝补齐，混水墙应将洞口内表面抹一层粗砂水泥砂浆，以调整表面尺寸和垂直度。

轻质墙体在固定点预埋混凝土块或预留安装后灌 C20 混凝土，孔洞最小尺寸为120 mm×l20 mm。

（二）安装施工操作技术

1. 塑料门窗安装施工工艺流程

建筑门窗产品的尺寸精度介于土建工程和机械制造行业之间。其精度在 1.0 mm 左右，比墙体洞口尺寸的精度高，所以洞口与门窗之间留出恰当的缝隙以便于误差调整和门窗的安装。在塑料门窗行业中有一种共识，就是门窗产品的质量是三分制作，七分安装，可见门窗安装的质量占有很重要的分量。施工中一定要严格执行操作规程和施工验收规范，以确保门窗的安装质量和效率。其工艺流程见图 7－21 所示。

清理洞口，检查门窗质量

粘贴保护膜，调正固定铁片并补齐数量

安装立梃（或横梃或拼樘料）

门窗框进洞口，就位

门窗框及洞口找中线

门窗框与墙体固定连接

门窗框缝隙填充弹性材料

洞口抹灰及嵌缝

装门窗扇及纱窗

安装五金及其他配件

安装盖缝条或嵌密缝膏

单项自检验收

图 7－21　塑料门窗安装工艺流程图

2．门窗安装方式

塑料门窗的安装方式采用塞口方式。在塞口安装过程中又可分为门窗整体式安装和门窗分体式安装。由于塑料门窗组装工厂化、机械化生产，玻璃五金配件均装好，组装精度高，质量有保证。所以塑料门窗均采用框扇分离式塞口安装。门窗运至现场就位前卸下门窗扇，固定好门窗框后再装门窗扇。其优点是：安装施工效率高，连接牢固，可防止因安装操作过程损伤玻璃。对于平开式门窗也可以在工厂提前在框上打好铰链（合页）、定位孔，以保证现场安装门窗的精度。塞口安装，墙体施工预留洞口和门窗安装分开施工，减少相互影响，可提高各自的施工速度与质量；但如果预留洞口出现较大偏差，将会增加补救措施的难度。

3．安装施工操作技术

塑料门窗的安装施工工序、施工方法和钢木门窗的施工方法基本相同。

（1）安装就位前对门窗的复验

塑料门窗就位前对照图纸再作一次核对，以杜绝错装，这是很重要的一环。

①检查门窗形式、编号、尺寸和产品是否一致。

②五金配件是否齐全，位置是否正确，是否牢固。

③各活动部位（铰链、支撑、锁销）是否灵活，关闭是否严密。

④门窗表面有无损伤、划痕。

当确定完好无损、质量合格、完全正确无误方可就位安装。

（2）就位

首先分别标出洞口中线和门窗中线，就位前将固定铁片旋转 90°，与门窗框垂直。注意其上、下边的位置及内外朝向，排水孔位置应在窗框外侧下方，纱扇在室内一侧。将门窗框嵌入洞口，按图纸设计确定门窗在墙体厚度方向的位置（墙中、偏外、偏内），使门窗水平、垂直中线与洞口水平对准对齐。用线锤或弹子板校正，木楔调整门窗垂直度。最后用木楔在门窗四周临时塞紧固定，木楔的位置放在门窗四角，立梃、横梃与框交点处。当木楔间距过大时，中间要增加木楔，使木楔间距控制在 600 mm 左右。木楔的塞紧力度一定要均匀一致，不能有的松有的紧。

同一类型的门窗及其相临的上、下、左、右洞口应保持通线，否则会影响建筑的整体美观。

（3）固定

当塑料门窗就位正确，检查无误后，即可通过固定铁片用胀管螺栓将门窗固定在墙体上。固定连接方法要根据墙体材料不同而有所不同。

①独立门窗固定连接方法

砖墙洞口固定连接方法：通常的连接方法是采用沉头螺钉将固定铁件固定在墙体预埋的木砖或用胀管螺栓直接固定在墙体上，但不能固定在砖缝上，见图 7-22。

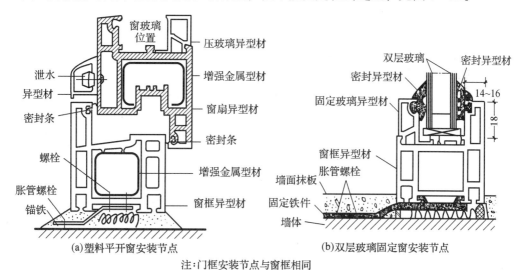

(a)塑料平开窗安装节点　　　　(b)双层玻璃固定窗安装节点

注：门框安装节点与窗框相同

图 7-22　门窗框与墙体连接节点

混凝土墙洞口固定连接方法：墙体在固定点处预埋木砖，用沉头螺钉固定；若预埋铁板可焊接固定，但焊接时需用隔热板保护窗框，以免温度过高造成窗框变形。

加气混凝土、空心砖墙或其他轻体墙洞口固定连接：这类墙体洞口强度较弱，一般应采取预埋木块、混凝土块或预留孔洞，将固定铁件放入孔洞内，用 C20 细石混凝土将孔填满填实，严禁用胀管直接和墙体固定。

由于塑料型材是中空多腔断面，材质较脆，所以不能用螺钉直接捶击拧入，而应先钻孔（其孔径比所选用的自攻螺钉直径要小 0.5~1 mm），然后再用十字沉头自攻螺钉

M4×20拧入。这样可以防止塑料门窗局部凹陷、断裂和螺钉松动的现象发生。

②组合门窗固定连接方法

组合门窗是由基本门窗单元拼接而成。建筑中的带形窗和大型门窗洞口，都是采用拼樘料按设计要求将洞口分割成若干个基本门窗单元进行组合，拼樘料断面应和门窗系列相对应。两侧有连接扣槽与基本门窗框卡接，加自攻螺钉紧固。断面内腔装有方管钢衬筋。

拼樘料的安装顺序：

切割拼樘料（下料）→就位、调整垂直度→点焊上端→焊上下端或下端插入孔洞→灌混凝土→装门窗

拼樘料应在现场按洞口实际情况用切割锯下料，要求方管钢衬筋突出PVC塑料型材30～70 mm（根据连接方式确定）。拼樘料垂直就位，当拼樘料上下两端与混凝土构件的预埋铁件连接时，采用焊接；当下端为砌筑墙体或轻质墙体时，要在墙体预留孔洞，将拼樘料方管钢衬筋插入预留孔洞，后用C20细石混凝土灌注。方管插入长度不得少于50 mm，待混凝土达到一定强度后再安装门窗。门窗立框与拼樘料采取扣槽卡接方式，并用自攻螺钉紧固，螺钉间距与固定铁片间一致。拼樘料与门窗框间缝隙用密封膏封严或用盖缝条扣封。

（4）嵌缝

塑料门窗安装固定后，待浇注的混凝土达到一定强度后，对门窗框与洞口墙体之间的缝隙再进行封堵。

塑料异型材具有热胀冷缩的特性。根据德国DIN7706标准，门窗框用PVC型材的线膨胀系数$K=70\sim80\times10^{-6}$ m/m·K 。在我国温差变化范围一般为40～50℃之间，塑料门窗在温度变化下胀缩的大小取决于塑料门窗型材自身的线膨胀系数、气温变化情况外，还与塑料门窗的色彩和尺寸大小有关，由此可以计算出塑料门窗的胀缩值最大可达10 mm以上。所以为了保证塑料门窗安装后可自由胀缩，门窗框与墙体缝隙应填充弹性材料。弹性材料可采用闭孔泡沫塑料、发泡聚苯乙烯或其他松散材料等。填充时应分层填塞，但不能过紧。对于保温、隔声等级要求较高的工程可采用相应的隔热、隔声材料。填塞后撤掉临时固定的木楔，其遗留空洞也要用弹性材料塞满。

门窗洞口与门窗框之间缝隙的内外两侧表面可根据需要采用不同的材料进行处理。由于塑料门窗与墙体界面间的密闭是运动状态的密闭，选择密闭材料必须满足塑料门窗在温度变化条件下与墙体产生相对运动的要求。若采用水泥砂浆勾缝，则不能满足这一要求。又因砂浆导热系数高，寒冷季节易形成"冷桥"，且日久会收缩干裂，更影响窗的气密、水密和隔声性。因此，对于普通单玻门窗，对缝隙表面采用水泥砂浆或麻刀白灰浆填实抹平即可；对于保温、隔声等级要求较高的工程，可用水泥砂浆抹平，并用5 m厚木片将抹灰层与窗框临时隔开，待抹灰层硬化后，撤去木片，然后再用嵌缝胶挤入抹灰层与门窗框的缝隙内，达到密封目的。如果缝隙小，可以不用水泥砂浆，完全用密封胶封严。

门窗框内外侧缝隙采用水泥砂浆抹平时，应注意保护门窗框不要受到过重污染，如

门窗（框）扇上确粘有水泥砂浆，应在其硬化前用湿布擦干净。

(5) 安装五金配件和门窗扇

如果固定铁片用现浇混凝土固定，应待混凝土达到 70% 强度方可安装。

安装窗扇：平开窗先装铰链，后装滑撑和插销、拉手等五金配件。推拉窗嵌入滑槽轨道，再安装固定销子。

安装门扇：

门扇的安装应待框槽内水泥砂浆硬化后安装。铰链部位配合间隙的允许偏差及门框、扇的搭接量应符合国家现行标准《PVC 塑料门》（JG/T3017）的规定。

门锁与拉手等五金配件应牢固可靠、位置准确、开关灵活。

(三) 塑料门窗安装施工注意事项

1. 门框的安装应在地面工程开始前进行。无下框平开门，其边框要插入地面标高线以下 25～30 mm。有下框平开门及推拉门，下框要低于地面标高线 10～30 mm。在地面施工时，将门框与地面固定成一体，以保证门框的安装牢度。固定方法见前述门窗框与墙体的连接做法见图 7-22 所示。为了防止安装过程中，门框中部鼓起，可在塞缝前用若干标准木撑临时撑住门框，也可在门框中央用螺钉直接固定。

2. 固定铁片的安装位置应与门窗扇铰链位置相对应，以便能把门窗扇的重量及外力传递到墙体上。不能将固定铁件安装在竖框和横框的顶头上，以避免使中框或外框膨胀而产生变形。两侧立框固定铁件不能少于 3 个，距四角端部 200 mm 左右。其间距一般不超过 600 mm。

3. 塑料门窗框与墙体固定连接操作顺序，应先固定上框，然后固定两侧竖框，最后固定下框。这样的操作顺序可以保证门窗安装偏差在允许范围之内。

(1) 就位前一定要辨别好门窗内外方向、上下位置，下框的泄水孔应朝外。

(2) 严格按照施工操作规程施工，安装人员必须培训上岗。

(3) 塑料门窗的安装一般都是组装厂的专业安装队进行，安装技术熟练，对产品的特点了解，可保证安装质量。为此，土建各工种与门窗安装相互配合、协调，不得各自为政。

(4) 禁止使用射钉枪安装固定。

(5) 尽量在墙体粗装修后安装门窗框，待内外装修、粉刷后再装门窗扇，以减少污染门窗表面和损伤玻璃。

(6) 临时固定的木楔不宜过早拆除，待填缝后再拆除，并将木楔眼填平。

(7) 密封胶嵌缝、水泥砂浆嵌缝或其他抹灰要防止污染塑料门窗，一旦出现，应在水泥硬化前用湿布擦净，以免破坏门窗表面光洁度。

(8) 室外窗台勾缝、填塞门窗缝隙，采用水泥砂浆时要防止砂浆堵塞泄水孔。

(9) 塑料门窗保护膜必须待工程竣工验收合格后方可揭掉。

(四) 检查和验收

1. 为了保证工程质量，工程验收需经过自检、抽检等多次检查。施工单位进行自检，合格后，由有关部门进行抽检和验收。

2．检查数量按门窗品种、樘数各抽查 5％，且每组不得少于 3 樘。

3．产品质量是保证门窗安装质量的关键，而厂家的生产许可证、产品的出厂合格证及法定检测单位的测试报告又是产品质量的可靠保证。故门窗质量应符合国家标准《PVC 塑料门》（JG/T - 3017)、《PVC 塑料窗》（JG/T - 3018）的有关规定。安装时，供货厂方应提供符合上述标准的产品合格法定文件、证件。

4．安装工程中所用门窗的品种、规格、开启方向、安装位置及质量应符合设计图纸的要求。

5．安装地区及建筑设计要求不同，对塑料门窗及其附件的材质要求也不同，但塑料门窗材质和其附件材料（密封条、压条、连接件等）两者之间必须一致，否则会影响门窗使用寿命及密封隔声等物理性能。故在审查及检测这些塑料附件、配件时，要和主型材同等对待。

6．分层进行洞口的交接检验验收，使洞口误差严格控制在规范允许范围内。

7．做好工序间交接验收。有些可作为隐蔽工程验收记录，如填充弹性材料前验收固定铁片的数量和质量以及缝隙内是否干净，组合窗拼樘料与建筑结构的连接质量；抹灰前验收填充弹性材料的质量；灌密封胶前验收抹灰层的平整、细腻、洁净和干燥程度。各项验收必须严格对照设计详图，仔细检查，做到各方责任明确，共同保证质量。

为使门窗开关灵活、美观、耐用，门窗的安装要有一定的精度，其允许偏差应在规定的范围内。

（五）塑料门窗安装工程常见问题及其防治

1．门窗松动
分析：固定铁片间距过大，螺钉钉在砖缝内或砖及轻质砌块上，组合窗拼樘料固定不规范或连接螺钉直接插入门窗框内。

防治：固定铁片间距不大于 600 mm，墙内固定点应埋木砖或混凝土块，组合窗拼樘料固定端焊于预埋件上或深入结构内后灌注 C20 混凝土，连接螺钉严禁直接插入门窗框内，应先钻孔，然后旋进全螺钉并和两道内腔肋紧固。

2．门窗框安装后变形
分析：固定铁片位置不当，填充发泡剂时填得太紧或框受外力作用。

防治：调整固定铁片位置，填充发泡剂应适度，框安装前检查是否已有变形，安装后防止脚手板搁于框上或悬挂重物等。

3．组合窗拼樘料处渗水
分析：节点无防渗措施，接缝盖缝条不严密，扣槽有损伤。

防治：拼樘料与框间先填以密封胶，拼装后接缝处外口也灌以密封胶或调整盖缝条、扣槽损伤处填密封胶。

4．门窗框四周有渗水点
分析：固定铁件与墙体间无密封胶，水泥砂浆抹灰没有填实，抹灰面粗糙，高低不平，有干裂或密封胶嵌缝不足。

防治：固定铁件与墙体相连处灌以密封胶，砂浆填实，表面做到平整细腻，密封胶嵌缝位置正确、严密，表面用密封胶封堵砂浆裂纹。

5. 门窗扇开启不灵活，关闭不密封

分析：框与扇的几何尺寸不符，门窗平整与垂直度不符。密封条扣缝位置不当，合页安装不正确，产品不精密。

防治：检查框与扇的几何尺寸是否协调，检查其平整度和垂直度；检查五金件质量，不合格调换。

6. 固定窗或推拉（平开）窗窗扇下槛渗水

分析：下槛泄水孔太小或泄水孔下皮偏高，泄水不畅或有异物堵塞。安装玻璃时，密封条不密实。

防治：加大泄水孔，并剔除下皮高出部分；更换密封条；清除堵塞物。

第三节　铝合金门窗组装与安装施工技术

铝合金门窗具有自重轻、高强、刚度大、耐腐蚀、表面光洁、造型美观、装饰性强等特点。其颜色有银白、茶色、黑色等。安装后不再涂刷油漆，维护费用低，其缺点是导热系数大，在寒冷地区的冬季，铝合金门窗内侧产生结露或有冷凝水掉落。国家规定只允许在高层和高标准建筑中应用。随着木门窗应用量逐渐衰退，在塑料门窗尚未普及的情况下，铝合金门窗迅速普及，市场占有率很高，已突破国家的限令。这是一种暂时现象，今后将会随着塑料门窗产量的提高、造价的降低，而成为建筑市场中的主流。

一、普通铝合金门窗型材

（一）普通铝合金型材生产简介

铝合金门窗和塑料门窗生产相同，也是先生产型材，后组装成门窗。

铝合金门窗型材是由铝锭制成铝合金毛坯，由铝合金型材加工厂按照门窗的需要，将铝合金坯料高温加热后，采用挤出工艺技术生产出的。

（二）普通铝合金门窗型材断面特点及形式

铝合金门窗型材断面形式、尺寸是根据门窗用途、开窗形式、力学要求、刚度要求而设计的。国家已制定了相应的质量标准、检测方法以及有关的规定和标准。其断面形式互换性差，断面具有不可变更性，一种断面仅适用于一种门窗类型。断面的壁厚根据断面大小及其功能作用分为 1.2 mm、1.5 mm、2.0 mm、3.0 mm 等。按门窗框断面厚度尺寸划分系列与塑料门窗异型材相似，普通铝合金型材断面形式、尺寸及系列见图 7 - 23、图 7 - 24、图 7 - 25、图 7 - 26 所示。

（三）普通铝合金门窗的组合节点

见图 7 - 27、图 7 - 28、图 7 - 29、图 7 - 30 所示。

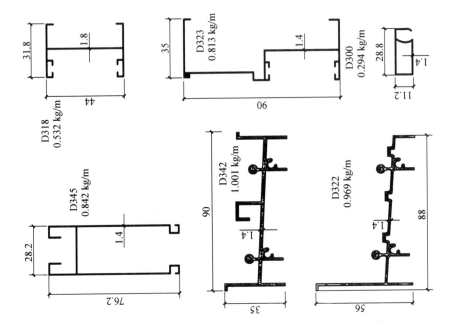

图 7-24 普通 90 系列铝合金推拉窗型材断面图

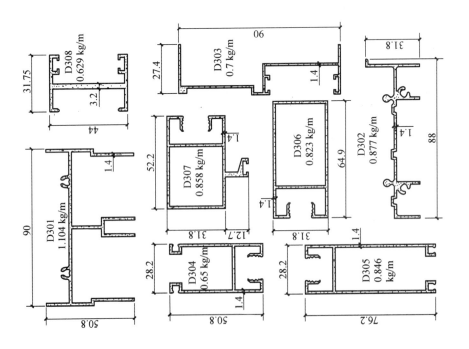

图 7-23 普通 90 系列铝合金推拉窗型材断面图

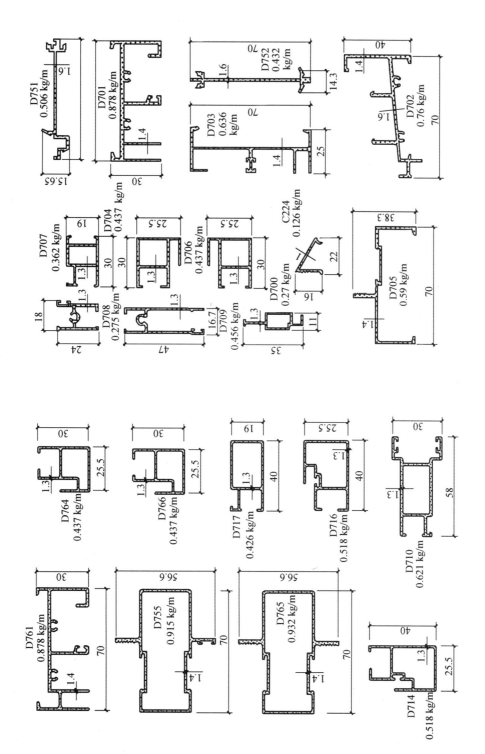

图 7-26 普通 70 系列铝合金推拉窗型材断面图

图 7-25 普通 70 系列铝合金推拉窗型材断面图

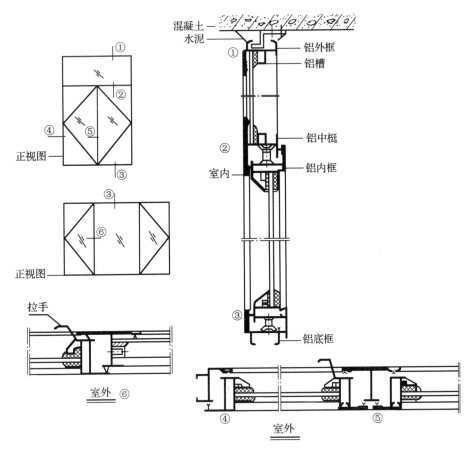

混凝土
水泥
铝外框
铝槽
铝中梃
室内
铝内框
正视图
正视图
拉手
室外 ⑥
铝底框
室外

图 7－27　普通铝合金平开窗组合节点

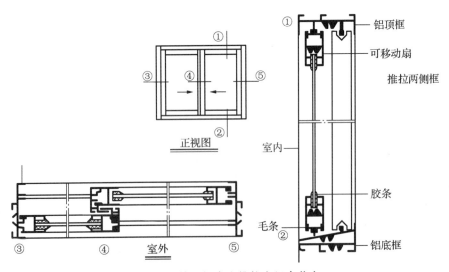

铝顶框
可移动扇
推拉两侧框
室内
正视图
胶条
毛条
铝底框
室外

图 7－28　普通铝合金推拉窗组合节点

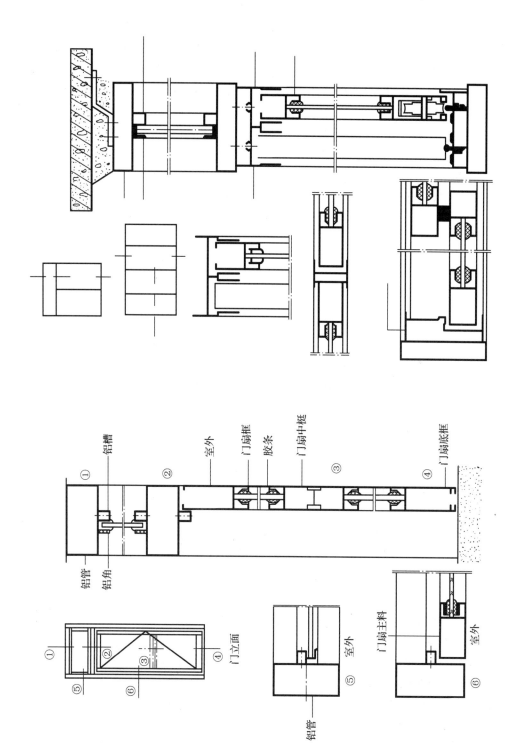

图 7-30 铝合金推拉门组合节点图

图 7-29 铝合金平开门组合节点图

铝槽

室外

门扇框

胶条

门扇中梃

门扇底框

铝管

铝角

门立面

室外

门扇主料

室外

铝管

· 289 ·

二、阻热型铝合金型材

(一) 阻热铝合金门窗型材生产技术：普通铝合金门窗型材隔热性差，寒冷地区门窗内侧冬季容易结露，为此采用阻热胶断热技术，将铝合金门窗型材分成内外两个整体，两者之间利用一种特殊高分子聚合物——断热胶进行连接，形成有效的机械强度、粘结强度、弹性模量和热稳定性与铝合金相近似，成功的切断了型材间的热传导，并能够满足门窗型材的使用要求。断热胶分为注胶和阻热插条两种。

(二) 阻热铝合金门窗型材断面形式

铝合金型材断面和普通铝合金型材断面和部分参数均相同，将型材分为两部分，中间用断热胶连接。

(三) 阻热铝合金门窗型材和组合节点见图 7 - 33。

三、铝合金门窗组装技术

普通型和阻热型铝合金门窗组装完全相同。

(一) 铝合金门窗组装方式和原则

1. 铝合金门窗框、扇的四角组装连接分为直角对接和 45°斜角对接两种，直角对接操作简便，应用较广泛。

2. 铝合金门窗框、扇四角组装的连接方法为型材内腔用角铝连接件，采用自攻螺钉、拉铆钉或下沉式平头螺钉等紧固件隐蔽连接固定。以门窗框、扇的立面不暴露螺钉为原则。

(二) 铝合金门窗组装工艺

1. 一般组装工艺过程：下料→铣榫槽→打眼→装角铝连接件→四角对接紧固→校正调整最后紧固→装嵌玻璃→装密封件（弹性密封条、毛条、密封膏、压条等）→安装五金配件→检验出厂。

2. 配料下料：目前市场供应的铝合金门窗型材长度一般为 4～6 mm。根据下达的下料单，将同一断面的长短料搭配下料，以减少型材的损耗，下料长度如下：

(1) 直角对接：

横料型材下料长度＝门窗框（或扇）的宽度－边料（竖料）断面宽度×2＋插榫长度×2＋切口磨平损耗（1～2 mm）

边料型材下料长度＝门窗框（或扇）的高度＋切口磨平损耗（1～2 mm）

(2) 45 度斜角对接：

横竖料下料最大长度＝门窗框（或扇）的宽度＋切口磨平损耗（1～2 mm）

(3) 角铝连接件：

其长度按型材内腔尺寸小 2 mm。角铝厚度为 2.5～3.0～3.5 mm。角铝可采用等边或不等边，尺寸为 ∟ 40 mm×40 mm，∟ 40 mm×20 mm，∟ 50 mm×50 mm。

3. 铣槽榫：门窗框（或扇）直角对接时横料切成榫头，竖料铣槽，榫头长度一般不超过20mm。铣槽的长度与榫头宽度相配合，槽宽应等于榫头的壁厚+0.1mm。所有尺寸误差不得大于0.1mm，见图7-31所示。45°斜角对接不是铣榫槽，而是用模板将横竖料两端切成45°斜面。

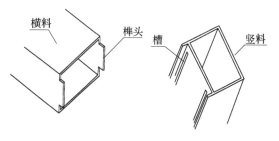

图7-31 直角对接槽榫示意图

4. 打眼：按插接件位置打紧固件螺钉眼，眼孔直径小于紧固螺钉1.0～0.5mm（拉铆钉按产品说明），要求位置准确。

5. 安装 接件（角铝）：先在竖料内侧两端用拉铆钉固定角铝一个边。位置必须准确。45°斜角对接时，角铝固定在竖料外侧空腔壁内，见图7-32所示。

6. 四角组装：先将两横料与一边竖料插接，再与另一边竖料插接，校

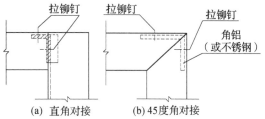

图7-32 铝合金门窗四角连接示意图

正好尺寸与角度。用卡具卡紧，在上下横料外侧打眼，用拉铆钉与内插角铝紧固。其四角的紧固强度要求应达到规范的规定，见图7-32所示。

7. 安装玻璃：在门窗扇四框组装完成之后，将玻璃嵌入型材槽内。先在下部型材槽内放入橡胶垫块两个（两侧槽内各放入垫块两个）。将玻璃放入，用玻璃压条扣紧，再压入弹性密封条，搭接处扣毛条，拼逢处挤密封胶做密封处理。

8. 五金件均采用不锈钢配件，包括合页拉手、风撑、锁扣等。安装牢固，开闭灵活、严密。

9. 检验合格后包装、贴标签。

四、铝合金门窗的安装施工技术

铝合金门窗安装节点见图7-33所示。

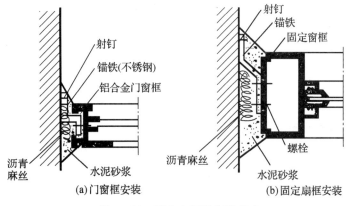

图7-33 铝合金门窗安装节点

（一）准备工作

铝合金门窗应存放合理，且应该用保护胶带护面，以防污染。附件均应做防腐处理，严禁使用可能与铝合金产生电化反应的材料，安装工作一般应在湿作业完工后进行。

（二）安装要点及技术要求

1. 安装采用塞口安装方法，不允许边砌口边安装或先安装后砌口，洞口尺寸应符合《建筑门窗洞口尺寸系列》的规定，尺寸偏差过大者应预先修补处置。

2. 弹线定门窗框的位置线，框与墙的间隙大小视饰面材料而定，一般为20～40 mm左右。标准为框外缘与装修面平齐。若为地弹簧门，则地弹簧盒表面应与室内地坪装饰表面一致。

3. 固定门窗框时应避免门窗框直接埋入墙体的所谓"刚性连接"，即应该采用柔性连接，以避免建筑物变形时门窗损坏；连接时应先将门窗定位，固定板即与墙体埋件焊牢使窗固定，或再用胀管螺栓将镀锌铁板（或1.5 mm厚不锈钢固定板）一端固定在结构上，另一端则与门窗框相连，连接点不大于500 mm，连接应牢固。框的外侧与墙体的缝隙内填沥青麻丝外抹水泥砂浆填缝，表面用密封膏嵌缝。

4. 在安装竖向组合窗或横向组合门窗时要用拼樘料，按基本窗的设计尺寸先分隔成为若干个基本窗单元，然后再安装单元窗，拼樘料的断面和门窗的系列相一致。两侧有连接扣槽与门窗框卡接或搭接，再用自攻螺钉加固。其缝隙用密封膏密封，以防止门窗在建筑物受地震力、沉降及温度应力作用下产生变形，造成裂缝降低水密性和气密性。

5. 门窗安装中使用的明螺丝，应用与门窗颜色相同的密封材料填埋，一方面提高装饰效果，另一方面又不降低密封性能。

6. 门窗外框与墙体之间的缝隙应按设计要求填塞。当设计无要求时，可用矿棉或玻璃棉毡条分层填塞，缝隙外可留5～8 mm深的槽口，填嵌密封材料。不用水泥砂浆填塞的原因是硅酸盐类水化后将产生大量氢氧化钙，使水泥砂浆呈强碱性，pH值可达11～12，从而腐蚀铝合金。有的地方用水泥砂浆填缝前，将铝合金接触面作防腐处理，而后填塞水泥砂浆也是可以的。

7. 铝合金门窗玻璃的安装应保证玻璃不直接与铝合金型材接触，与门窗之间保持弹性状态，为此常在玻璃下部垫氯丁橡胶或尼龙块，两侧多用橡胶密封条嵌塞，室外一侧还可用胶枪在密封条上部加注硅酮密封膏，打胶后要保证24 h内不受振动。

8. 清理门窗框扇、玻璃表面的污物和胶迹。若沾上水泥浆等则应随时清洗干净。安装好的铝合金门窗应做好成品保护工作。

9. 在安装过程中，应始终注意保护好门窗框扇不被损坏、碰伤、划伤，如吊运时表面应用非金属软质材料衬垫，用非金属绳索捆扎，选择牢靠平稳的着力点；不应把门窗框扇作为受力构件使用，如在上面安放脚手架、悬挂重物或在框扇内穿物起吊等，应注意防止电焊火花落到门窗上。

（三）安装质量要求

1. 所用门窗的品种、规格、开启方向和安装位置应符合设计要求。同一立面上的门窗在水平和垂直方向应整齐一致。

2. 门窗扇应开启灵活，无倒翘、无阻滞及反弹现象。五金配件应齐全，安装位置正确，关闭后密封条处于压缩状态。

3. 安装好的门窗，预埋件的数量、位置、埋设连接方法应符合设计要求；安装牢固，横平竖直，高低一致。门窗外框垂直度偏差≤2 000 mm 时≤2.0 mm；>2 000 mm 时≤2.5 mm。水平度偏差≤2 000 mm 时≤1.5 mm，>2 000 mm 时≤2 mm。

4. 安装好的门窗应能承受设计所要求的风荷载、水密性和气密性。

5. 门窗表面不应有明显的损伤。

五、常见质量问题及其防治

（一）门窗安装不规矩，不方正

主要原因是门窗存放过程中受压、不均匀受力变形；吊运时着力点不合适或安装时将门窗框用作受力构件使用；安装时未认真锤吊和卡方就急于固定。

防治措施：应认真按技术要求存放和安装。

（二）表面污染，有黑点、胶痕

门窗框未贴包护纸或过早撕掉，溅上水泥浆等未即时清洗，电焊火花落到门窗框扇上等都会产生上述缺陷。

门窗框的三个面上均应贴纸保护，并在安装室内装修竣工时撕掉，用醋酸乙酯或香蕉水擦拭干净。存放时远离电焊等火源，安装过程中采取防护措施。溅上的水泥浆及时清除。

（三）推拉窗渗水

渗水常使窗下墙面上的壁纸、乳胶漆脱皮、脱落、发黄变色，这主要是由于推拉窗与平开窗相比，下框要设轨道，加上内外的封边板，使得下框凹凸不平的断面容易积水（雨水），所以推拉窗的下框若有间隙，便会产生积水渗漏现象。

防治的措施有"堵"和"排"两种办法。所谓"堵"就是要堵塞下框的所有可能产生渗水的间隙，如横框和竖框的交接缝隙，由于直角对接，存在缝隙是不可避免的，应注意加防水密封胶，常用硅酮密封胶。注胶前，应将表面清理干净，以保证密封质量。外窗台泛水坡度不够，窗框下缘与饰面交接处勾缝不密实也可能产生雨水渗漏现象，安装单位应严格按设计要求，在接缝处预留 5~8 mm 槽口，认真做好密封材料的嵌缝工作。

下框外露的螺丝钉头处，也是渗水的渠道，均应做好防水密封胶的覆盖工作。

所谓"排"就是对下框可能产生的积水及时疏导排出。目前常用的办法是在封边及轨道的根部钻一个 2 mm 左右的小孔，间距 1 m 左右，这样就可及时排走出现的积水，缩短积水在下框内存留时间，减小渗水的机会。但应注意，钻孔时严禁将下框的板壁打穿，否则便成了新的渗水渠道。窗框四周与结构的间隙均应认真做好槽口填塞、密封嵌缝的处理，否则均可产生渗水。

平开窗窗框断面较小，窗扇关闭严密，只要注意嵌缝，外窗台不反坡，窗扇没有较大变形，一般很少产生渗水现象。

（四）窗扇开启不灵活

平开窗的启闭力应不大于 50 N，推拉窗对其活动扇边梃的中间部位施加 50 N 的力应开启灵活，这是国家标准的要求。

在实际工程中，推拉窗开启不灵活的原因主要是在存放和安装过程中，框扇不均匀受力、搬运、碰撞而造成的框扇变形、轨道弯曲所致。轨道内清理不干净、有杂物也是原因之一。平开窗开启不灵活，多是合页变形所引起，如合页松动，滑槽变形，滑块脱落等均属此类。刮风时未及时关窗，风力反复作用以及保管不善即可造成合页变形。合页变形多能修复，严重者则需更换。

（五）密封性能达不到设计要求

密封性能欠佳的原因有以下几点：

1. 橡胶密封条、尼龙毛条（刷）丢失或者长度不够。

2. 橡胶密封条选型不当，胶条小缝隙宽造成松动甚至脱落，胶条大缝隙小则胶条压不进去，应选择断面配套的密封胶条。

3. 橡胶密封条材质不好，过早龟裂和失去弹性而影响密封。

（六）当采用在玻璃与槽口间隙填 10 mm 的橡胶块挤紧玻璃上涂密封胶时，若密封胶涂层过薄，常常起不到密封作用。

高层建筑推拉窗的密封胶条如若脱落、损坏，不便更换，所以外侧密封宜采用整体硅酮密封胶；弹簧门由于开启频繁，摆动幅度也较大，胶条易损或松脱，所以也应尽量采用整体硅酮密封胶密封，或者在橡胶密封条上再打一层密封胶。

上述某些内容也适宜于其他门窗质量的问题与防治。

第四节　特种门窗简介

一、防火门

防火门是用来阻止火灾蔓延的一种特制门。多用于防火墙上，高层建筑的楼、电梯口，以及高层建筑的竖向井道检查口。

（一）防火门的种类

1. 按防火等级划分共分三级。根据国际 ISO 标准的规定，防火门分为甲、乙、丙三级。甲级防火门的耐火极限为1.3 h,乙级防火门的耐火极限为0.9 h,丙级防火门的耐火极限为0.6 h。甲级防火门主要用于防火墙上的门洞口,乙级防火门主要用于高层建筑的楼梯口或电梯口,丙级防火门主要用于竖向井道的检查口。

2. 按防火门的面材及芯材可以分为四类:

木板铁皮门:这种门采用双层木板外包镀锌铁皮或双层木板单面镶着石膏板外包铁皮。也可以采用双层木板,双层石棉板并外包铁皮。它们的耐火极限均在1.2 h以上。

骨架填充门:在木骨架内填充阻燃芯材,并用铁皮封包,也可以用轻钢骨架内填阻燃芯材外包薄钢板。其耐火极限在0.9~1.5 h之内。

金属门:采用轻钢骨架,外包薄钢板,其耐火极限为0.6 h。

木质门:采用优质的云杉,经过科学难燃化学浸渍处理作框材和扇材的骨架,门扇外贴滞燃胶合板或外涂防火漆,内填阻燃材料制作而成。其耐火极限可满足甲、乙、丙三个耐火等级的要求。

(二)防火门的特点

1. 防火门可以手动开闭和自动开闭。手动开闭多用于民用建筑,自动开闭多用于公共建筑和工业建筑。

2. 甲级防火门为无窗门,乙、丙级防火门要求在门窗上安装不少于200 cm^{2}的玻璃,使用玻璃为夹丝玻璃或复合防火玻璃。

3. 防火门可以考虑吸声,作为防火隔声门,只要在芯材上做好吸声材料即可。

4. 防火门可以做成单扇或双扇,门扇800~1 800 mm(其中1 200~1 800 mm为双扇)门高2 000~2 700 mm(其中2 400 mm、2 700 mm为带亮子门)。

(三)防火门的构造

这里列举应用比较广泛的几种常用防火门。

1. 钢质防火门:它是采用优质冷轧钢板,经过冷加工成型。门扇料钢板厚度为1 mm,门框料厚度为1.5 mm,门扇总厚度为45 mm,其中配置耐火轴承合页、不锈钢防火门锁,表面涂有防锈剂。这种防火门使用于高层建筑的防火分区、楼梯间、电梯间等处。

2. 钢木质防火门:这种门采用钢木组合制造,门框料采用1.5 mm厚薄钢板冷弯成型,做成双裁口断面。门扇采用钢骨架,面板采用阻燃胶合板组装而成,内部填充阻燃芯材,总厚度为40 mm,其余同钢质防火门(包括应用范围)。

3. 钢质防火隔声门:这种门的门框料采用2 mm厚的优质冷轧薄钢板,经过冷加工成型为双裁口做法。门扇亦采用2 mm厚钢板,门体内填充耐火芯材及粘贴吸声材料,表面涂有防锈剂,总厚度为60 mm。主要用于有防火及隔声要求的部位。这种门的平均隔声量为39 dB。

4. 木制防火门

其规格尺寸与各地现行木门尺寸一致,基本性能见表7-7。

木制防火门性能　　　　　　　　　　　　　　　　　表7-7

技术性能指标	甲　级	乙　级	丙　级
门扇厚度 mm	50	45	40
耐火极限（h）	不低于1.20	不低于0.90	不低于0.60
强度 N/m	600	450	300
防火玻璃	夹丝或复合玻璃	夹丝或复合玻璃	夹丝或复合玻璃
阻燃胶合板	碳化面积＜50 mm²	碳化面积＜50 mm²	
木材料含水率	＜18%	＜18%	

二、隔声门

隔音门多用于室内噪声允许值较低的房间中，如影剧院观众厅的出入口、播音室、录像室等。

隔声要求应根据室外噪声级数及室内噪声级数决定。一般安静的房间其噪声级数为30 dB左右，广播室、录像室的噪声允许级数为25～30 dB左右。隔绝的噪声数叫隔声量。

一般门窗的隔声能力与材料的容重、构件的构造形式及声波的频率有关。普通木门的隔声量为19～25 dB，钢门为35 dB。双层木门（其间隙为50 mm时）隔声能力为30～34 dB。

隔声门的构造，一般采用木框架、双层钉装胶合板外部钉装人造革面包紧绷牢，中间填充超细玻璃棉或岩棉，底部为3 mm厚硬橡胶作地刷，门的企口及扇与框的连接处嵌海绵橡胶条。

目前，华北、西北地区通用的隔音门规格尺寸，洞口宽度为1 000 mm、1 500 mm、2 100 mm，高度为2 100 mm，不带亮子，其做法见图7-34所示。

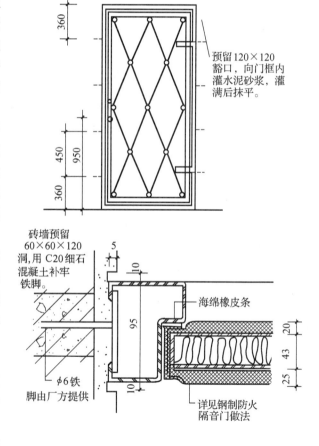

图7-34　隔声门的做法

三、卷帘门

卷帘门由金属相互扣接而成，有普通卷帘门和防火卷帘门两种，起保护门窗和封闭洞口的作用，经常用于商业建筑、工业建筑和其他建筑中。

（一）普通卷帘门

由若干帘板、卷筒体、导轨、电动传动等部分组成的门体称为帘板结构形式。它具有防风沙，防盗等功能，应用比较普遍。门体也采用扁制钢、圆钢和钢管组成的通花结构。这种通花结构各连接点都是活动节，因此可以卷伸启闭。它的开关启闭可以采用手动、电动兼手动或自动开启等方式。

卷帘门一般安在洞口外侧，帘板在外侧沿两侧导轨槽卷起，也可以装在洞口内部，帘板在内侧沿两侧导轨槽卷起。

（二）防火卷帘门

由帘板、卷筒体、导轨、电力传动等部分组成，帘板为 1.5 mm 的钢扣片，重叠连锁，具有刚度好、密封性能优异的特点。这种门还可以配置温感、烟感、光感报警系统、水幕喷淋系统，遇有火情会自动报警、自动喷淋、门体自控下降、定点延时关闭，使受灾人员得以疏散，系统防火综合性能显著。目前，国产卷帘门各类产品均可达到甲级防火门标准的要求。其强度为 12 MPa 以上。其耐火极限分为 1.3 h 至 4 h。升降速度平均为 3～9 m/min，电源电压 380 V，频率 50 Hz。防火卷帘门还兼有防烟、防盗等功能。防火卷帘门一般安装在墙体的预埋铁件上或混凝土门框预埋件上。产品规格尺寸按 300 进级。一般洞口宽度不宜大于 4.5 m，洞口高度不宜大于 4.8 m。

防火卷帘门的做法示例见图 7-35。

主要性能：隔烟性能其空气渗透最大为 0.2 m^3/min·m^2，耐风压可达 120 MPa，噪音不大于 70 dB，技术性能接近先进国家同类产品水平。

四、保温门窗

保温门窗的作用是保持室温和室内相对湿度的稳定，多用于防寒门窗、恒温门窗、冷藏库门窗等。

保温门窗的划分是根据不同地区的温度变化决定的。室外温度在零下 10 ℃ 以下的地区即可采用双层窗做保温窗。门扇的保温多在门芯板的夹层内填以保温材料，如毛毡、玻璃纤维、矿棉等。恒温恒湿门窗是指室内温度控制在 20 ℃，相对湿度在 50%～60% 的波动范围内，温度变化允许为 ±0.5 ℃，±1 ℃，±2 ℃ 及其他几个等级。

凡有以上要求的，均应按保温门窗设计，并应注意门窗的密闭。这种门窗适用于洁净车间、精密车间、游泳馆、珍贵文物收藏室等。恒温恒湿门窗的密闭，一般采用橡胶或聚氯乙烯塑料密封条进行密封。若采用双层窗，两层窗之间的净距应为 50～100 mm，最大可达 150 mm。玻璃采用普通玻璃和 2～4 层中空玻璃。层与层之间留 6.3 mm 的间隙。各层玻璃之间采用焊接、胶合等方式形成中空，玻璃之间充以干燥空气或氮气，以防止产生凝结水。保温门做法示例见图7-36。

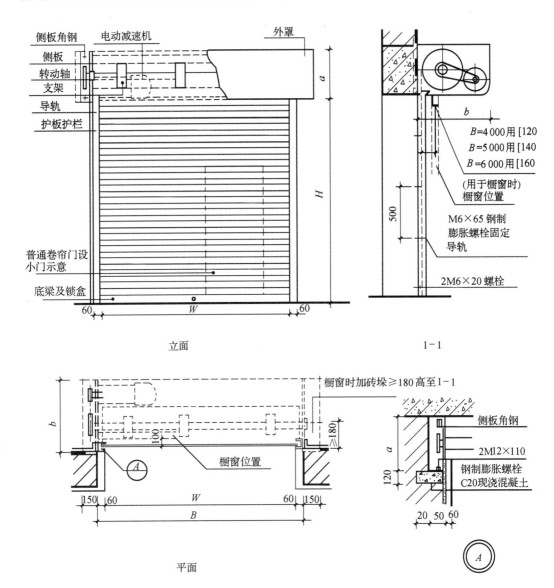

图7-35　防火卷帘门做法示例

五、拉闸门

拉闸门又称金属折叠门、棋子门，一般采用镀锌薄钢板经机械滚压工艺成型。它由空腹式双排槽型轨道，配以优质工程塑料制作的滑轮，单列向心球轴承作支承等零配件组合而成。这种门造型新颖，外形平整、美观，结构紧凑，关开轻巧省力，具有防盗功能。这种门适用于高层建筑，商场、银行等外用门窗的保护门，亦可用于住宅建筑的防盗门。一般对推拉式钢花格院墙大门称拉闸门，建筑物内外门的钢花格折叠门称棋子门。

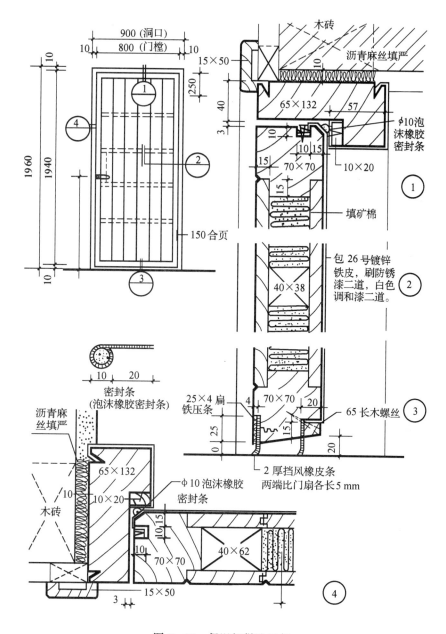

图 7-36 保温门做法示例

目前，生产拉闸门的厂家很多，这里将某厂生产的拉闸门介绍如下：

（一）主要断面尺寸

根据国家标准 GB5824-86 门窗洞口尺寸系列选用。单扇式宽度 900～2 400 mm，高度 2 100～3 600 mm，其上部可配高度为 600～1 200 mm 的固定亮子花窗。双扇式宽度 2 400～6 000 mm，高度 2 100～3 600 mm，其上部同样配有亮子。

（二）安装方式

拉闸门的安装方式有以下四种：

1. 外装式：拉闸门装在洞口外侧，关闭后的拉闸门与门洞口宽度基本一致。

2. 内装式：拉闸门嵌固在门洞内，并有与外墙齐平、居中等方式。门的框料用胀管螺栓与墙体连接，或用硬质钢钉牢固地钉于墙体上。这种做法可使拉闸门开启后，与门框宽度尺寸一致。

3. 明藏式：拉闸门安装于门洞内，闸门折叠后明藏于内门墙体之外，即内门框宽度与闸门拉开的宽度一致。

4. 暗藏式：拉闸门装在门洞墙体中线部位，并用膨胀螺栓固定于墙体上，栅栏叠起的部位用砖墙隐藏，闸门的拉开宽度与内开门框基本一致。

上述四种方式有地面导轨均应高出地面 35 mm，称高轨式；或在地面开槽，槽深约 40 mm，称地槽式。拉闸门装在洞口内部时，洞口四周应加大 10～24 mm。

六、塑料折叠门

这种门一般采用 PVC 塑料空心构件制作，悬挂于顶部轨道槽内，下部亦有轨道槽作稳定与保证门不晃动之用，这种门有单开、双开两种。单开门的宽度≤4 000 mm，高度≤2 100 mm。双开门宽度≤5 000 mm，高度≤2 400 mm。这种门的最大优点是不需油漆，有防腐、防潮、自熄性强、质轻等优点，且色泽多样，常见的有黄、棕、白色和仿木纹等。

这种门的安装是洞口顶部下木砖并用 401 胶粘牢，然后用圆头螺丝将顶部材料固定于木砖或扁铁上或用胀管螺栓安装。

七、全玻璃自动门

全玻璃自动门的门扇采用铝合金或不锈钢作外框，也可以是无框的全玻璃门，分为平开和推拉，一般为中分式用微波传感器进行开启控制。门扇运行有快有慢，可以调节，它的启动、运行、停止等动作均可达到最佳协调状态，以确保其关闭严密。若人或物被卡在门中间时，自控电路会自动停机，安全可靠，使用方便。若遇停电，还可进行手控。它适用于宾馆、饭店、大厦、机场、医院、商场、计算机房及净化车间。

（一）门的构造

1. 全玻璃无框自动门：由 11 mm 厚钢化玻璃门扇，上下门扇包框，地弹簧、门顶弹簧组成。

2. 全玻璃有框自动门：由铝合金外框（银白色或茶色）11 mm 厚钢化整块玻璃组成。可分为两扇型、四扇型、六扇型等。在自动门的顶部有机箱层，用以安置自动门的机电装置。

（二）开关原理

ZM－E2 型自动门是由感应开关目标讯号的微波传感器和进行讯号处理的二次电路

控制箱两部分组成。微波传感器采用 X 波段讯号的"多普勒"效应原理，对感应范围内的活动目标所反应的作用讯号进行放大检测。从而自动输出开门或关门控制讯号。自动门出入控制一般只需要用两只感应探头，一台电源配套使用。二次电路控制箱是将微波传感器的开、关讯号转化为控制电动机正、反旋转的讯号处理装置。它由逻辑电路、触发电路、可控硅主电路、自动报警停机电路及稳压电路组成。主要电路采用集成电路技术，使整机具有较高的稳定性和可靠性。微波传感器和控制箱均使用标准插连接，使各机种具有互换性和通用性，微波传感器及控制箱在自动门出厂前均已安装在机箱内。

（三）自动推拉门安装

1. 地面导向轨道安装：全玻璃自动门地面上装有导向性下轨道，在做地面时，须预埋 50～75 mm 木条一根，自动门安装时撬开木条，形成凹槽内架设轨道，轨道长度是门扇宽度的 2 倍。

2. 横梁安装：全玻璃自动门上部设一道钢横梁，两端搭在钢壁柱上（或钢筋混凝土壁柱上），用焊接固定，横梁上设置机箱和控制自动门开关推拉的连杆装置，横梁下皮安装上部导轨槽，各装置安装好后，用饰面板将结构和设备封闭包装起来。

八、转门

（一）普通转门

它是一种由两组互成 90°角的门扇，中间用十字形立柱连接形成转轴的门，立柱上下安装在轴承上，门扇下皮距地 5～10 mm 装拖地橡胶条密封。转门有木质、铝质、钢质等多种，一般按设计要求单独定货。由于这类门用量较少，故无标准图。转门主要用于宾馆、机场、商店等中、高级民用公共建筑。转门可以控制人流和保证室温。转门直径为 1 500～3 000 mm，见图 7-37 所示。

（二）悬挂自动旋转平开两用门

它是由两扇组合式门扇组成一字形。每一门扇由一三角固定扇和普通门扇用特殊铰链组装而成。上部横梁中点有一组可分可合的转轴，当门扇悬挂在横梁上时即形成转门，当普通扇脱离横梁时，即变为平开扇，此时三角形扇即变为固定式门扇，见图 7-38 所示。

九、漏窗

漏窗是一种装饰窗，有普通漏窗与灯光漏窗之分。漏窗一般均采用硬木制作。其距地高度一般为 1.5～2 m 左右。涂料一般采用丙烯酸清漆，颜色可以仿红木或其他颜色。

灯光漏窗两侧为 3 mm 厚普通玻璃，内装灯具。漏窗的形状有方形、六角形、扇面形及各种博古架状。洞口尺寸有 900 mm×900 mm、1 000 mm×1 000 mm、1 100 mm×1 800 mm、1 200 mm mm×1 800 mm 等。

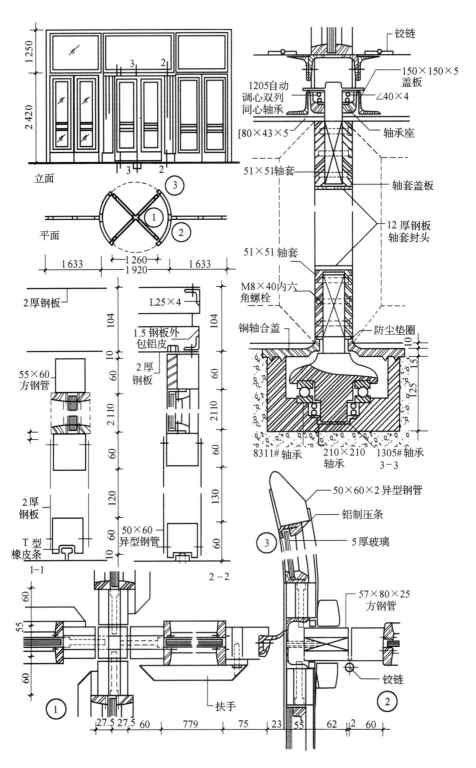

图 7-37 普通转门做法

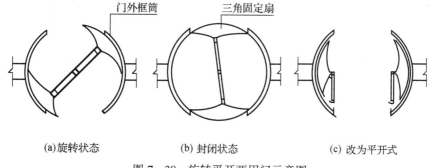

门外框筒　　三角固定扇

(a)旋转状态　　　　(b) 封闭状态　　　　(c) 改为平开式

图 7－38　旋转平开两用门示意图

十、橱窗

橱窗是商业建筑展示商品或进行宣传摆放展品的专用窗。前者多附属于建筑物的首层，后者一般单独存在。橱窗主要需要解决好防雨遮阳、通风采光、凝结水及灯光布置技术等问题。

（一）橱窗的尺度

橱窗距地高度（室外地坪）一般为 300～450 mm，最高不宜大于 800 mm。橱窗深度一般为 600～2 000 mm 之间。橱窗高度随建筑物的层高及展示的展品而定。

（二）橱窗的构造

橱窗多依两柱或砖垛间设置，也有单独设置的。橱窗的地面宜采用木地板，地坪应高出室内地坪不少于 200 mm。橱窗地面距天然地坪之间应做好通风设施（通风算子）。橱窗玻璃一般选用 10 mm 左右的橱窗玻璃，并用硅酮胶进行嵌缝。橱窗的窗框用钢材、钢木、铝合金、不锈钢、木材等制作。橱窗顶部应做吊顶，并做通风口。内部安装灯具。橱窗后墙可采用胶合板制作的木夹板墙并设小门。

十一、隔音窗

隔音窗多用于播音室、录音室及声学实验室等房间，做成固定式和平开式两种。其密闭方式主要为橡胶密封条封边。隔音窗的洞口尺寸为 1 500 mm×1 200 mm，采用 5 mm 玻璃，做成双层或单层。其木框采用优质硬木，含水率不得超过 18%，表面刷漆。用 PVC 塑料窗，其密闭性、隔声性比木窗更好，隔音窗的做法示例见图 7－39 所示。

十二、活动百叶窗

它是可以提开或转变角度的一种遮光设施。有两种形式，一种是水平式，另一种是垂直式。其材料大多为铝合金页片、硬塑料页片、木板页片和硬质纤维织物页片。活动百页窗不但可以遮阳，而且可以改变光线强度，亦可作为房间的隔断使用。

（一）水平百叶窗帘一般采用铝合金页片和硬塑料页片。宽度为 28 mm、35 mm、42 mm，厚度为 1 mm 左右。用尼龙绳做拉绳串接。它可以自由升降和调节角度。百页

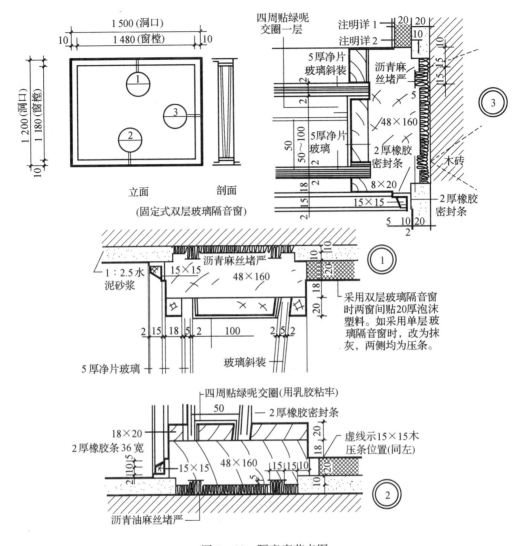

图 7-39 隔音窗节点图

窗帘适用于 1 200 mm、1 500 mm、1 800 mm 窗宽，其帘宽比洞口大 100 mm。百页窗帘挂接于传动架上，传动架用射钉或胀管螺丝固定过在梁底部或侧部。

（二）垂直百叶窗帘一般采用硬塑料页片制作，宽度为 40～50 mm 左右，厚度为 1 mm，用尼龙绳串接。其宽度和长度可以随窗宽和高确定。一般能在 0～180 度范围内任意改变方向。

第五节　室内隔断施工技术

一、玻璃木隔断

玻璃木隔断有底部带档板、带窗台及落地等几种。

玻璃可以选用压花玻璃、磨砂玻璃、普通玻璃。玻璃分块尺寸边长在 1 m 以内时，厚度选用 3 mm，在 1 m 及以上时，厚度选用 5 mm。玻璃木隔断挡板表面可以采用塑料贴面板或胶合板，顶部墙体应下木砖，中距 500 mm，用膨胀螺栓进行固定。

带窗台的玻璃木隔断，窗台高 900 mm。可以用砖砌窗台或和内墙做法相一致。窗台可以采用水泥砂浆抹面、木窗台板和预制水磨石窗台板。落地的玻璃木隔断，底部留踢脚板，高度通常取 150～200 mm。带窗台板的玻璃木隔断节点见图 7－40 所示。

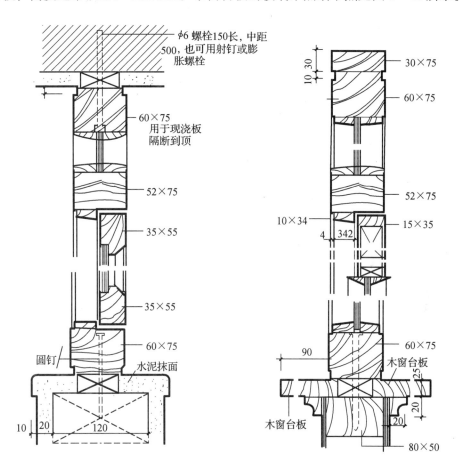

图 7－40　带窗台板的玻璃木隔断示意图

另外还可用玻璃砖隔断、铝合金花饰玻璃隔断等。

玻璃砖隔断由玻璃砖拼接而成，玻璃砖的规格一般为 190×80（双层空心），或其他规格尺寸。适用高度为 3 m 以下，宽度在 4.6 m 以下。

玻璃砖隔断的纵横网格均配双向 $\phi 6$ 钢筋，每砌一皮玻璃砖加配 $\phi 6$ 钢筋一根。玻璃砖两侧外框可以作混凝土或不锈钢、铝合金立柱。

玻璃砖隔断的做法见图 7－41 所示。

铝合金花饰玻璃隔断由铝合金框、压条，铝合金花饰玻璃组成。表面颜色有茶色、银白色、金黄色等。

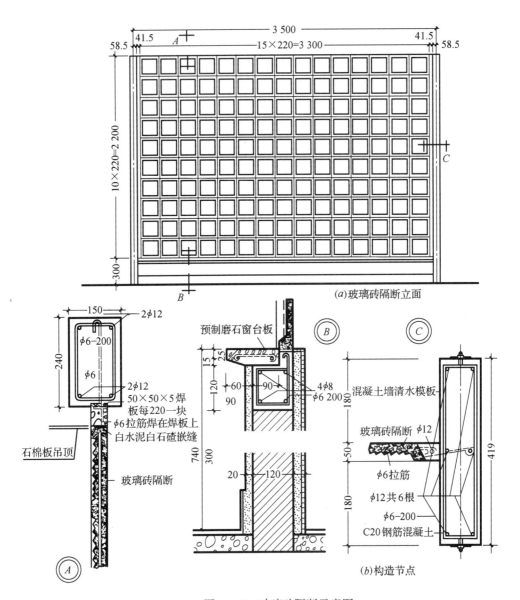

图 7‑41　玻璃砖隔断示意图

铝合金花饰玻璃隔断中的玻璃采用 6～10 mm 厚玻璃，花饰边部的铝合金压条花饰用 XY508 胶粘贴于玻璃上。隔断的底部留踢脚，高度为 150 mm，通过连接件与埋件焊牢。顶部及侧部均通过连接件与板底及墙侧边的埋件焊牢或用胀管螺栓固定。

铝合金花饰玻璃隔断做法见图 7‑42。

二、石膏板隔断

石膏板隔断总体厚度为 80 mm，可采用 12 mm 厚纸面石膏板，与石膏龙骨、轻钢龙骨安装而成，适用高度为 3 m 及以下。石膏龙骨间距在 450 mm 以内，龙骨断面 50 mm×80 mm，龙骨与顶板、龙骨与面板均采用 SG 792 胶黏剂粘接。

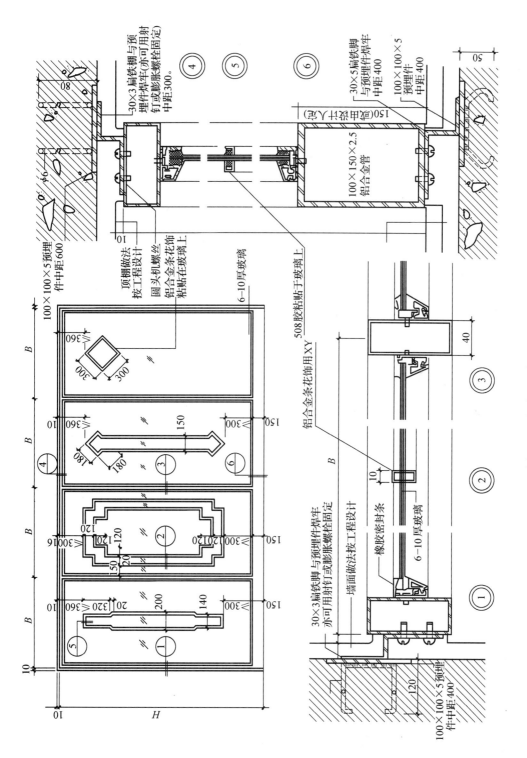

图 7-42 铝合金花饰玻璃隔断图

石膏龙骨的底部用木楔背牢，用 SG 792 胶黏剂粘牢。

高窗根据需要决定，一般预埋 $\phi6$ 螺栓，长 150 mm，中距 500 mm，也可采用射钉或膨胀螺栓固定。

石膏板隔断见图 7–43 所示。

另外还可做成石膏板架柜式隔断。

石膏板架柜式隔断的适用高度为小于 3 000 mm，隔断底部为窗台柜，上部为架柜式隔断。石膏架柜式隔断采用 12 mm 厚石膏板拼装制作，柜架深度一般为 300 mm。架柜面层一般有三种做法：玻璃钢复面石膏板架柜式隔断及窗台柜，采用纸面石膏板为骨架，1.1 mm 厚玻璃纤维布、脲醛树脂、玻璃钢三层做法为复面层，在复面层上刮腻子外刷混油两道，之后再刮腻子外贴木纹壁纸。石膏板架柜式隔断底部应留踢脚板，可以用砖砌筑，外抹砂浆，顶部预留 5 mm 缝隙，用 SG 792 胶与顶部粘牢。

三、活动、可拆式木隔断

隔断单元采用木骨架、胶合板拼装。单扇宽度 600～900 mm，高度在 3 m 以下。

隔断底部留 150 mm 空隙，并用 $\phi5$ 镀铬钢管插入地面垫层中，隔断顶部采用 $\phi35$ 钢管与板底埋件焊牢，见图 7–44 所示。

活动隔断是为了灵活运用室内空间，调整空间大小，用设置活动隔断的办法，来满足不同使用要求。

（一）活动隔断的应用范围

活动隔断多数应用在高级宾馆的客房、餐厅雅座、中小学教室以及住宅。如日本的中小学教室设学生课下活动空间和午餐使用空间。为了多功能使用，将课下活动空间、午餐使用空间和教学活动空间用悬吊式隔断隔开，下课后，午餐时可将活动隔断推开，以扩大其活动空间和使用空间，达到了多功能使用。

设计活动隔断时，必须设隔板折叠后的存放位置和隐蔽设施。此外，地面导槽或轨道不得高出地面。

（二）活动隔断的种类

活动隔断的种类，从形式上可分为拼装式和折叠滑动式，从隔断板构造上可分为单一板材、复合夹芯板材、软质帷幕、玻璃折扇等。隔断类型见图 7–45、图 7–46 所示。

（三）活动隔断所用的材料除木质板（包括木框镶板、木拼板、纤维板、木框夹芯胶合板、木框玻璃扇等）外，还可用其他材料，例如：

1. 金属板：包括镀锌铁皮、彩色镀锌钢板、铝合金板、不锈钢板等，这些金属板可制成压型板、格子板、框架平板等形式。

2. 塑料板：外墙应用的各种塑料板。

3. 夹芯材料：包括聚苯乙烯泡沫塑料、聚氨酯泡沫塑料、膨胀珍珠岩、矿棉、岩棉等。

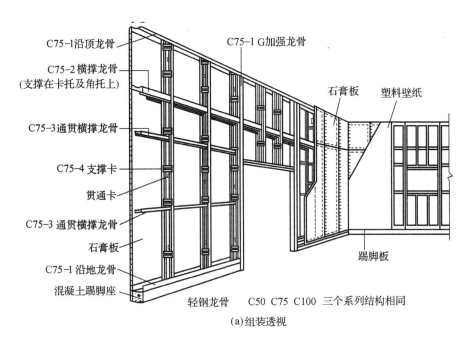

C75-1沿顶龙骨
C75-2横撑龙骨
（支撑在卡托及角托上）
C75-3通贯横撑龙骨
C75-4支撑卡
贯通卡
C75-3通贯横撑龙骨
石膏板
C75-1沿地龙骨
混凝土踢脚座

C75-1 G加强龙骨
石膏板
塑料壁纸
踢脚板

轻钢龙骨　C50 C75 C100 三个系列结构相同

(a)组装透视

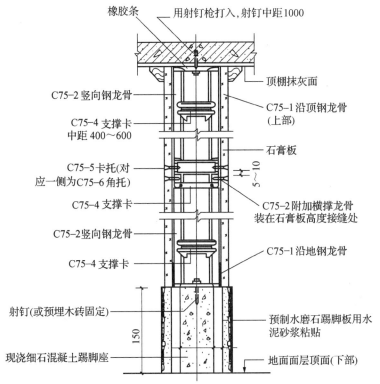

橡胶条
用射钉枪打入，射钉中距1000

C75-2竖向钢龙骨
C75-4支撑卡
中距400～600
C75-5卡托(对
应一侧为C75-6角托)
C75-4支撑卡
C75-2竖向钢龙骨
C75-4支撑卡

顶棚抹灰面
C75-1沿顶钢龙骨
（上部）
石膏板
5～10
C75-2附加横撑龙骨
装在石膏板高度接缝处
C75-1沿地钢龙骨

射钉(或预埋木砖固定)
150
现浇细石混凝土踢脚座

预制水磨石踢脚板用水
泥砂浆粘贴
地面面层顶面(下部)

(b) 隔断剖面

图 7-43　轻钢龙骨石膏板隔断图

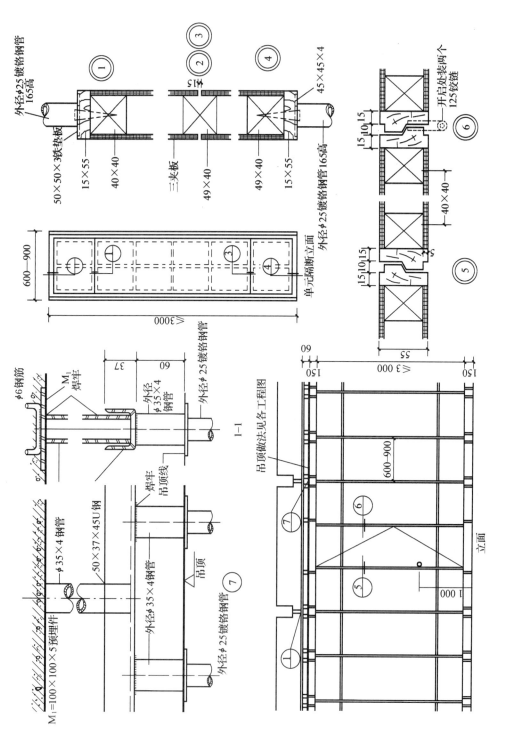

图 7-44　可拆式木隔断图

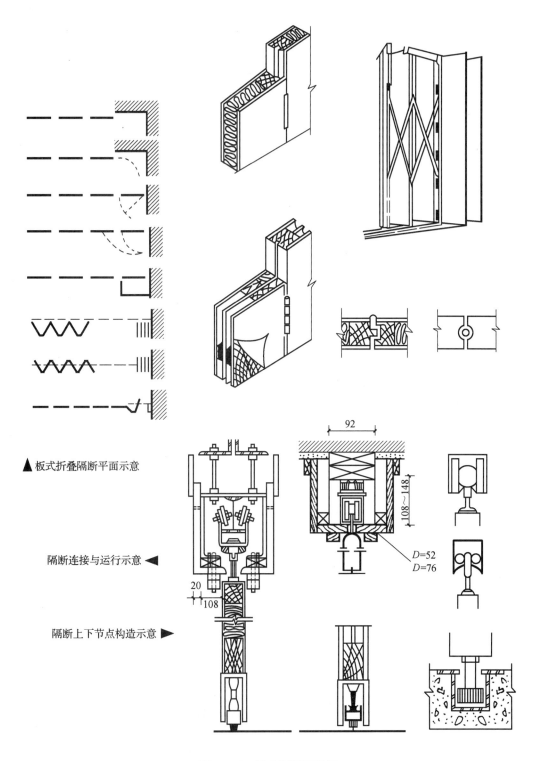

▲ 板式折叠隔断平面示意

隔断连接与运行示意 ◄

隔断上下节点构造示意 ►

图 7‑45　活动隔断示意图

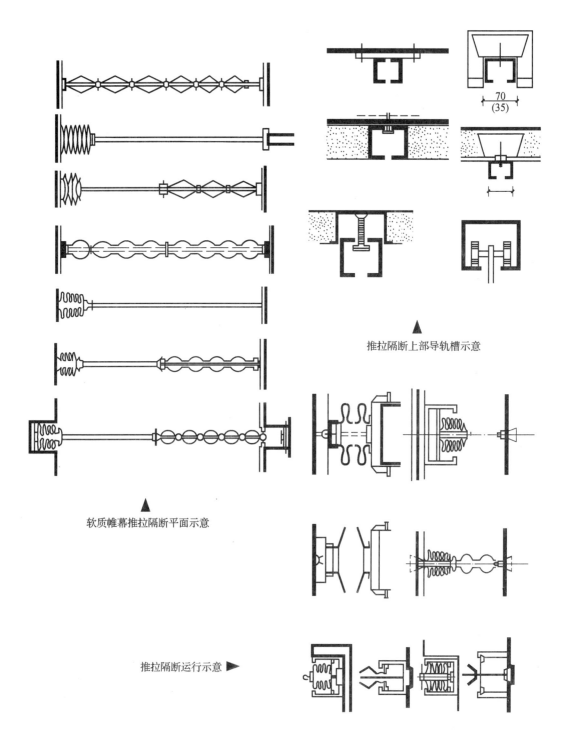

推拉隔断上部导轨槽示意

软质帷幕推拉隔断平面示意

推拉隔断运行示意 ▶

图 7-46　活动隔断示意图

（四）活动隔断的种类

1．拼装隔断：隔断板两侧做成企口缝等盖缝、平缝。两端嵌入上下槛导轨槽内，利用活动卡子连接固定，同时拼装成隔断，不用时可拆除重叠放入壁龛内，以免占用使用面积。

2．折叠滑动隔断：它分悬吊式滑动方式和支撑式滑动方式两种。

悬吊式：它是在隔板顶面设滑轮，并与顶板悬吊的轨道相连，构成上部支点。在隔断板下部地面设导向轨道或导向地槽，以保证隔断板的滑动轨迹；也可不设地槽，而在隔断板下端两侧设密封刷或密封槛，这时的悬吊滑轮应安装在隔断板的顶面中央部位，见图7-47所示。

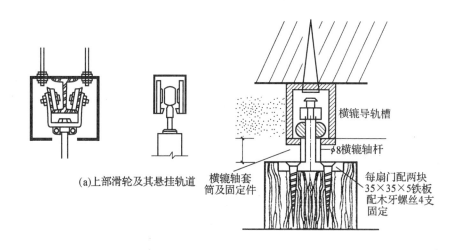

(a)上部滑轮及其悬挂轨道

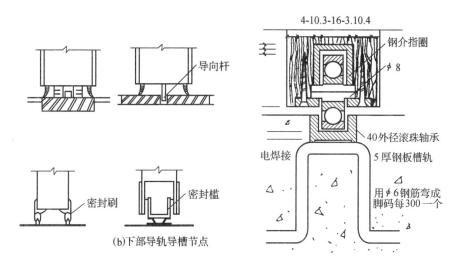

(b)下部导轨导槽节点

图7-47　悬吊式隔断节点图

支撑式：这种固定方式与悬吊式基本相同，只是滑轮在隔板下部，楼地面设轨道，起支撑与滑动作用。在隔板上部安装导向杆插入顶部导槽内，以保证隔板水平滑动，见图7-48所示。

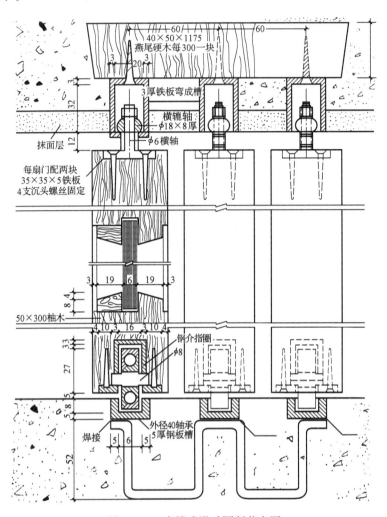

图7-48　支撑式滑动隔断节点图

3. 其他形式隔断：活动隔断的隔板采用软质材料制成帷幕隔断；用竹片、金属片制成百叶隔断；隔断滑动方向可以转弯、二维滑动等。其主要构造在于滑动轨道的敷设形式、滑动导槽与滑轮的安装。安装时注意隔板的重心垂直度，以利隔板的滑动顺畅。总之，根据需要，隔断可以做成各种滑动形式。

四、博古架式隔断

博古架式隔断采用20 mm厚车厢板或中密度板组成，端部采用水曲柳作封口，通过墙体外侧25 mm×30 mm龙骨与墙体内的预埋木砖相连，或用胀管螺栓固定。隔断的四周可以做成五夹板墙面或抹灰墙面，贴塑料壁纸墙面。也可做成用木板加工成家具式博古架摆放。博古架式隔断见图7-49所示。

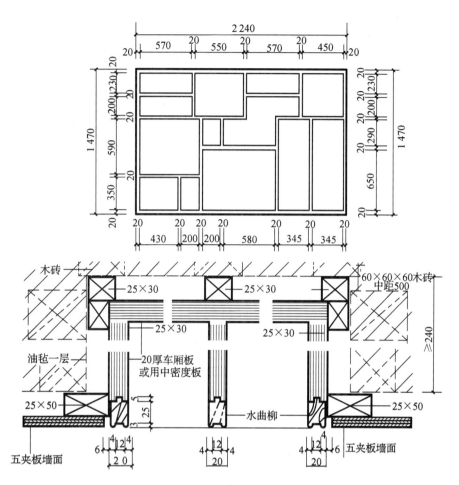

图 7-49　博古架节点图

第六节　建筑花饰制作与安装技术

一、花饰工程的施工方法

(一) 施工准备

1．做好基层或基体表面的处理工作。

2．在墙上弹出中心线、分格线或有关尺寸控制线。

3．在抹灰面上安装花饰时，应检查抹灰是否硬化固结，并于安装前，浇水润湿。

4．预安装。在基面处理妥当后，可以进行试安装，必要时先做样板或样板间。

(二) 花饰的制作与安装

对于水刷石花饰、石膏花饰、水泥花饰、斩假石花饰等的制作可分为塑制实样（阳模）、浇制阴模和铸造花饰三道工序。

1. 阳模制作：阳模常用石膏、纸筋灰、泥土制作。制作时应根据设计时的要求，用刻（可在石膏板上用刀刻出）、塑（可用纸筋灰层层堆起，再用小铁皮塑出）等方法做出。另外，泥塑阳模因其成本低、操作方便而应用广泛。做法是先将生泥加水反复捶打，成为熟土，然后像雕塑一样制作成泥塑草模，再翻成石膏阳模即可。

2. 阴模制作：水泥硬模适用于水泥砂浆花饰、水刷石花饰、斩假石花饰；明胶软模适用于石膏花饰。

（1）硬模制作：水泥硬模浇注时，先在阳模上涂一层油脂，再分好小块、套模、配筋，模要比花饰高 20 mm 以上，一些复杂的阴模，先化整为零，浇注分模，再浇整体，阴模超过 300 mm 见方时，模内配钢筋，或绑 8 号铅丝，超过 500 mm 见方时，就要分成小块浇注。

（2）明胶软模的制作：先将阳模固定在木底板上，刷清漆三道，油脂一道，安装防挡胶边框后即可浇注。明胶与水比例为 1:1，后加入甘油，加热至 70 ℃，冷却后将胶水沿花饰边缘倒入，中间不留接头，8～12 h 后即可翻模。

3. 花饰铸造

（1）水刷石花饰铸造：在阴模上刷油脂三道，然后将 1:1.5 水泥石子浆密实地填入阴模内壁，厚 10～12 mm，再填入 1:3 水泥砂浆作填充料按阴模高度抹平；后用干水泥粉做吸水料，撒在饰面表层吸水，干硬后表面划毛，最后用棕刷或喷雾器清洗。花饰较大时，可配 6～8 钢筋或 8 号铅丝、竹条等以增加起整体性。

（2）斩假石花饰的铸造，基本与水刷石花饰相同，铸造后需养护一周，然后雕琢，一般造型可先安装后雕琢；造型复杂时，则要先雕琢后安装。

（3）石膏花饰铸造时，先在阴模上刷一遍油脂，后将其放在木板上，将调好的石灰膏倒入胶模内，当倒入 2/3 时，轻振木板，使石膏均匀、密实，埋板条做骨架，放入麻丝，继续浇注，刮平，5～10 min 后即可翻模。

4. 安装施工：水刷石花饰、石膏花饰、水泥花饰、斩假石花饰等较小的花饰的安装，应先在墙上浇水、润湿，抹水泥浆 2～3 mm，花饰的对应面也应淋水，按在墙上，并临时固定，水泥浆达到一定的强度时，再拆除临时固定。注意，石膏花饰应该将水泥浆换成石膏浆。当花饰较大时，则可将花饰用木螺栓固定在预埋木砖上，但花饰与墙间的缝隙及两侧和底部应该用石膏填堵，表面破损处应该用相同材料修补。

二、花饰工程施工质量的问题与防治

（一）石膏花饰、水刷石花饰、斩假石花饰，见表 7 - 8。

石膏花饰、水刷石花饰、斩假石花饰质量的问题与防治　　　　　　表 7 - 8

项　　目	现　　象	原因分析	防治措施
石膏花饰	花饰间接缝不平，缝隙不匀，整体饰面不平整	1. 没有预拼 2. 安装控制线不准确	

项 目	现 象	原因分析	防治措施
石膏花饰	石膏腻子黏结力不强	1. 没有计量设备，配比不准确 2. 腻子配好后，停放时间过长	1. 增加计量设备 2. 在规定时间内操作完毕随用随配
水刷石花饰、斩假石花饰	花饰间接缝不平，缝隙不匀，整体饰面不平整	1. 花饰板块本身厚薄不一，有翘曲变形现象，事先未认真挑选 2. 用螺栓、螺钉固定时没有认真找平 3. 砂浆未凝结，碰动	1. 事先认真分类筛选，选择误差相近的组合在一起进行调整板块 2. 紧固螺栓螺钉前，详细纵横检查平整程度 3. 注意成品保护
	接点松动不牢固	1. 坐浆不认真、黏结力差 2. 预埋件松动或漏掉 3. 焊缝不符合要求	1. 砂浆一定要填实 2. 事先检查预埋件情况，不要漏掉，位置要对准 3. 按焊接规程施工
	饰面污染	1. 施工中不小心造成 2. 成品保护不够	1. 操作人员要及时清理饰面上的污渍 2. 加强爱护成品的教育
	图案不规则	1. 没有预埋件 2. 现场实际控制线没有绘制标明	1. 事先必须预拼装，再"对号入座" 2. 绘出各类控制线，要求有一定精度

（二）塑料、纸质花饰见表 7-9

塑料纸质花饰质量问题及其防治　　　　　　　　　　　　　　表 7-9

质量通病现象	原因分析	防治措施
花饰不对称	1. 没有周密观察装饰区内有无对称部位 2. 墙、柱阴阳角垂直偏差未了解	1. 事先观察装饰区，再对照花饰有无对称要求 2. 第一行吊垂线操作，检查阴阳角偏差，加以调整
边沿脱胶翘边	1. 基层未处理干净，凹凸不平 2. 基层含水率超过 8%，过于潮湿	1. 认真处理基层，凹凸不平处可刮腻子 2. 待基面干燥后施工
黏结不牢	1. 胶黏剂不合适 2. 黏结操作方法不对	施工前，先做样品试贴选配胶黏剂，涂刷要匀，不漏刷，不刷厚，表面干后再往上贴，自上而下，由里向外用力压实

（三）木花格、玻璃花（骨架部分）见表7-10

木花格、玻璃花格（骨架部分）常见问题及其防治　　　表7-10

质量通病现象	原因分析	防治措施
花格中的垂直立梃变形弯曲	1. 选用木材不当 2. 保管不当，日晒雨淋 3 未认真检查杆件垂直度	1. 选用优质烘干木材 2. 爱护半成品，码放整齐通风 3. 安装时应在两个方向同时检查
横向杆件安装位置偏差大	1. 加工安装粗糙 2. 原有框架尺寸不准或整体外框变形	1. 认真加工，量准尺寸 2. 如花格外框尺寸大或小于建筑洞口尺寸，需加以修复
花格尺寸与建筑物洞口缝隙过大或过小	1. 框的边梃四周缝隙很宽，填塞砂浆会脱落 2. 抹灰后，框边梃外露很少	1. 事先检查洞口与外框口尺寸误差情况，予以调整 2. 将误差分散处理，不要集中一处
外框变形	1. 木材含水率超过规定 2. 选材不适当 3. 堆放不平，露天堆放无遮盖	1. 选用规定的含水率的干燥木材 2. 选用优质木材加工 3. 堆放时，底面应水平放在一个平面内，上盖油布防止日晒雨淋 4. 对变形严重者予以矫正
外框对角线不相等	1. 榫头加工不方正 2. 拼装时未校正垂直 3. 搬运过程中撞碰变形	1. 加工、打眼要方正 2. 拼装时要校正垂直 3. 搬运时留心保护
木材表面有明显刨痕，手感不光滑而且粗糙	木材加工参数，如进给速度、转速、刀轴半径等选用不当	调整加工参数，必要时可改用手工工具精刨一次。

三、花饰、花格制品的质量要求

水泥花饰、花格，预制水刷石花饰，斩假石花饰，混凝土花格（包括构件）以及石膏花饰等制品的质量要求应符合表7-11的规定。

花饰制品质量要求　　　表7-11

制品种类	允许偏差（mm）			说明
	长（宽）度	厚度	表面平整度	
水泥砂浆制品	±1	±0	±0.5	表面平整度是用1m直尺和楔形塞尺检查其最大间隙值
水刷石制品	-2	±1	±1.5	
斩假石制品	0	0	±1.5	
预制混凝土制品	-2	-1.5	±2	
石膏制品	-1	±1	±0.5	

四、外观检查及基本要求

1. 所用的材料、半成品和制成品，其品种、规格、颜色、图案应符合设计要求。

表面整洁、色泽一致，不得有破损、翘曲、缺棱掉角、裂纹和变色、污染等。

2. 采用的金属紧固件、预埋件宜镀锌处理。未镀锌件在施焊后，必须清除焊渣，涂防锈漆。其余部位应涂防锈漆及面漆，面漆颜色必须与花饰颜色一致。

3. 花饰与基层应结合牢固，不得有空鼓、松动现象。可用轻质小锤敲击检查。凡填塞水泥砂浆、石膏浆的地方，要密实压紧。

4. 木制花饰选用的树种、材质、含水率和防腐处理方式，必须符合设计要求和《木结构工程施工及验收规范》的规定。制品的棱角整齐，交圈、接缝严密，平直通顺，位置正确。

五、花格安装的允许偏差和检验方法，见表 7 - 12。

花格安装的允许偏差和检验方法　　　　　　　　　　表 7 - 12

项　　目	允许偏差（mm）			检验方法
	金属花饰	水泥制品花格	预制混凝土花格	
表面平整	0.5	1.5	2	2 m直尺和楔形尺查是否平整
立面垂直	0.5	1.5	2	用2 m托线板检查
中心线偏移	1	1	2	用5 m拉线或拉通线检查
杆件间距	1	2	2	用尺或量规检查

项　　目	允许偏差（mm）			检验方法
	石膏花饰	水刷石、剁斧石花饰	水泥砂浆花饰	
表面平整	1	2	2	2 m直尺和楔形尺是否平整
立面垂直	1	2	2	用2 m托线板检查
接缝高低差	1	1.5	1	5 m拉线检查，不足5 m者拉通线
接缝宽度	0.5	2	1	用直尺和楔形塞尺检查
中心线偏移	0.5	2	1	用直尺检查
	0.5	1	1	用5 m拉线或拉通线检查

注　1. 水平与垂直的允许偏差值为每 m 的允许偏差值。

　　2. 单件花饰的安装偏差中心线偏移不大于 3 mm；外廓尺寸不大于 5 mm；立面垂直偏差不大于 2 mm。浮雕花饰的拼缝应严密吻合。

　　3. 木花饰、木花格、玻璃花格安装的质量要求应符合有关专业工程的规定。

　　4. 条形花饰的水平和垂直允许偏差，室内每米不得大于 1 mm，全长不得大于 3 mm，室外每米不得大于 2 mm，全长不得大于 6 mm。

第七节　室内零星配件安装技术

一、墙裙的安装施工技术

为了美化室内环境，保护内墙面，往往在人们经常活动的高度范围内，采用一些耐污染、耐冲击、耐水洗、美观、色彩协调的材料作墙裙，其高度一般为 1 100～1 500 mm，所用材料有涂料、塑料板、铝合金板、胶合板、镜面等。

（一）木墙裙

木墙裙可采用胶合板、红松板和硬木板做面层，胶合板面层以 3～5 层胶合板应用较多。在墙面先贴一层油毡，然后固定木龙骨，表面钉胶合板，木压条盖缝和收边，下部和木踢脚板相组合，有时表面贴以木雕花饰，最后刷涂料罩面，其做法见图 7-50 所示。

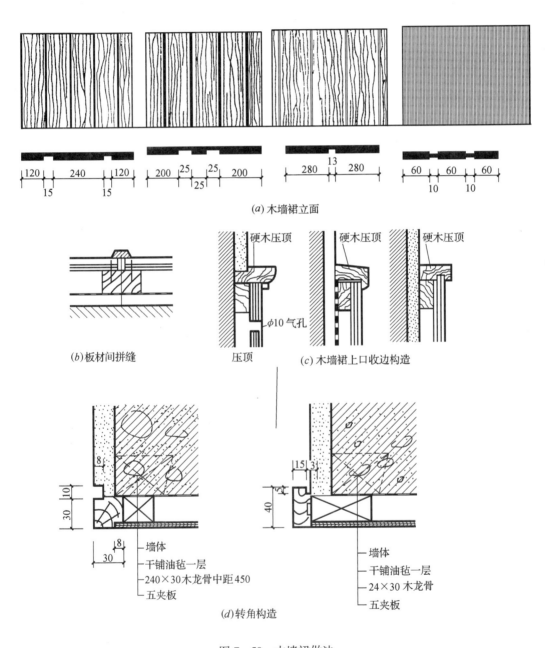

(a) 木墙裙立面

(b) 板材间拼缝　　　压顶　　　(c) 木墙裙上口收边构造

(d) 转角构造

图 7-50　木墙裙做法

（二）塑料板墙裙

塑料板墙采用 PVC 塑料扣板、挤出型中空板、格子板、平板等。构造做法和外墙装修基本相同，墙裙上部收边采用异型板条压边，下部和踢脚板相连接。

（三）人造革墙裙

它和人造革墙面构造相同，一般是在胶合板钉好后，用胶黏剂粘贴人造革再钉棱格钉。

二、踢脚板的安装施工技术

为了保护墙裙免受外力冲击和增加室内装修艺术效果，在地面以上 100～150 mm 高度内，沿内墙四周做踢脚板，采用的材料有水泥砂浆、木板、塑料、石材等。

（一）木踢脚板

它经常采用 15 mm 厚松木板、硬杂木、水曲柳制作，刨光、刻线、背面裁凹槽，踢脚板接缝多设在转角处，其他部位的接缝多作花饰、搭盖缝连接。高级房间将踢脚板表面雕刻花纹、镶贝壳花饰，见图 7‑51 所示。

施工注意事项：

1. 板面要垂直，上边缘呈水平线，在踢脚板与地板交角处，钉上三角木条，盖住缝隙。

2. 板面应预先刨光，在靠墙一面开成凹槽，并应开 $\phi6$ 通风孔，间距 1 m 左右。

3. 踢脚板交接处应在防腐木块处（错缝或企口缝），防腐木块砌入墙内，中距 750 mm，其上再钉防腐木块。

4. 踢脚板在墙角处，应将板锯成 45°角。

（二）PVC 塑料踢脚板

用 PVC 塑料挤出法生产的踢脚板，质轻美观，现在已商品化，有仿木、仿大理石花纹图案，它和墙体可直接用胀管螺钉固定；也可以钉在木龙骨上或利用踢脚板上的舌簧卡子扣入卡座上固定。其做法和外墙装修构造节点相同。

（三）大理石踢脚板

它的安装做法和墙面贴大理石做法相同。粘贴踢脚板时应注意以下几点：

1. 踢脚板的色调应与墙裙相匹配，以选用深色为宜。

2. 与室内环境相协调。

三、挂镜线、挂镜点的安装

在展览室、办公室、居室等处，为了便于悬挂装饰物、艺术品、图片或其他物品，经常在室内墙壁四周设挂镜线，其高度一般距地面 2 m 以上。挂镜线与墙体的固定采用

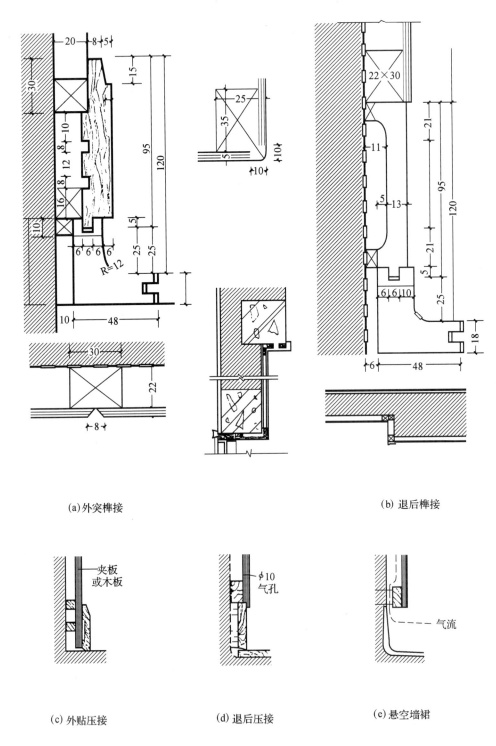

(a)外突榫接

(b) 退后榫接

(c) 外贴压接

(d) 退后压接

(e) 悬空墙裙

图 7－51　木踢脚板构造

预埋木砖木螺丝、胀管螺钉固定或用粘接剂直接与墙体粘贴，颜色多以深色为宜。

挂镜线，挂镜点可以采用木材、塑料或金属板制作，其宽度多为 30～50 mm 木制挂镜线，挂镜点多采用铁钉钉在预埋的木砖上，金属板挂镜线、挂镜点多采用胶粘贴，塑料挂镜线、挂镜点则用木螺丝拧紧。

挂镜线的接头必须在预埋木砖上，木砖间距不大于 650 mm，接头应斜坡压茬，不应直碰，背面应贴紧灰皮。挂镜线安装时，允许偏差为 3 mm。

挂镜线、挂镜点见图 7-52、7-53 所示。

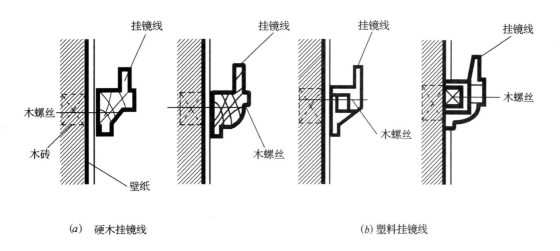

(a) 硬木挂镜线   (b) 塑料挂镜线

图 7-52 挂镜线做法

四、窗台板的安装

窗台板常用水泥、水磨石、大理石、磨光花岗石、木材等制作。

若带暖气槽窗，其洞口宽常用于 900～1 800 mm，窗台板净跨比洞口少 10 mm，板厚为 40 mm。水磨石窗台板应用范围为 600～2 400 mm，窗台板净跨比洞口少 10 mm，板厚为 40 mm。应用于 240 mm 墙时，窗台板宽 140 mm；应用于 360 mm 墙时，窗台板宽为 200 mm 或 260 mm；应用于 490 mm 时，窗台板宽度为 330 mm。水磨石窗台板的安装采用角铁支架，其中距为 500 mm，C15 混凝土窗台梁端部应伸入墙 120 mm，若端部为钢筋混凝土柱时，应留插铁。窗台板的露明部分均应打蜡。

大理石或磨光花岗石窗台板，厚度为 35 mm，采用 1:3 水泥砂浆固定。

木窗台板的厚度为 25 mm，表面应刷油漆，木砖和垫木均应做防腐处理。

木窗台板施工时应注意：

1. 同一房间内，一般应按相同的标高安装窗台板，宽度大于 150 mm 的窗台板，拼合时应穿暗带，长度超过 1.5 m 的窗台板，在窗台中间应预埋木砖，再用扁头钉钉牢。

2. 防腐木砖的间距一般为 500 mm，至少两块。

3. 板与墙接触处必须刷防腐剂防腐。

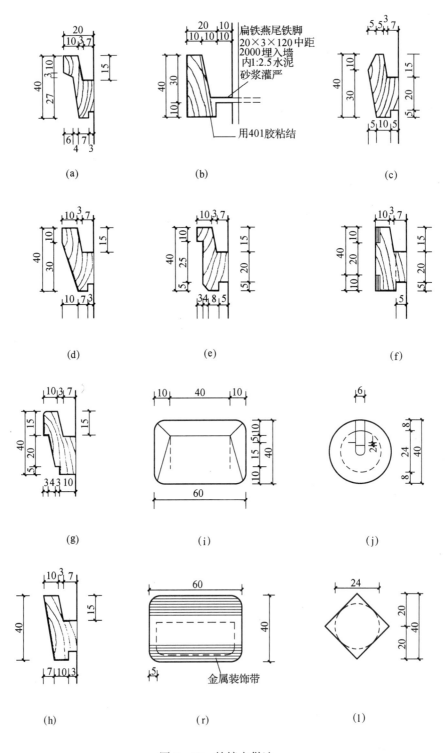

图 7-53　挂镜点做法

五、暖气罩的安装

暖气罩是室内装饰的重要组成部分，其作用是防护暖气片过热烫伤人，亦可保证冷热空气对流均匀和散热，并兼有美化装饰作用。

1. 窗下式暖气散热片在窗台下部，外侧用花格板（或平板）遮住散热片的中间高度，上下留出缝隙，以保证气体冷热对流。

2. 沿墙式铝合金散热片在室内墙壁处，暖气罩是箱式，即散热片的外侧、顶部、两端部均用花格或百页罩住，其外侧罩板可雕花、做花格，罩板内侧装铅丝网，以保证冷热对流。

3. 嵌入式

在砌筑墙体时，应在设置暖气散热片的位置预先留出壁龛，壁龛深一般为 120～250 mm。此时暖气罩为单片罩板，做成空透型，或为一单金属网编织花饰，四边框为木框，暖气罩安装在壁龛洞口外部。

4. 独立式

暖气罩为独立的管状构件或呈五面箱体，将暖气散热片前后左右均罩起来。暖气罩下端开口为冷空气进入口，上顶面设百叶片为热空气出口。

暖气罩本身有独立支点，支撑暖气罩落地。暖气罩的常用材料有木材和金属。木材暖气罩采用硬木条、胶合板、硬质纤维板等做成格片，也可以采用实木板上下刻孔的做法。木质暖气罩手感舒适，加工方便，还可以做木雕装饰；金属暖气罩采用钢、不锈钢、铝合金等金属板，表面打孔或采用金属格片，表面烤漆或搪瓷，还有用金属编织网格加四框组成暖气罩的做法，金属暖气罩坚固耐用，热传导好。暖气罩的安装常采用挂接、插装、钉接等做法与主体连接。既保持安装牢固，又要摘挂方便，以利暖气散热片和管道的平时维修，做法见图 7－54 所示。

六、其他

为了充分利用室内空间，可于室内的一些死角设壁橱；室内上部多余空间（如走道、过厅、卧室床上部等）设吊柜；在窗台下部设窗台柜。这样既增加了储存空间，又不影响下部使用活动。窗台柜顶面可以和窗台板结合起来设置，柜内可存放物品或摆设艺术工艺品、陈列产品等。

上述三种设备，其立面设计、造型设计，都要结合室内设计作艺术处理，将它们与室内设计有机地结合起来，在壁橱门关闭的表面做一些艺术装饰，和室内浑然一体，当打开放下时可做桌面、工作台或床面等。它们具有家具的功能，但不能移动。

壁橱、吊柜的常用材料有木材、胶合板、纤维板、金属板包箱、硬质 PVC 塑料板等。柜门还可用玻璃、有机玻璃等材料。

壁橱、吊柜、窗台柜均有活动门扇，有平开、推拉、翻转、单扇、双扇等形式。可视周围环境而选择。吊柜的下皮标高应在 2.0 m 以上，三种柜的深度一般不宜超过650 mm。壁橱、吊柜、窗台均有标准设计图集，供设计人员选用。

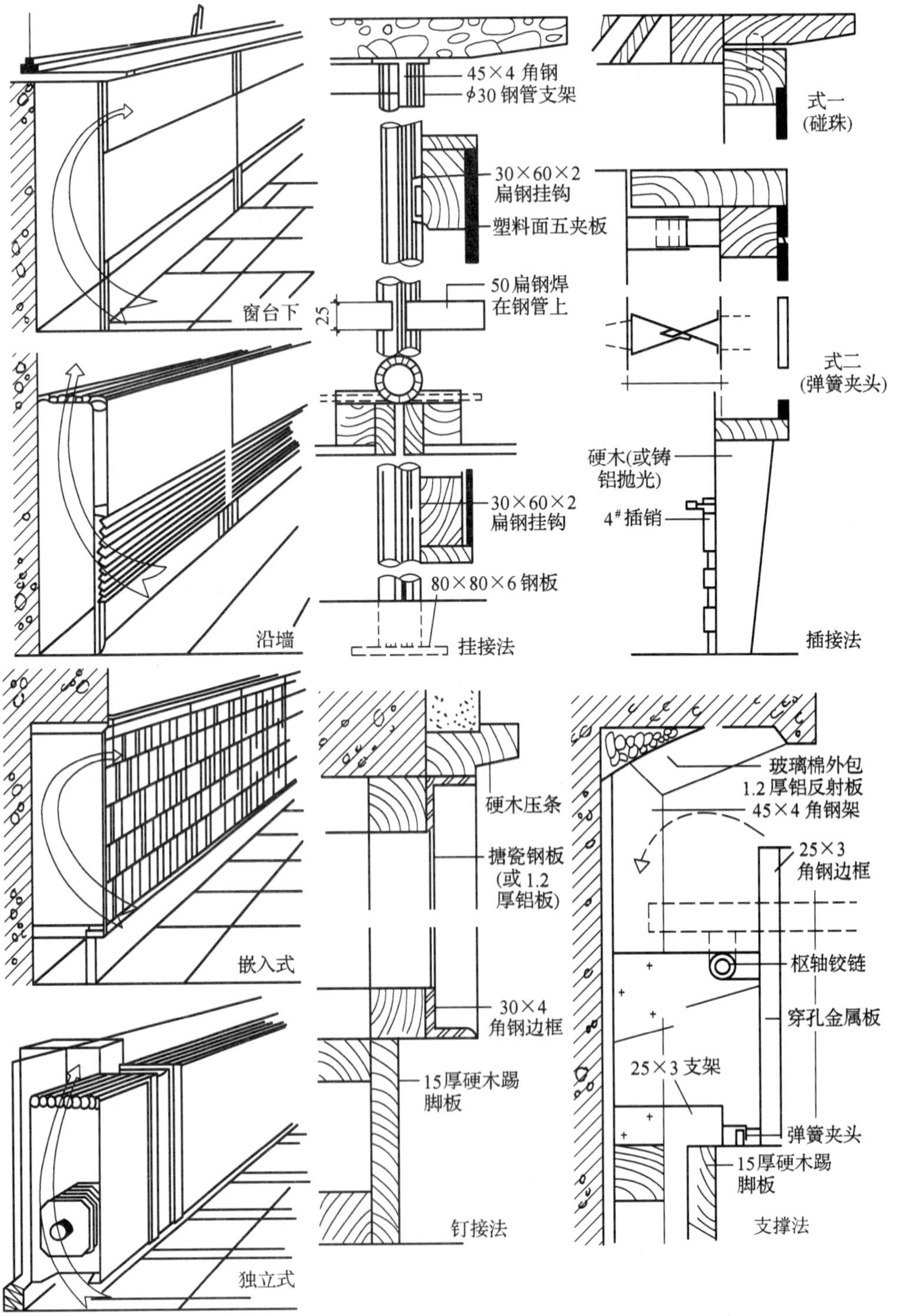
窗台下
沿墙
嵌入式
独立式
45×4 角钢
ϕ30 钢管支架
30×60×2
扁钢挂钩
塑料面五夹板
25
50 扁钢焊
在钢管上
30×60×2
扁钢挂钩
80×80×6 钢板
挂接法
硬木压条
搪瓷钢板
(或 1.2
厚铝板)
30×4
角钢边框
15厚硬木踢
脚板
钉接法
式一
(碰珠)
式二
(弹簧夹头)
硬木(或铸
铝抛光)
4# 插销
插接法
玻璃棉外包
1.2 厚铝反射板
45×4 角钢架
25×3
角钢边框
枢轴铰链
穿孔金属板
25×3 支架
弹簧夹头
15厚硬木踢
脚板
支撑法

(a) 布置方式　　　(b) 各种构造方式

图 7－54　暖气罩做法示意图

复习题

1. 门窗的开启方式有多少种，各有何用途和优缺点？
2. 木门、窗的安装方式有几种？
3. 塑料门窗与普通木门窗相比有何优、缺点？
4. 铝合金门窗的组装工艺过程为何？
5. 防火门的分级和种类？
6. 简述可拆式木隔断的构造原理。
7. 简述轻钢龙骨石膏板隔断的构造。
8. 简述各种花饰的施工质量的问题及防治。
9. 简述墙裙、踢脚板的安装施工技术。

参考文献

［1］许炳权主编. 现代建筑装饰技术. 中国建材工业出版社，1998
［2］李永成等编. 建筑装饰工程材料. 上海同济大学出版社，2000
［3］葛勇主编. 建筑装饰材料. 中国建材工业出版社，1998
［4］中华人民共和国行业标准：塑料门窗安装及验收规程. JGJ103－96
［5］中华人民共和国行业标准：建筑装饰工程施工及验收规程. JGJ73－91
［6］中华人民共和国行业标准：玻璃幕墙工程技术规程. JGJ102－96
［7］中华人民共和国行业标准：建筑地面工程施工及验收规程. GB 50209－95